普通高等教育机电类系列教材

三维数字化设计与仿真
——UG NX 12.0

主　编　王保卫
副主编　赵万胜　刘　文
参　编　平学成　李　刚　周素霞　郑红霞
　　　　郑　雷　张德志　孙承军

机械工业出版社

本书全面、系统地介绍了 UG NX 12.0 软件的操作方法和应用技巧，内容包括软件的工作界面与基本设置、草图设计、绘制和编辑曲线、零件设计、曲面造型设计、装配设计、工程图设计及运动仿真等。

　　为使读者能够在掌握 UG NX 12.0 软件基本功能的基础上快速进入设计实战状态，本书结合大量工程案例对软件的命令和功能进行了较详细的讲解。同时，本书注重与机械类专业课程之间的联系，从草图设计、零件设计、装配设计、工程图设计到运动仿真，案例皆具有针对性和关联性，对其他相关课程的学习也有很大帮助。

　　为方便读者学习，本书配有素材文件、习题答案及典型案例视频资源，读者可以扫描二维码获取。教师可以到机械工业出版社教育服务网下载电子课件。

　　本书内容全面、讲解详细、图文并茂、案例丰富、实践性强，可作为普通高等院校机械类各专业学生的 CAD/CAE 课程教材，也可以作为广大工程技术人员的自学教程和参考书。

图书在版编目（CIP）数据

三维数字化设计与仿真：UG NX 12.0/王保卫主编. —北京：机械工业出版社，2022.11（2025.1 重印）
　　普通高等教育机电类系列教材
　　ISBN 978-7-111-71626-6

　　Ⅰ.①三…　Ⅱ.①王…　Ⅲ.①计算机辅助设计-应用软件-高等学校-教材　Ⅳ.①TP391.72

中国版本图书馆 CIP 数据核字（2022）第 174373 号

机械工业出版社（北京市百万庄大街 22 号　邮政编码 100037）
策划编辑：赵亚敏　　　　责任编辑：赵亚敏
责任校对：贾海霞　张　薇　封面设计：张　静
责任印制：张　博
北京建宏印刷有限公司印刷
2025 年 1 月第 1 版第 4 次印刷
184mm×260mm·25 印张·618 千字
标准书号：ISBN 978-7-111-71626-6
定价：69.80 元

电话服务　　　　　　　　　网络服务
客服电话：010-88361066　　机 工 官 网：www.cmpbook.com
　　　　　010-88379833　　机 工 官 博：weibo.com/cmp1952
　　　　　010-68326294　　金 书 网：www.golden-book.com
封底无防伪标均为盗版　　机工教育服务网：www.cmpedu.com

前　言

UG 是一款集交互式 CAD/CAE/CAM 于一体的三维数字化软件系统，其功能强大，可以实现各种复杂实体的建模、工程分析、运动仿真、数控编程及后处理等功能。

本书是以普通高等院校机械类各专业学生及广大工程技术人员为适用人群而编写的。其主要特色体现为以下几点：

（1）内容详尽　本书涵盖了软件的 CAD 和 CAE 两大功能模块。其中，CAD 模块包括软件的工作界面与基本设置、草图设计、绘制和编辑曲线、零件设计、曲面造型设计、装配设计、工程图设计；CAE 模块主要介绍运动仿真模块中所有内容，包括运动仿真界面、仿真流程、连杆、运动副、传动副、连接器、驱动与函数、分析与测量、力及力矩驱动等。

（2）讲解细致、条理清晰、图文并茂　本书中的内容讲解步骤详细，结合大量的图片详细介绍软件的各模块操作界面、各模块的众多命令和功能的按钮及对话框，并在关键问题处理过程中给出了"提示"，使读者能够直观高效地掌握各知识点。

（3）案例丰富、实践性强　结合案例讲解软件的命令和功能，避免枯燥抽象的纯文字描述，提高学习速度和效果。

（4）关联度高、主线清晰　本书的最大特点是各章内容之间通过典型案例有机地结合，从草图设计、零件设计、装配设计、工程图设计到运动仿真，前后密切相关。以机械设计课程设计中常见的二级展开式齿轮减速器作为主线，将零件设计、装配设计、工程图设计及运动仿真中的案例串联成一体，使读者对机械设计具有完整的系统概念和全面的设计能力。

（5）配套文件丰富　本书配有素材文件、习题答案及典型案例同步视频，方便读者使用。教师可自行到机械工业出版社教育服务网下载电子课件，或联系作者获取（电子邮箱 ytwangbaowei@ 163. com，咨询电话 0535-6681469）。

党的二十大报告中提出："全面贯彻党的教育方针，落实立德树人根本任务，培养德智体美劳全面发展的社会主义建设者和接班人。"教材是推进立德树人的关键要素，为此本书以二维码形式引入了"焦裕禄主持研制的双筒提升机""重建黄鹤楼手绘设计图""中国创造：外骨骼机器人""清川江大桥上的铁钩""推动煤电清洁化利用的技术图纸"等视频，将党的二十大精神融入其中，使学生对中国特色社会主义道路自信、理论自信、制度自信、文化自信更加坚定，培养学生的科技自立自强意识，助力培养德才兼备的拔尖创新人才。

本书主编为鲁东大学交通学院的王保卫老师（负责编写第 1 章、第 7 章、第 8 章），副主编为鲁东大学交通学院的赵万胜老师（负责编写第 4~6 章），浙大宁波理工学院机械设计及自动化所的刘文老师（参与编写第 7 章）。参编为鲁东大学交通学院的李刚老师（负责编写第 2 章、第 3 章）、天津工业大学机械工程学院的平学成老师（参与编写第 6 章）。其他参加编写的人员还有江苏盐城工学院郑雷老师、鲁东大学交通学院郑红霞老师、北京建筑大学机电与车辆工程学院周素霞老师，烟台市交通运输局张德志、孙承军。

在本书编写过程中，鲁东大学交通学院的王亮申院长不辞辛苦，给予了大力支持和帮助，在此表示衷心的感谢！

本书已经多次校对，但由于编者水平有限，不妥之处在所难免，恳请广大读者予以指正。

编　者

目　录

第1章

UG NX 12.0软件的工作界面与基本设置

1.1 UG NX 12.0 功能简介

UG 是 Unigraphics 的缩写，是一款集交互式 CAD/CAE/CAM 于一体的三维数字化软件系统，其功能强大，可以实现各种复杂实体的建模、工程分析、运动仿真、数控编程及后处理等功能。UG 自 1987 年进入我国市场，便以其先进的理论基础、强大的工程背景、完善的功能和专业化的技术服务，赢得了航空航天、汽车、通用机械及模具等各个行业的青睐。UG能够实现参数化设计，针对产品级和系统级进行设计，通过应用主模型的方法，使建模、装配、仿真、加工、钣金等所有的应用模块之间建立对应的关联。

为了满足不同用户的需要，UG NX 系统提供了建模、外观造型设计、装配、制图、加工、高级仿真、运动仿真等多个功能强大的应用模块，每个模块既有其独立的功能，且模块之间又有一定的相关性。UG NX 按照应用情况可以分为 CAD、CAM、CAE 等多个模块，各功能模块和特点介绍如下。

1. CAD 模块

利用计算机及软件帮助设计人员进行设计工作。可以通过草图绘制、三维建模、装配等功能绘制出数字模型，进行数字组装，在计算机上模拟产品零部件及整体构造情况，并为后续的 CAM、CAE 等模块奠定基础。

（1）二维草图 二维草图是由一系列二维参数化曲线组成的集合，是三维建模的基础。一般情况下，三维建模都是从创建草图开始的，即先利用草图功能绘制实体特征的截面曲线，再通过拉伸、回转、沿导线扫掠等方式创建实体特征；也可以在曲面建模中绘制曲面特征的截面曲线，再通过拉伸、回转、沿引导线扫掠等方式创建曲面特征。

（2）建模　建模模块提供了设计产品几何结构所需的功能，包括实体建模、特征建模、自由曲面建模、钣金特征建模及同步建模等，每个功能处理不同的设计步骤，而且各个功能之间存在相互关联性。实体模块包括草图设计、各种曲线生成、编辑、布尔运算、拉伸实体、回转实体和沿引导线扫掠等功能。特征模块包括各种标准设计特征的生成和编辑，各种孔、键槽、凸台、圆柱、圆锥、球体、倒角、阵列和特征顺序调整等功能。自由曲面建模包括直纹面、扫描面、曲线广义扫掠、等半径和变半径倒圆、等距或不等距偏置、曲面裁减、编辑等功能。

（3）外观造型设计　外观造型设计模块为工业设计人员提供了产品概念设计阶段的环境，主要用于概念设计和工业设计，包括曲面造型设计、曲面分析和辅助特征设计等功能。用户可以根据需要设计出复杂形状的曲面特征，并且这些曲面特征还可以与实体特征混合应用，这样更便于产品造型设计。

（4）装配　装配模块可以实现产品的模拟装配，支持自底向上、自顶向下及混合装配三种装配方法。装配模型中零件数据是对零件本身的链接映像，保证了装配模型和零件设计完全双向相关。可在装配模块中改变部件的设计模型，零件设计修改后，装配模型中的零件也会自动更新。装配模块可以帮助设计人员用虚拟实物模型的工具去证实产品的外形、装配关系和功能，了解产品结构。

（5）制图　制图模块用于制作二维工程图。利用该模块，既可以直接绘制二维工程图，也可以根据已建立的实体模型自动生成二维工程图。实体模型改变时，自动生成的二维工程图也会随之改变。该模块提供自动视图布局，可以进行尺寸线标注、剖面线绘制等操作。

2. CAM 模块

利用计算机及软件帮助工程师进行生产设备的管理和操作。CAM 模块提供了交互式数控编程和后处理，以及钻、铣、车和线切割刀具轨迹的编程操作工具。该模块将所有的数控编程系统中的元素集合在一起，以便制造过程中的所有相关任务能够实现自动化。

3. CAE 模块

利用计算机及软件帮助设计人员分析设计的数字产品。该模块提供了求解复杂工程和产品结构强度、刚度、屈曲稳定性、动力响应、热传导、三维多体接触、弹塑性等力学性能的分析计算，以及结构性能的优化设计等问题的一种近似数值分析方法。该模块是进行产品分析的主要模块。

（1）注塑分析　注塑分析模块可以对整个注射过程进行模拟分析，是一个对注射模零件的塑料流动仿真工具，包括前处理、解算和后处理功能，如填充、保压、冷却、焊线位置、气井、注射模原理、降温方法、过程和成型分析。可以帮助模具设计人员在设计阶段就能够了解或分析注射模具结构是否合理，对结构不够合理的注射模具进行修正，从而提高模具的使用效益和寿命，以及塑件质量。

（2）运动仿真　运动仿真模块提供了仿真和评估机械系统中的大位移复杂运动分析功能，使产品功能和性能与开发目标相符合。可在 UG NX 实体模型或装配环境中定义机构，包括铰链、连杆、弹簧、阻尼和初始运动条件等机构定义要素，定义好的机构可直接在 UG NX 中进行分析；可进行各种研究，包括最小距离、干涉检查和轨迹包络线等选项；同时可对机构运动进行实际仿真，用户可以分析位移、速度、加速度、力、扭矩等参数，在有限元分析模块输入这些参数，可进行有限元分析。

（3）有限元分析　有限元分析模块支持概念分析的各种分析类型，包括线性静态，标准模态，稳态热传递，线性屈服；支持装配件对间隙的分析，对薄壁零件和梁的尺寸优化等操作。该模块具有全自动网格划分、交互式网格划分、材料特性定义、载荷定义和约束条件定义、有限元分析结果图形化显示、结果动画模拟、输出云图等功能。此外，该模块还能将几何模型转换为有限元分析模型，方便快捷地对零件和装配进行前、后置处理。

另外 UG 还有钣金、管道布线等多个专业模块，本书重点介绍其中的 CAD 模块和运动仿真模块。

1.2　UG NX 12.0 软件的启动与退出

1. 启动 UG NX 12.0 软件

启动 UG NX 12.0 软件通常有以下两种方式。

1）双击计算机桌面 UG NX 12.0 的图标。

2）单击计算机桌面左下角【开始】|【Siemens NX 12.0】|【NX 12.0】。

这两种方式都可以启动 UG NX 12.0，进入 UG 软件的基本环境，如图 1-1 所示。

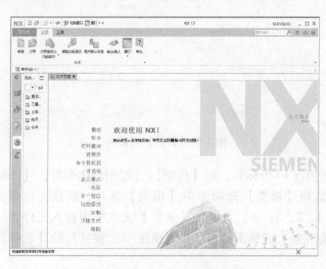

图 1-1　启动 UG NX 进入基本环境

2. 退出 UG NX 12.0 软件

单击界面右上角的【×】按钮，即可关闭软件。

提示：关闭软件前建议先保存 UG NX 文件。

1.3　文件操作与管理

【文件】菜单下包含多种管理文件操作命令，如创建新的文件、打开已有的文件、关闭文件、保存文件，以及导入、导出文件等。

1. 创建用户文件目录

为便于操作和管理 UG NX 文件，应当重视 UG NX 文件的目录管理。建议选择一个容量较大的非系统盘（D 盘或 E 盘）创建一个自己易于辨识和查找的文件目录，目录层次应简洁明晰。

2. 新建文件

新建文件是指创建一个新的 UG NX 文件，可以通过以下三种方式创建新的文件。

1) 执行【文件】|【新建】菜单命令。

2) 单击【快速访问工具条】上的【新建】按钮，弹出【新建】对话框。

3) 执行【菜单】|【文件】|【新建】菜单命令。

系统打开如图 1-2 所示的【新建】对话框。

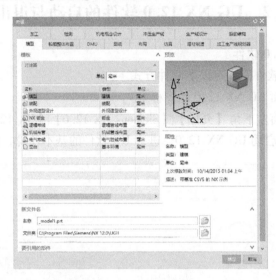

图 1-2 【新建】对话框

【新建】对话框包含 14 个标签，如【模型】、【船舶整体布置】、【图纸】、【仿真】、【加工】等。建模时应选择【模型】选项卡中【模型】选项，默认文件名为 "_modelx. prt"。其中，"x" 可能为 1、2、3、…。可以在【名称】文本框中输入文件名，在【文件夹】文本框内输入文件保存路径；或单击文本框右侧按钮，在打开的【选择目录】对话框中选择文件保存路径。

【单位】下拉列表框中有【毫米】、【英寸】和【全部】三种方式，新建文件时一定要事先选定。其中【毫米】为公制单位，【英寸】为英制单位，【全部】为在列表中同时列出【毫米】、【英寸】两种单位，供用户选择。

3. 打开文件

打开文件是指可以打开现有的文件。执行【文件】|【打开】菜单命令，或单击【快速访问工具条】上的【打开】按钮，弹出【打开】对话框，如图 1-3 所示。

在【打开】对话框的列表框中选择要打开的部件文件（有时也称图形文件），双击要打开的文件名或单击【OK】按钮打开部件文件。选中【预览】复选框，可在右侧的【预览】框中显示出图形的预览图像。可通过执行【文件】|【最近打开的部件】菜单命令打开近期访问过的文件。默认情况下，打开的图形文件的格式为 . prt，可以根据需要打开其他格式的图形文件。

4. 保存文件

保存文件是指可以保存新建或修改后的文件。UG NX 保存部件文件的方式有以下几种。

1）执行【文件】|【保存】菜单命令，或单击【快速访问工具条】上的【保存】按钮 ，保存工作部件或任何已修改的部件文件。

2）执行【文件】|【另存为】菜单命令，弹出【另存为】对话框，如图 1-4 所示。可将正在操作的工作部件换名保存在另一文件目录下。

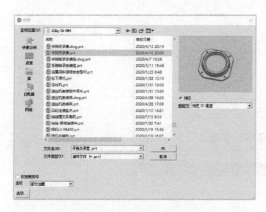

图1-3 【打开】对话框

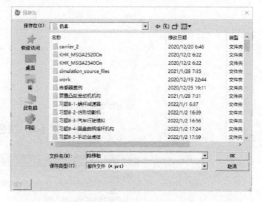

图1-4 【另存为】对话框

3）执行【文件】|【仅保存工作部件】菜单命令，仅保存当前的部件文件。

4）执行【文件】|【全部保存】菜单命令，保存所有已修改的和所有打开的部件文件。

5. 关闭部件文件

关闭部件文件是指可以关闭新建或已打开的文件。可以执行【文件】|【退出】菜单命令，或单击工作区左上角的按钮 ，系统弹出【关闭文件】对话框，如图 1-5 所示。

图1-5 【关闭文件】对话框

6. 导入/导出文件

UG NX 软件具有强大的文件转换功能，可以实现和当前流行的软件系统，如 CATIA、Creo、SolidWorks 等，CAD/CAE/CAM 软件及其他图形软件之间的数据交换，从而实现资源共享。

通过执行【文件】|【导入】或【文件】|【导出】下的子菜单命令完成文件的导入/导出操作。

1.4 UG NX 12.0 工作界面及定制

1. 切换界面主题

启动软件后，进入 UG NX 12.0 的基本环境，图 1-6 所示为系统默认的浅色（推荐）界面。

执行【文件】|【首选项】|【用户界面】菜单命令，或【菜单】|【首选项】|【用户界面】命令，系统弹出图 1-7 所示的【用户界面首选项】对话框。用户可以根据自己的习惯进行界

面主题的切换。

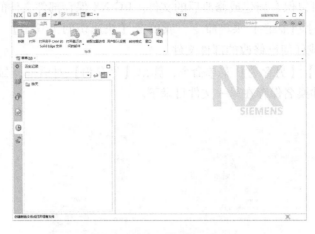

图 1-6 浅色（推荐）界面

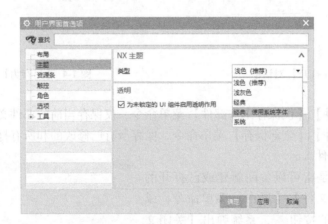

图 1-7 【用户界面首选项】对话框

2. UG NX 12.0 操作界面

启动 UG NX 12.0 软件后，可以进入到建模、钣金、运动仿真、加工、装配等不同的模块，从而显示不同的工作界面。下面以建模模块为例介绍 UG NX 12.0 软件界面的组成。如图 1-8 所示，建模模块的 UG NX 工作界面主要由标题栏、选项卡、快速访问工具条、分组、菜单、资源条、导航器、图形窗口、提示栏和状态栏等几部分组成。

（1）标题栏　标题栏位于应用程序窗口的最上面，用于显示软件的版本、所在模块、当前正在运行的文件名称、当前正在运行的文件状态（如修改的、只读）等信息。单击标题栏右端的按钮，可以最小化、最大化或关闭程序窗口。

（2）快速访问工具条　快速访问工具条位于界面左上角，由【保存】、【撤销】、【视图】、【工具】、【应用模块】等按钮组成。

（3）选项卡　选项卡由【文件】、【主页】、【视图】、【工具】、【应用模块】等选项卡组成。单击任一选项卡，分组会出现对应的命令。

（4）分组　分组包含了 UG NX 的各功能模块对应的命令按钮。分组是应用程序调用命

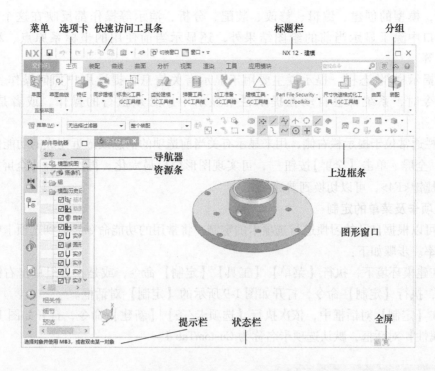

图 1-8 UG NX 12.0 操作界面

令的另一种方式，它包含了许多由图标表示的命令按钮。使用分组中的按钮可以免除用户在菜单中查找命令的烦琐操作，用户根据需要可以定制分组，显示或隐藏命令按钮。在分组周围任意空白处单击鼠标右键，将弹出一个快捷菜单，可通过选择所需命令显示相应的选项卡。

（5）菜单 菜单由【文件】、【编辑】、【视图】、【插入】、【格式】、【工具】、【装配】等菜单组成，几乎包括了 UG NX 中全部的功能和命令。某些菜单命令后面带有▶、"…""Ctrl+…"和"（R）"之类的符号或组合键，用户在使用它们时应遵循以下约定。

1）命令后跟有▶符号，表示该命令下还有子菜单。

2）命令后跟有命令字母，如【刷新】菜单命令后的"（R）"，表示打开该菜单后，按下该字母即可执行相应命令。

3）命令后跟有组合键（快捷键），如【保存】菜单命令后的"Ctrl+S"，表示直接按组合键即可执行相应命令。

4）命令后跟有"…"符号，表示执行该命令可打开一个对话框。

5）命令呈现灰色，表示该命令在当前状态下不可使用。

（6）上边框条 上边框条包含选择分组、视图分组和实用工具分组。

（7）资源条 资源条由【装配导航器】、【约束导航器】、【部件导航器】、【重用库】、【历史记录】等导航工具组成。单击某一导航器，则在资源条右侧的导航器出现该导航器的具体内容，可以对其中的各项内容进行相应的操作。

提示：进入不同的模块，资源条区显示的导航器不同。

（8）图形窗口 图形窗口也称工作视窗、工作区、绘图区，是 UG NX 软件操作的主要区域，模型的创建、编辑、修改、装配、分析、演示等操作都反映在这个窗口中。在图形窗口中除了显示当前的绘图结果外，还显示当前使用的坐标系原点、X、Y、Z轴的方向等。

（9）提示栏/状态栏　提示栏主要用于显示有关信息，提示用户如何操作。在执行每一步命令时，系统都会自动在提示栏中显示用户必须执行的操作，或者是下一步操作。

状态栏通常位于提示栏右侧，用来显示有关当前选项的消息或最近完成的功能信息。

（10）全屏　单击【全屏】按钮，可实现图形窗口最大化。再次单击【全屏】按钮或使用快捷键<F4>，可以切换到普通模式。

3. 选项卡及菜单的定制

用户可以根据自己的习惯进行选项卡的定制，将常用的功能命令添加到选项卡中，以提高工作效率。步骤如下：

1）在建模环境下，执行【菜单】|【工具】|【定制】命令，或是在分组单击右键，打开快捷菜单，执行【定制】命令，打开如图1-9所示的【定制】对话框。

2）在【定制】对话框中，依次执行【选项卡/条】|【新建】命令，打开如图1-10所示【选项卡属性】对话框，默认选项卡名称为CustomTab 1。

图1-9　【定制】对话框

图1-10　【选项卡属性】对话框

3）单击【确定】按钮，则在选项卡区域增加一项新的选项卡【CustomTab 1】，如图1-11所示。其所对应的分组是空白的，此时使用者可以将自己习惯的常用命令按钮拖到空白区域。

4）例如，在【定制】对话框中选择【命令】|【菜单】|【格式】|【WCS】|【显示】，如图1-12所示。按下鼠标左键将【显示】命令按钮拖到【CustomTab 1】下方的空白区域。则完成选项卡【CustomTab 1】对应的分组命令的定制，如图1-13所示。

图 1-12　为选项卡【CustomTab 1】添加命令

图 1-11　添加选项卡【CustomTab 1】

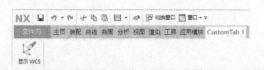

图 1-13　选项卡【CustomTab 1】对应分组命令的定制完成

4. 角色设置

角色设置是指对 UG NX 工作界面进行的设置。UG NX 软件设置提供了多种常用的角色配置供用户选择。

在资源条中单击【角色】按钮，接着单击按钮　内容，然后单击需要的角色即可完成设置。

1.5　UG NX 12.0软件的参数设置

进入 UG NX 软件的不同模块时，对应有不同的预设置，可以提高工作效率。

1. 首选项设置

使用 UG NX 模块进行相应的工作前，应进行预设置，避免重复性操作。图 1-14 所示为建模环境下首选项设置。

执行【菜单】|【首选项】命令，可以对【建模】、【草图】、【装配】、【制图】、【用户界面】、【可视化】、【对象】、【背景】等选项进行预设置。

提示：不建议初学者进行一些复杂的首选项预设置，应熟练后再进行，以免引起混乱。

2. 用户默认设置

执行【文件】|【使用工具】|【用户默认设置】命令，打开如图 1-15 所示的【用户默认设置】对话框，进行相应的设置。

图1-14 【菜单】|【首选项】设置　　　　　图1-15 【用户默认设置】对话框

1.6　鼠标及快捷键的使用方法

鼠标和键盘是 UG NX 的主要操作工具，用户能够熟练地使用鼠标和键盘，将有利于提高绘图、建模等的质量和效率。单击鼠标和键盘按键可以替代一些菜单命令或工具按钮命令操作。

（1）鼠标操作　UG NX 用户可以利用鼠标的左键、中键和右键进行对象选择、旋转图形、放大或缩小图形等操作，具体操作见表 1-1。

表1-1　鼠标操作功能

序号	按键	功能
1	左键（MB1）	选择对象
2	中键（MB2）	旋转图形，确定
3	右键（MB2）	弹出快捷菜单
4	左键+中键	放大或缩小图形
5	右键+中键	移动视图
6	<Ctrl>+中键	放大或缩小图形
7	<Shift>+中键	移动视图
8	<Shift>+左键	取消选择

（2）键盘快捷键及其操作　UG NX 用户可以利用键盘快捷键进行新建文件、保存、旋转视图、删除、几何变换等操作，具体操作见表 1-2。

表1-2　快捷键操作功能

序号	按键	功能	序号	按键	功能
1	\<Ctrl\>+\<N\>	新建文件	15	\<Shift\>+\<F8\>	定向视图到草图
2	\<Ctrl\>+\<O\>	打开文件	16	\<T\>	草图曲线-快速修剪
3	\<Ctrl\>+\<S\>	保存	17	\<Ctrl\>+\<Q\>/\<Q\>	完成草图
4	\<Ctrl\>+\<R\>	旋转视图	18	\<Ctrl\>+\<M\>/\<M\>	切换到建模环境
5	\<Ctrl\>+\<F\>	适合窗口	19	\<Ctrl\>+\<Shift\>+\<D\>	切换到制图环境
6	\<Ctrl\>+\<Z\>	取消	20	\<X\>	拉伸
7	\<Ctrl\>+\<J\>	改变对象的显示属性	21	\<W\>	显示 WCS
8	\<Z\>	草图曲线-轮廓	22	\<Ctrl\>+\<T\>	移动对象
9	\<L\>	草图曲线-直线	23	\<Ctrl\>+\<D\>	删除
10	\<A\>	草图曲线-圆弧	24	\<Ctrl\>+\<B\>	隐藏选定的几何体
11	\<O\>	草图曲线-圆	25	\<Ctrl\>+\<Shift\>+\<B\>	颠倒显示和隐藏
12	\<R\>	草图曲线-矩形	26	\<Ctrl\>+\<Shift\>+\<U\>	显示所有的隐藏体
13	\<D\>	草图约束-快速尺寸	27	\<F1\>	上下文帮助
14	\<C\>	草图约束-几何约束	28	\<F8\>	捕捉视图

习　题

1. UG NX 12.0 的基本功能模块有哪些?
2. 如何使用鼠标实现模型的平移?
3. 简述定制选项卡的流程。

第2章
草图设计

本章要点

- 草图的创建及编辑
- 草图约束的添加及修改
- 草图的管理

拓展视频

重建黄鹤楼手绘设计图

2.1 草图设计概述

草图是位于指定平面或路径上的二维曲线、尺寸、约束等元素的集合，是一种二维成形特征。草图是参数化的二维图形，用户可以根据需要进行参数化编辑修改。

1. 草图设计的目的

草图通常与实体模型相关，尤其是在创建截面复杂的特征模型时。一般情况下，用户的三维建模都是从创建草图开始的。首先绘制出特征截面的近似曲线轮廓，然后用草图的几何和尺寸约束功能精确定义草图的形状和尺寸，从而完整地表达设计意图。用草图创建的特征与草图相关联，创建特征后，如果用户修改草图，则与草图关联的特征也会随之自动更新。

2. 草图的选择原则

1）根据建立特征的不同及特征间的相互关系，确定草图的绘图平面和基本形状。

2）零件的第一幅草图应该以原点定位，以确定特征在空间的位置。

3）每一幅草图都应尽量简单，单闭环最好，不要包含复杂的嵌套，这有利于草图的管理和特征的修改。

4）在绘制草图时只需要绘制大概形状及位置关系，然后利用几何约束和尺寸标注来确定几何体的大小和位置，这有利于提高工作效率。小尺寸几何体应使用夸张画法，然后通过尺寸标注改成正确的尺寸。

5）先确定草图各元素间的几何关系，其次是位置关系和定位尺寸，最后标注草图的形状尺寸。

6）绘制草图尽量绘制完全定义的草图。

2.2 草图基本操作

2.2.1 进入与退出草图环境

UG NX 12.0中有两种草图创建环境：任务环境中的草图和直接草图。

1. 进入任务环境中的草图

单击【菜单】|【插入】|【在任务环境中绘制草图】菜单选项，系统弹出如图2-1所示的【创建草图】对话框，指定草图平面和坐标系后，即可进入草图环境。

（1）【草图类型】，该下拉列表框用于指定草图平面。草图平面是用于草图绘制、约束和定位、编辑等操作的平面，草图中创建的所有几何对象都位于该平面上，指定草图平面即确定草图在三维空间的放置位置。

1）【在平面上】，该选项是默认选项，是指基于现有实体表面或基准平面，或基于新的平面或坐标系绘制草图。

2）【基于路径】，该选项是指基于现有曲线或边绘制草图。选取该选项后，系统在指定的曲线上创建一个与该曲线垂直的平面作为草图平面。当选择【基于路径】选项后，【创建草图】对话框有所改变，如图2-2所示。

图2-1 【创建草图】对话框

图2-2 【创建草图】|【基于路径】选项

①【路径】选项组，用于选择直线、圆、实体边的曲线轮廓等作为路径。

②【平面位置】选项组，用于设置草图平面相对于路径的位置。【平面位置】选项组内的【位置】下拉列表框中有【弧长】、【弧长百分比】和【通过点】三个选项，选择不同的选项时，该选项组有所变化。

- 【弧长】，用平面距离路径起点的弧长距离指定平面位置。
- 【弧长百分比】，用平面距离路径起点的百分比指定平面位置。

- 【通过点】，使草图平面经过曲线上的指定点。

③【平面方位】选项组，用于设置草图平面相对于路径的方位。该选项组内含有【方向】下拉列表框和【反转平面法向】按钮✕。在【方向】下拉列表框中有【垂直于路径】、【垂直于矢量】、【平行于矢量】和【通过轴】四个选项。

- 【垂直于路径】，草图平面与所选的轨迹垂直。
- 【垂直于矢量】，草图平面与所选的矢量垂直。
- 【平行于矢量】，草图平面与所选的矢量平行。
- 【通过轴】，草图平面应包含所选的轴。

单击【反转平面法向】按钮✕，可反转草图平面的法向。

④【草图方向】选项组，用于设置绘制草图的坐标方向。在其下的【方法】下拉列表框中可以选择【自动】、【相对于面】和【使用曲线参数】三种方式限定草图方向。

（2）草图坐标系　草图坐标系包括【平面方法】、【参考】和【原点方法】三个下拉列表框。

1）【平面方法】下拉列表框，用于设置用哪种方法指定草图平面。其下拉列表框中有【自动判断】和【新平面】两种指定草图平面的方法。

①【自动判断】，选取该选项后，可以选择已存在的基准平面，或实体模型上的任意平面作为草图的工作平面。

②【新平面】，选取该选项后，可以通过【平面对话框】按钮⬜创建一个新基准平面作为草图平面。

2）【参考】下拉列表框，用于指定草图平面的水平或垂直方向。

3）【原点方法】下拉列表框，用于指定草图平面的原点。

2. 结束草图绘制

【任务环境草图】功能区如图 2-3 所示，单击【完成】按钮🏁，即可退出草图环境。

图 2-3 【任务环境草图】功能区

3. 进入直接草图

在功能区单击【主页】或【曲线】选项卡|直接草图组的【草图】按钮，指定草图工作平面和坐标系后，即可进入直接草图，其功能区如图 2-4 所示，单击【直接草图】功能区中的【完成草图】按钮，即可退出草图。

图 2-4 【直接草图】功能区

提示：

1）任务环境中的草图要手动退出草图环境后，才可以进行后续的拉伸、旋转等操作；使用直接草图时，能直接切换到拉伸、旋转等操作，但一旦切换到其他操作，则退出直接草图环境。

2）如无特别说明，本书中的草图默认为任务环境中的草图，各草图绘制命令的执行方法均为在任务环境中草图的执行方法。

2.2.2 草图坐标系

UG NX 模型中的位置都是由坐标系来确定的。在 UG NX 中有三种坐标系，分别为绝对坐标系、工作坐标系和基准坐标系，三者都遵循右手定则。在 UG NX 建模过程中，有时为了方便模型各部位的创建，需要改变坐标系原点位置和旋转坐标轴的方向，即对工作坐标系进行变换；还可以对坐标系本身进行保存、显示或隐藏等操作。

1. 绝对坐标系（Absolute Coordinate System，ACS）

绝对坐标系是系统默认的坐标系，其原点在（0，0，0）处，定义模型空间中的一个固定点和方向，将不同对象之间的位置和方向关联。其位置是唯一的、固定不变的，即不能修改位置和改变坐标轴方位。绝对坐标系的原点不会显示在绘图区中，在绘图区的左下角会显示绝对坐标系坐标轴的方位，如图2-5所示。

2. 工作坐标系（Work Coordinate System，WCS）

工作坐标系是一个右向笛卡儿坐标系，由相互间隔90°的 XC、YC 和 ZC 轴组成。轴的交点称为坐标系的原点。原点的坐标值为 $XC=0$、$YC=0$、$ZC=0$。WCS 的 XC-YC 平面称为工作平面。默认情况下，工作坐标系的初始位置与绝对坐标系一致，工作坐标系可通过移动、旋转和定位原点等操作调整方位和改变原点位置。

3. 基准坐标系

基准坐标系提供一组关联的对象，包括三个轴、三个平面、一个坐标系和一个原点。基准坐标系显示为【部件导航器】中的一个特征，如图2-6所示。它的对象可以单独选取，以便创建其他特征和在装配中定位组件。创建新文件时，系统会将基准坐标系定位在绝对零点，并在【部件导航器】中将其创建为第一个特征。

图2-5 绝对坐标系

图2-6 基准坐标系

2.2.3 草图设计的预设置

草图预设置是指控制部分草图对象的显示和设定草图参数的默认值。在绘制草图之前，可对草图约束、草图尺寸、线条颜色等进行设置，使草图绘制更加高效，草图的绘制界面更加简洁直观。

在建模环境下，依次选择菜单栏【文件】|【首选项】|【草图】命令或【菜单（M）】|【首选项】|【草图】命令，系统弹出如图2-7所示对话框。

1.【草图设置】选项卡

在此选项卡中，可设置草图尺寸标签样式、草图文本高度、草图约束等参数。如图 2-8 所示。单击【尺寸标签】下拉列表，可指定三个选项中的某一个，以控制草图尺寸中尺寸标签的显示。

(1)【表达式】 显示表达式名称和值，如 $p1 = 10$。

(2)【名称】 只显示名称，如 $p1$。

(3)【值】 仅显示数字值，如 10。图 2-9 所示为三个尺寸标签的显示效果。

图 2-7 【草图首选项】对话框

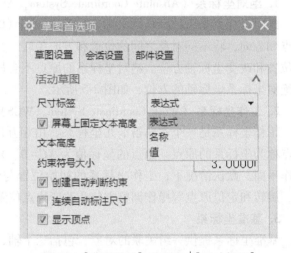

图 2-8 【草图设置】选项卡|【尺寸标签】

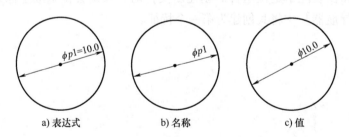

图 2-9 三种尺寸标签

选中【屏幕上固定文本高度】复选框，在放大或缩小草图时可使尺寸文本保持固定大小。如果取消选择该选项，缩放时系统会缩放尺寸文本和草图几何元素；选中【创建自动判断约束】复选框，绘制草图时系统会自动判断并添加约束；选中【连续自动标注尺寸】复选框，系统对创建的所有草图曲线自动标注尺寸；选中【显示顶点】复选框，可显示草图曲线的顶点，如端点、圆弧中心、曲线中点等。

2.【会话设置】选项卡

在此选项卡中，可设置绘制草图时的捕捉精度、草图显示状态、草图默认名称前缀等参数，如图 2-10 所示。

【对齐角】文本框用于指定竖直、水平、平行和垂直直线的对齐角公差。例如，如果相对于水平参考线的直线角度小于等于对齐角值，则这条直线自动对齐到水平位置。

【显示约束符号】复选框用于设置约束符号的初始显示；【显示自动尺寸】复选框用于设置自动尺寸的初始显示；选中【更改视图方向】复选框，则创建或编辑草图时将视图定向到草图平面。

提示：

1）要将视图定向到最近的正交视图，可按下<F8>。

2）要将视图定向到草图平面，可按下<Shift>+<F8>。

3. 【部件设置】选项卡

在此选项卡中可进行曲线、尺寸、自由度箭头等草图对象的颜色设置，如图 2-11 所示。单击各类草图对象右面的颜色图标，即可打开【颜色】对话框，如图 2-12 所示，从中可选择想要的颜色。单击【继承自用户默认设置】按钮，即可恢复各草图对象的颜色为系统默认的颜色。

图 2-10 【会话设置】选项卡

图 2-11 【部件设置】选项卡

图 2-12 【颜色】对话框

2.2.4 工具按钮及下拉菜单简介

依次单击【菜单】|【插入】|【在任务环境中绘制草图】菜单选项，在弹出的【创建草图】对话框，指定草图平面和坐标系后，即可进入草图环境。

1. 草图工具按钮

进入草图环境后，在【主页】功能区中会显示在绘制草图时系统提供的各种工具按钮，如图 2-13 所示。

草图工具按钮根据功能可分为"草图"组工具按钮、"曲线"组工具按钮和"约束"

图 2-13　草图工具按钮

组工具按钮。部分工具按钮介绍如下。

1）〔轮廓〕按钮用于绘制一系列相连直线和圆弧。前一条曲线的末端即为后一条曲线的开始。

使用此命令可以快速创建轮廓。

2）〔矩形〕按钮用于绘制矩形。

3）〔直线〕按钮用于绘制直线。

4）〔圆弧〕按钮用于绘制圆弧。

5）〔圆〕按钮用于绘制圆。

6）〔点〕按钮用于创建点。

7）〔艺术样条〕按钮可以使用点或极点动态地创建样条。

8）〔椭圆〕按钮用于绘制椭圆。

9）〔多边形〕按钮用于绘制多边形。

10）〔偏置曲线〕按钮用于对当前草图的曲线链、投影曲线或曲线或边进行偏置，从而创建新的草图对象。

11）〔阵列曲线〕按钮用于将草图曲线按照规律进行多个重复绘制，包括线性阵列、圆形阵列、常规阵列。

2. 任务草图环境的下拉菜单

（1）【插入】下拉菜单　任务草图环境的【插入】下拉菜单如图 2-14 所示，主要包括草图对象的绘制命令，如基准、点、曲线等；尺寸命令；几何约束命令等。其中，【基准/点】子菜单如图 2-15 所示，【曲线】子菜单如图 2-16 所示，【来自曲线集的曲线】子菜单如图 2-17 所示，【配方曲线】子菜单如图 2-18 所示，【尺寸】子菜单如图 2-19 所示。

图 2-14　任务草图环境的【插入】下拉菜单

图 2-15　【基准/点】子菜单

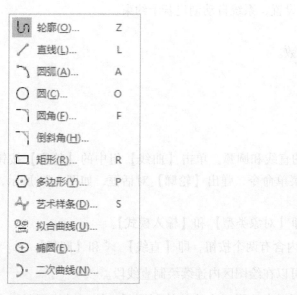

图 2-16 【曲线】子菜单

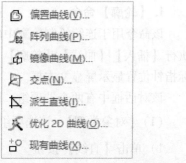

图 2-17 【来自曲线集的曲线】子菜单

（2）【编辑】下拉菜单　任务草图环境的【编辑】下拉菜单如图 2-20 所示，主要包括【快速修剪】、【快速延伸】、【制作拐角】、【移动曲线】、【删除曲线】等。

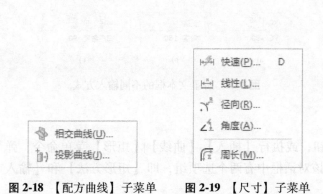

图 2-18 【配方曲线】子菜单　　图 2-19 【尺寸】子菜单　　图 2-20 【编辑】下拉菜单

2.3　草图的创建

创建草图的典型步骤如下：

1）选择草图平面或路径。

2）选取约束类型和创建选项。

3）创建草图几何图形。根据设置，系统自动创建若干约束。

4）添加、修改或删除约束。

5）根据设计意图修改尺寸参数。

6）完成草图。

2.3.1　草图曲线的绘制

1.【轮廓】命令

该命令用于连续绘制轮廓中的直线和圆弧。单击【曲线】组中的【轮廓】按钮，或执行【插入】|【曲线】|【轮廓】菜单命令，弹出【轮廓】对话框，如图 2-21 所示，同时鼠标指针位置显示屏显文本框。

该对话框中有两个选项组，即【对象类型】和【输入模式】。

（1）【对象类型】　该选项组内含有两个按钮，即【直线】　和【圆弧】　。

1）单击【直线】按钮　，可以在绘图区内连续绘制直线段。

2）单击【圆弧】按钮　，可以在绘图区内连续绘制圆弧。绘制时按下鼠标左键并拖动即可从直线模式切换为圆弧模式，释放左键后则又切换到直线模式。

（2）【输入模式】　该选项组内含有两个按钮，即【坐标模式】XY 和【参数模式】　。

1）【坐标模式】，单击【坐标模式】按钮XY，在屏显文本框中输入直线（或圆弧）端点的 XC、YC 坐标值，如图 2-22a 所示。

2）【参数模式】，单击【参数模式】按钮　，在屏显文本框中输入直线的长度和角度值（图 2-22b），或者圆弧的半径和扫掠角度值（图 2-22c）。

图 2-21　【轮廓】对话框

图 2-22　屏显文本框的不同输入方式

2.【矩形】命令

单击【曲线】组中的【矩形】按钮，或执行【插入】|【曲线】|【矩形】菜单命令，弹出【矩形】对话框，如图 2-23 所示。该对话框中有两个选项组，即【矩形方法】和【输入模式】。

（1）【矩形方法】　该选项组内含有三个按钮，即【按 2 点】　、【按 3 点】　和【从中心】　，分别对应绘制矩形的三种方法。

1）【按 2 点】，通过对角上的两点创建矩形，创建的矩形与草图的 XC 和 YC 轴平行。

2）【按 3 点】，通过矩形的三个顶点创建矩形，第一个点为起点，第二个点决定矩形的宽度、角度，第三个点决定矩形的高度。创建的矩形可与 XC 和 YC 轴成任何角度。

3）【从中心】，通过中心点、边的中点和顶点创建矩形。第一个点为矩形中心点，第二个点为一条边的中点，用来决定矩形角度和宽度，第三个点为顶点，决定矩形的高度。创建的矩形可与 *XC* 和 *YC* 轴成任何角度。

（2）【输入模式】 该命令的功能与【轮廓】命令的功能相似。

3.【圆弧】命令

该命令通过三个点，或者通过指定圆心和端点来创建圆弧。单击【曲线】组中的【圆弧】按钮⌒，或执行【插入】|【曲线】|【圆弧】菜单命令，弹出【圆弧】对话框，如图 2-24 所示。该对话框中有两个选项组，即【圆弧方法】和【输入模式】。

图 2-23 【矩形】对话框

图 2-24 【圆弧】对话框

（1）【三点定圆弧】⌒ 圆弧方法

1）当【输入模式】选为【坐标模式】XY 时，在绘图区选取三个点分别作为圆弧的起点、终点和圆弧上的点，如图 2-25 所示，或者在屏显文本框中的【XC】、【YC】文本框中依次输入对应点的坐标，利用"起点、终点和圆弧上的点"创建圆弧。

2）当【输入模式】选为【参数模式】 时，在绘图区选取一点作为圆弧的起点，在屏显文本框中的【半径】文本框中输入圆弧半径，再确定圆弧的端点及圆弧上的点。每次在屏显文本框中输入数值后都要按<Enter>键确认，即可创建圆弧。

（2）【中心和端点定圆弧】 圆弧方法

1）当【输入模式】选为【坐标模式】XY 时，在绘图区选取三个点分别作为圆弧的圆心点、起点和终点，或者在屏显文本框中的【XC】、【YC】文本框中依次输入对应点的坐标，利用"中心点，起点，终点"创建圆弧。

2）当【输入模式】选为【参数模式】 时，在绘图区选取一点作为圆弧的圆心点，在屏显文本框中的【半径】文本框中输入圆弧半径、【扫掠角度】文本框中输入圆心角度，如图 2-26 所示。每次在屏显文本框中输入数值后都要按<Enter>键确认，即可创建圆弧。

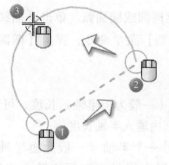

图 2-25 三点定圆弧

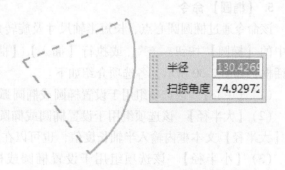

图 2-26 中心和端点定圆弧

4. 【圆】命令

该命令通过不在同一直线上的三个点，或者通过指定圆心和直径来创建圆。单击【曲线】组中的【圆】按钮○，或执行【插入】|【曲线】|【圆】菜单命令，弹出【圆】对话框，如图 2-27 所示。该对话框中有两个选项组：【圆方法】和【输入模式】。

（1）【圆心和直径定圆】⊙圆方法

1）当【输入模式】选为【坐标模式】 XY 时，在绘图区选取一点作为圆心点，在绘图区选取另一点作为圆上的点，或者在屏显文本框中的【XC】、【YC】文本框中依次输入对应点的坐标，利用【圆心和直径定圆】命令创建圆。

2）当【输入模式】选为【参数模式】凸时，在绘图区选取一点作为圆心点，在屏显文本框中的【直径】文本框中输入圆的直径。每次在屏显文本框中输入数值后按<Enter>键确认，即可创建圆，如图 2-28 所示。

图 2-27 【圆】对话框

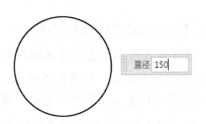

图 2-28 圆心和直径定圆

（2）【三点定圆】○圆方法

1）当【输入模式】选为【坐标模式】 XY 时，在绘图区选取三个点分别作为圆上的三个点，或者在屏显文本框中的【XC】、【YC】文本框中依次输入对应点的坐标，利用【三点定圆】命令创建圆。

2）当【输入模式】选为【参数模式】凸时，在绘图区选取一点作为圆上一点，在屏显文本框中的【直径】文本框中输入圆的直径，再确定圆上的另一点。每次在屏显文本框中输入数值后按<Enter>键确认，即可创建圆，如图 2-29 所示。

5. 【椭圆】命令

该命令通过椭圆圆心点、长短半轴尺寸及旋转角度来创建椭圆或椭圆弧。单击【曲线】组中的【椭圆】按钮⊙ 椭圆，或执行【插入】|【曲线】|【椭圆】菜单命令，弹出【椭圆】对话框，如图 2-30 所示，各选项介绍如下。

（1）【中心】 该选项组用于设置椭圆或椭圆弧的中心。

（2）【大半径】 该选项组用于设置椭圆或椭圆弧的半轴（一般为长半轴）长度。可以在【大半径】文本框内输入半轴长度值，也可以在屏显文本框内输入半轴长度值。

（3）【小半径】 该选项组用于设置椭圆或椭圆弧的另一个半轴（一般为短半轴）长度。可以在【小半径】文本框内输入半轴长度值，也可以在屏显文本框内输入半轴长度值。

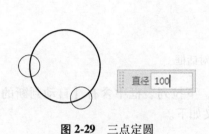

图 2-29 三点定圆

图 2-30 【椭圆】对话框

（4）【限制】 该选项组含有【封闭】复选框、【起始角】文本框、【终止角】文本框和【补充】按钮 ⟳。选中【封闭】复选框，将绘制出椭圆。此时【起始角】文本框、【终止角】文本框和【补充】按钮 ⟳ 隐藏。不选中【封闭】复选框，可以绘制椭圆弧。分别在【起始角】文本框、【终止角】文本框输入椭圆弧的起始角和终止角（椭圆沿逆时针绕 Z 轴旋转方向为正，起始角和终止角用来确定椭圆弧的起始和终止位置）。单击【补充】按钮 ⟳，可以绘制出椭圆弧的补弧。

（5）【旋转】 该选项组用于设置椭圆的长轴相对于 XC 轴沿逆时针方向倾斜的角度。

2.3.2 自动标注功能

【连续自动标注尺寸】命令可在每次绘制操作后自动标注草图曲线的尺寸。此命令用于在活动草图中自动标注尺寸，如果尺寸被删除，将立即创建新的自动标注尺寸。自动标注的尺寸不约束草图，拖动草图曲线时，尺寸会更新；它们会从草图中移除自由度，但不会永久锁定值。如果添加一个与自动尺寸冲突的约束，则会删除自动尺寸。可以将自动尺寸转换为驱动尺寸。

可通过两种方法启用自动标注功能：①单击【约束】组中的【连续自动标注尺寸】按钮 ⌙；②执行【文件】|【实用工具】|【用户默认设置】菜单命令，打开【用户默认设置】对话框，选择【草图】|【自动判断约束和尺寸】|【尺寸】选项，选中【在设计应用程序中连续自动标注尺寸】选项。

2.3.3 点的绘制

【草图点】命令用于在草图中创建点。点是草图中最小的图形元素，可以创建一个或多个新点，也可以现有点为参考点创建新点。如果在草图平面以外创建点，系统会将该点投影

到草图平面上。单击【曲线】组中的【点】按钮＋，或执行【插入】|【基准/点】|【点】菜单命令，弹出【草图点】对话框，如图2-31所示。对话框【指定点】选项中的为【点对话框】按钮，也称为"点构造器"，用于创建点。单击【点对话框】按钮，系统弹出如图2-32所示的【点】对话框，选项介绍如下。

图2-31 【草图点】对话框

（1）【类型】下拉列表框　用于设定捕捉类型，下拉列表框中含有【自动判断的点】、【光标位置】等多种方式，如图2-33所示，具体含义如下。

图2-32 【点】对话框

图2-33 点类型

1)【自动判断的点】，根据光标在曲线或实体上的位置自动判断是曲线或实体边的端点、圆心点，还是中点等。在光标的右下角会显示出点的类型图标。

2)【光标位置】，利用光标所在的位置确定点。这里应注意实际点的位置是光标投影到绘图平面内的点位置。

3)【现有点】，利用已有的点构造新的点。

4)【端点】，利用已有的直线、圆弧、样条曲线等端点构造新的点。

5)【控制点】，利用已有的直线、样条曲线等控制点构造新的点。

注意：在选择曲线时，指针的单击位置决定了选择哪个控制点。

6)【交点】，利用两条曲线的交点，或者一条曲线与一个曲面或平面的交点构造新的点。

7) 【圆弧中心/椭圆中心/球心】，利用圆弧中心/椭圆中心/球心构造新的点。

8) 【圆弧/椭圆上的角度】，沿着圆弧或椭圆按照角度值指定一个点位置。UG NX 以正向 *XC* 轴为起始 0 角度，沿圆弧按逆时针方向为正。可以在一个圆弧的延伸部分定义一个点。

9) 【象限点】，在圆、圆弧或椭圆上象限点的位置构造新的点。在选择曲线时，指针的单击位置决定了选择哪个象限点。

10) 【曲线/边上的点】，通过在曲线上指定一个位置构造新的点。可以通过 *U* 向参数改变点在曲线上的位置。

11) 【两点之间】，在两个已有点之间指定一个位置构造新的点。可以通过在【%Location】文本框中输入数值来确定点的具体位置。

12) 【样条极点】，利用样条或曲面的极点创建点。

13) 【样条定义点】，利用样条或曲面的定义点创建点。

14) 【按表达式】，通过选择某一表达式来构造新的点。

15) 【显示快捷方式】，将【类型】下拉列表框的选项显示为一行按钮。

(2) 【点位置】　该选项组用于在绘图区内捕捉要绘制点的位置，并以此为参考位置，在选定位置后，【输出坐标】选项组中会显示相应的坐标值。捕捉类型即为当前【类型】下拉列表中选择的类型。

(3) 【输出坐标】选项组　通过【参考】下拉列表选择指定点时所使用的坐标系。有三个选项，分别为【绝对坐标系-工作部件】、【绝对坐标系-显示部件】和【WCS】，对应的【X】、【Y】、【Z】文本框（或【XC】、【YC】、【ZC】文本框）显示相应坐标系下的坐标值。选择不同的坐标系，在【X】、【Y】、【Z】文本框（或【XC】、【YC】、【ZC】文本框）中输入坐标值，即可在绘图区内绘制点。

(4) 【偏置】选项组　用于指定与参考点相关的点。其位置基于绝对坐标系或工作坐标系。

2.3.4　偏置曲线

偏置曲线是指以已有的草图曲线为参考生成偏置一定距离的一条或多条曲线，并对偏置生成的曲线与源曲线添加约束，即偏置曲线与源曲线具有相关性，对源曲线进行修改，所偏置的曲线也会随之自动改变。单击【曲线】组中的【偏置曲线】按钮，或执行【插入】|【来自曲线集的曲线】|【偏置曲线】菜单命令，弹出【偏置曲线】对话框，如图 2-34 所示，部分选项介绍如下。

(1) 【要偏置的曲线】选项组　该选项组用于选择要偏置的曲线。

图 2-34　【偏置曲线】对话框

(2) 【偏置】选项组　【距离】文本框用于输入偏置距离；【反向】按钮 ⊠ 用于调整偏置曲线方向；【创建尺寸】复选框用于设置偏置曲线间是否标注尺寸；【对称偏置】复选框用于设置是否为对称偏置；【副本数】文本框用于设置偏置曲线数量；【端盖选项】下拉列表框中含有【延伸端盖】和【圆弧帽形体】两个选项，用于设置有拐角的曲线在偏置操作时拐角的形状是否是圆滑过渡。

2.3.5　派生直线

派生直线是指创建一条与已有直线平行的偏置直线；或者在两条平行直线中间创建一条与这两条直线平行的直线；或者在两条不平行直线之间创建一条角平分线。

（1）派生直线　单击【曲线】组中的【派生直线】按钮，或执行【插入】｜【来自曲线集的曲线】｜【派生直线】菜单命令。选择要偏置的直线，在绘图区内选择一点确定偏置距离，或在屏显文本框中的【偏置】文本框中输入偏置距离，创建偏置直线，实例如图 2-35a 所示。

（2）创建多条平行线的中间线　执行【派生直线】命令后，分别选取两条平行线，创建两条平行线的中间线，在绘图区内选择一点确定偏置直线的长度，或在屏显文本框中的【长度】文本框中输入中间线的长度，实例如图 2-35b 所示。

（3）创建两条不平行直线的角平分线　执行【派生直线】命令后，分别选取两条不平行直线，创建这两条不平行线的角平分线。在绘图区内选择一点，确定偏置直线的长度，或在屏显文本框中的【长度】文本框中输入中间线的长度值，实例如图 2-35c 所示。

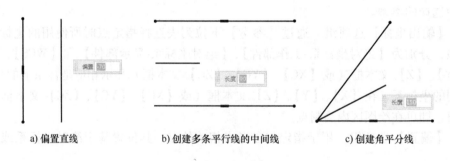

a) 偏置直线　　　　b) 创建多条平行线的中间线　　　　c) 创建角平分线

图 2-35　派生直线

2.3.6　镜像曲线

镜像曲线是指创建草图几何图形的镜像副本。镜像复制的对象与原对象保持相关性。单击【曲线】组中的【镜像曲线】按钮，或执行【插入】｜【来自曲线集的曲线】｜【镜像曲线】菜单命令，弹出【镜像曲线】对话框，如图 2-36 所示，选项介绍如下。

（1）【要镜像的曲线】　该选项组用于选择要镜像的草图对象。

（2）【中心线】　该选项组用于选择镜像中心线。

图 2-36　【镜像曲线】对话框

（3）【设置】　在该选项组选中【中心线转换为参考】复选框，在完成镜像操作后，镜像中心线将转换为参考线。如果中心线为基准轴，则系统沿该基准轴创建一条参考线；选中

【显示终点】复选框，系统会显示端点约束，以便移除或添加它们。如果移除端点约束，然后编辑原先的曲线，则未约束的镜像曲线将不会更新。图2-37a所示为选中【显示终点】复选框后，移除上部端点的镜像结果，图2-37b所示为编辑原始曲线后，移除端点的曲线并没有相应更新。

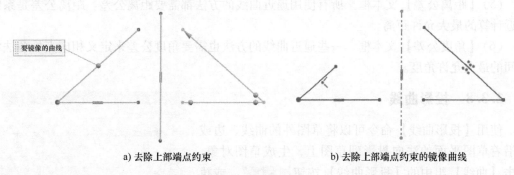

a) 去除上部端点约束　　　　　　　　　　b) 去除上部端点约束的镜像曲线

图2-37　镜像曲线

2.3.7　相交曲线

使用【相交曲线】命令，可以在面和草图平面之间创建相交曲线。单击【曲线】组中的【相交曲线】按钮 相交曲线，或执行【插入】|【配方曲线】|【相交曲线】菜单命令，弹出【相交曲线】对话框，如图2-38所示。选项介绍如下。

图2-38　【相交曲线】对话框

1.【要相交的面】选项组

该选项组用于选择相交的面，有两个选项，分别介绍如下。

（1）【选择面】　　选择用于创建相交曲线的面。如果选择多个面，则它们必须是连续面。

（2）【循环解】　　使用该命令可以查看所提供的各个解的选项并进行选择。

2.【设置】选项组

各选项介绍如下。

（1）【关联】　创建的相交曲线与选定面之间相关联。

（2）【忽略孔】　在面中创建通过任意忽略孔的相交曲线。如果取消选择该复选框，系统会在曲线遇到的第一个孔处停止相交曲线。

（3）【连结曲线】　将多个面上的曲线合并成单个样条曲线。如果该选项处于未选中状态，系统会在每个面上单独创建草图曲线。

（4）【曲线拟合】　该下拉列表框有三个选项。【三次】选项用于创建一条三次曲线。如果需要将数据传递到另一个仅支持三次曲线的系统中，则必须使用该选项。【五次】选项用于创建一条五次曲线。用五次拟合方法创建的曲线，其段数比用三次拟合方法创建的曲线的段数少，因此更容易进行编辑。【高级】选项用于启用对话框中的【最高次数】和【最大段数】选项，并可指定最高次数及最大段数。系统尝试构建曲线而不会一直添加段，直至最高次数。如果在最高次数时该曲线超出公差范围，系统会一直添加段，直至达到指定的最大段数为止。如果该曲线的最大段数也超出公差范围，系统会创建该曲线并显示一条出错消息。

（5）【距离公差】文本框　所有使用逼近曲线的方法都需要距离公差。距离公差是系统逼近计算的最大允许距离。

（6）【角度公差】文本框　一些逼近曲线的方法也需要角度公差来定义相应点处各法线之间的最大允许角度。

2.3.8　投影曲线

使用【投影曲线】命令可以将草图外的曲线、边或点沿着草图平面的法向投影到草图上，生成草图对象。单击【曲线】组中的【投影曲线】按钮 投影曲线，或执行【插入】|【配方曲线】|【投影曲线】菜单命令，弹出【投影曲线】对话框，如图 2-39 所示，选项介绍如下。

图 2-39　【投影曲线】对话框

（1）【要投影的对象】　该选项组用于选择要投影的曲线或点。

（2）【设置】　该选项组有三个选项，分别介绍如下。

1）【关联】复选框，用于设置投影的曲线或点与原对象的关联性。选中后将投影曲线关联到原始几何体。如果原始几何体发生更改，系统会在草图中更新投影曲线。

2）【输出曲线类型】下拉列表框，用于设置投影曲线的类型。

3）【公差】文本框，用于设置投影精度。

提示：投影曲线与正常草图曲线的颜色不同。可通过更改草图首选项中的"配方曲线"颜色来定制投影曲线的颜色。

2.4　草图的编辑

2.4.1　草图中几何对象的操控

在绘制草图对象后、没有添加约束前，单击草图对象的端点、边线、圆或圆弧的圆心并拖动，可以调整草图对象的尺寸、位置或形状，如图 2-40 和图 2-41 所示。

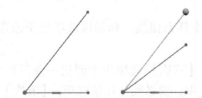

图 2-40　通过直线端点调整直线的尺寸和角度

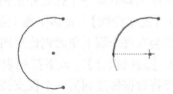

图 2-41　通过圆弧端点调整弧长

2.4.2 制作拐角

【制作拐角】命令可将两条曲线延伸和/或修剪
到一个公共交点来创建拐角。单击【曲线】组中的
【制作拐角】按钮 + 制作拐角，或执行【编辑】|【曲
线】|【制作拐角】菜单命令，弹出【制作拐角】对
话框，如图 2-42 所示。对话框中的【选择对象】选
项用于为新拐角选择输入曲线。选择时注意以下
问题：

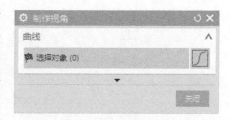

图 2-42 【制作拐角】对话框

1）如果系统必须延伸第一条曲线才能形成拐角，可以在该曲线上的任何位置单击。

2）如果系统必须修剪第二条曲线才能形成拐角，则单击该曲线上要保留的部分。

3）如果系统必须同时修剪两条曲线才能形成拐角，则单击两条曲线上要保留的部分。

4）如果在延伸圆弧或二次曲线时可能会与其他曲线生成多个交点，选择目标几何体时
要注意单击位置。

2.4.3 删除对象

绘制草图时，有时需要删除部分草图对象，操作步骤为：

（1）选择对象 在绘图区框选（框住整个对象）或单击要删除的对象，选中的对象颜
色变为橙色。

（2）删除选择的对象 有以下几种方法：

1）在选择的对象上单击鼠标右键，在弹出的快捷菜单中选择 ✕ 删除(D) 命令。

2）执行【编辑】|【删除】菜单命令。

3）按<Delete>键。

4）按<Ctrl+D>组合键。

2.4.4 复制/粘贴

绘制草图时，有时需要复制/粘贴部分草图对象，操作步骤为：

（1）选择对象 在绘图区框选或单击要复制的对象。

（2）复制对象 使用以下命令方式复制对象。

1）在选择的对象上单击鼠标右键，在弹出的快捷菜单中选择【复制】命令。

2）执行【编辑】|【复制】菜单命令。

3）按<Ctrl+C>组合键。

（3）粘贴对象 使用以下命令方式粘贴对象。

1）在选择的对象上单击鼠标右键，在弹出的快捷菜单中选择【粘贴】命令。

2）执行【编辑】|【粘贴】菜单命令。

3）按<Ctrl+V>组合键，执行命令后，系统弹出图 2-43 所示【粘贴】对话框。

（4）指定变换类型 在【粘贴】对话框的【运动】下拉列表框中选择【动态】选项，
如图 2-44 所示，移动到目标位置后单击。

图 2-43 【粘贴】对话框

图 2-44 【运动】下拉列表框

（5）完成粘贴　单击【粘贴】对话框中的【确定】按钮，完成粘贴。

2.4.5　快速修剪

【快速修剪】命令用于将曲线修剪到任一方向上最近的实际交点或虚拟交点。可以通过设置边界曲线、不设置边界曲线或修剪至延伸线三种方式进行快速修剪。单击【曲线】组中的【快速修剪】按钮✕，或执行【编辑】|【曲线】|【快速修剪】菜单命令，系统弹出【快速修剪】对话框，如图 2-45 所示。

图 2-45 【快速修剪】对话框

（1）设置边界曲线　【边界曲线】选项组用于设置被修剪曲线的修剪边界。如图 2-46a 所示，要修剪直线和曲线位于矩形内的部分，就可以矩形为修剪边界。单击【边界曲线】选项组中的【选择曲线】，选择矩形为修剪边界（图 2-46a），单击【要修剪的曲线】选项组中的【选择曲线】，选择矩形内要裁剪掉的线，修剪结果如图 2-46b 所示。

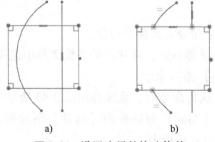

a)　　　　　　　　　　　b)

图 2-46　设置边界的快速修剪

（2）不设置边界曲线　如要修剪图 2-46a 所示的直线和曲线位于矩形外的部分，先单击【要修剪的曲线】选项组中的【选择曲线】，然后在绘图区选择矩形外要修剪掉的线，修剪结果如图 2-47 所示。

（3）修剪至延伸线　如果两条曲线没有交点，如图 2-48a 所示，可选中【设置】选项组内的【修剪至延伸线】复选框，完成修剪操作。步骤为：先单击【边界曲线】选项组中的【选择曲线】，在绘图区选择竖直直线为边界，然后单击对话框中【要修剪的曲线】选项组中的【选择曲线】，在绘图区选择要裁剪掉的曲线，修剪结果如图 2-48b 所示。

图 2-47　不设置边界曲线的快速修剪

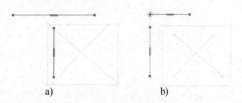

图 2-48　快速修剪-修剪至延伸线

提示：

1）执行【快速修剪】命令后，在曲线上移动光标可预览修剪，如图 2-49 所示。

2）按住鼠标左键，并拖过多条曲线，可以同时修剪这些曲线，如图 2-50 所示。

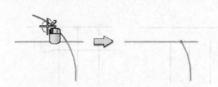

图 2-49　【快速修剪】命令的预览

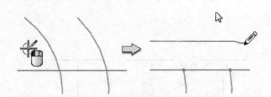

图 2-50　同时修剪多条曲线

2.4.6　快速延伸

图 2-51　【快速延伸】对话框

【快速延伸】命令用于将曲线延伸到它与另一条曲线的实际交点或虚拟交点处。可以通过设置边界曲线、不设置边界曲线或延伸至延伸线三种方式进行快速延伸。单击【曲线】组中的【快速延伸】按钮，或执行【编辑】|【曲线】|【快速延伸】菜单命令，系统弹出【快速延伸】对话框，如图 2-51 所示。

（1）设置边界曲线　延伸时要为延伸操作选择边界曲线，系统会查找和预览虚拟交点。可以选择位于当前草图中或者出现在当前草图前面（按时间戳记顺序）的任何曲线、边、点、基准平面或轴。如要延伸到虚拟交点，必须选择边界曲线，才能对曲线进行延伸。【边界曲线】选项组用于设置被延伸曲线的延伸边界。如图 2-52a 所示，要延伸位于矩形内的直线部分，以矩形为延伸边界。单击【边界曲线】选项组中的【选择曲线】，选择矩形为延伸边界，单击【要延伸的曲线】选项组中的【选择曲线】，选择矩形内要延伸的直线，延伸结果如图 2-52b 所示。

（2）不设置边界曲线　如要延伸图2-52a所示的位于矩形内的直线部分，先单击【要延伸的曲线】选项组中的【选择曲线】，然后在绘图区选择要延伸的直线段。

（3）延伸至延伸线　如果两条曲线没有交点（其延长线有虚拟交点）如图2-53a所示，可选中【设置】选项组内的【延伸至延伸线】复选框，完成延伸操作。先单击【边界曲线】选项组中的【选择曲线】，在绘图区选择直线边界，然后单击对话框中【要延伸的曲线】选项组中的【选择曲线】，在绘图区选择要延伸的曲线，延伸结果如图2-53b所示。

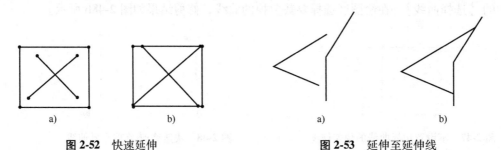

图2-52　快速延伸　　　　　　　　　　　图2-53　延伸至延伸线

提示：

1）执行【快速延伸】命令时，在曲线上方移动光标可预览延伸，如图2-54所示。

2）执行【快速延伸】命令时，按住鼠标左键，并拖过多条曲线，可以同时延伸这些曲线，如图2-55所示。

图2-54　【快速延伸】预览　　　　　　　图2-55　快速延伸多条曲线

2.5　草　图　约　束

2.5.1　草图约束概述

草图约束是指作用于草图曲线的限定条件，草图曲线随限定条件的变化而变化。使用约束可精确控制草图中的对象并表明特征的设计意图。草图约束分为几何约束和尺寸约束两种类型。在绘制草图时，可以先绘制出大概形状，或者草图对象之间先不设置约束，然后根据草图的形状、尺寸及对象之间的关系向草图添加约束条件，草图曲线会随着约束条件进行变化，以满足设计要求。

2.5.2　草图约束按钮简介

进入草图环境后，在【主页】功能区【约束】组会显示草图约束按钮，如图2-56a所示。单击【快速尺寸】按钮 的扩展倒三角会显示图2-56b所示【尺寸约束】菜单，单击【显示草图约束】按钮 的扩展倒三角会显示图2-56c所示菜单，分别介绍如下。

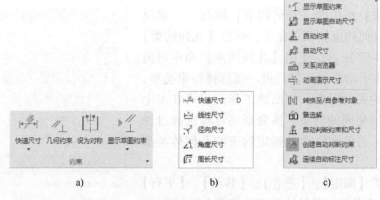

a)   b)   c)

图 2-56 草图约束

（1）🔧【快速尺寸】 系统会根据当前选择的对象及光标位置，自动判断尺寸类型而添加尺寸约束。

（2）🔧【线性尺寸】 用于在所选对象间标注线性尺寸，或者标注一组链尺寸或基线尺寸。

（3）🔧【径向尺寸】 用于标注圆或圆弧的半径或直径尺寸。

（4）🔧【角度尺寸】 用于在所选的两条不平行直线之间标注角度尺寸。

（5）🔧【周长尺寸】 用于约束开放或封闭轮廓中选定的直线和圆弧的总长度。不能选择椭圆、二次曲线或样条曲线。

（6）🔧【几何约束】 指定并维持草图几何图形或草图几何图形之间的几何条件。

（7）🔧【设为对称】 用于在草图中约束两个点或曲线相对于中心线对称。

（8）🔧【自动约束】 指定系统自动添加到草图的几何约束的类型。系统会分析活动草图中的几何体，并在适当的位置添加选定约束。

（9）🔧【自动尺寸】 用于在所选曲线和点上根据一组规则创建尺寸。

（10）🔧【关系浏览器】 用于显示与当前选定的对象相关联的几何约束。

（11）🔧【动画演示尺寸】用于动态显示在指定范围内改变给定尺寸的效果。受这一给定尺寸影响的任一几何体也将以动画显示。

（12）🔧【转换至/自参考对象】 用于将草图曲线从活动曲线转换为参考曲线，或将尺寸从驱动尺寸转换为参考尺寸。

（13）🔧【备选解】 针对尺寸约束和几何约束显示备选解决方案，并选择一个结果。

（14）🔧【自动判断约束和尺寸】 用于控制在绘制曲线时对哪些约束或尺寸进行自动判断。

（15）🔧【创建自动判断约束】 用于启用自动判断几何约束功能。

（16）🔧【连续自动标注尺寸】 用于在每次绘制草图曲线后自动标注草图曲线的尺寸。

2.5.3 添加几何约束

将几何约束添加到草图几何图形，用于定位草图几何图形、确定草图对象之间的相互几何关系，有手工添加约束和自动约束两种方法。

1. 手工添加几何约束

单击【约束】组中的【几何约束】按钮 ，或执行【插入】|【几何约束】菜单命令，弹出【几何约束】对话框，如图 2-57 所示。使用【几何约束】命令可向草图几何元素中手动添加几何约束。先选择约束类型，然后再选择要约束的对象，按照此工作流程可在多个对象上快速添加相同的约束。该命令还可对选择过滤器进行设置，从而仅允许满足选定约束的几何体类型被选择。

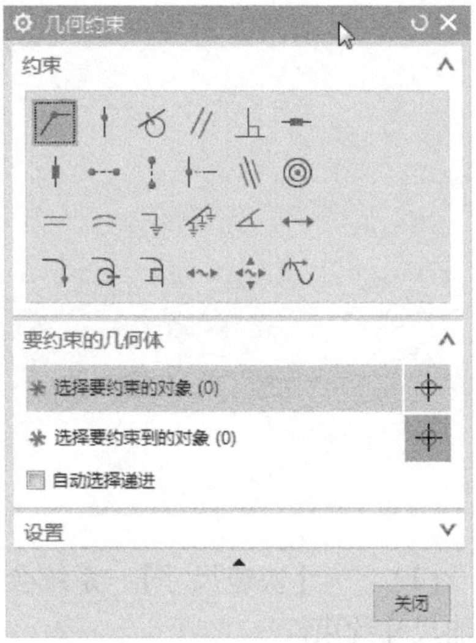

系统提供了【固定】、【重合】、【共线】、【平行】等 24 个几何约束条件，其具体类型及作用介绍如下。

(1) 【重合】 定义两个或两个以上的点互相重合。

(2) 【点在曲线上】 定义选取的点在某条曲线上。

图 2-57 【几何约束】对话框

(3) 【相切】 定义两个草图元素相切。

(4) 【平行】 定义两条直线相互平行。

(5) 【垂直】 定义两条直线相互垂直。

(6) 【水平】 定义直线为水平线，即与草图坐标系 XC 轴平行。

(7) 【竖直】 定义直线为竖直线，即与草图坐标系 YC 轴平行。

(8) 【水平对齐】 在水平方向对齐两个或多个点。水平方向由草图方向定义。

(9) 【竖直对齐】 在竖直方向对齐两个或多个点。竖直方向由草图方向定义。

(10) 【中点】 定义点在直线或圆弧的中点上。

(11) 【共线】 定义两条或多条直线共线。

(12) 【同心】 定义两个或两个以上的圆弧或椭圆弧的圆心相互重合。

(13) 【等长】 定义两条或多条直线等长。

(14) 【等半径】 定义两个或两个以上的圆弧或圆半径相等。

(15) 【固定】 定义草图对象固定到当前所在的位置。

(16) 【完全固定】 定义所选取的草图对象完全固定，不再需要任何约束。

(17) 【定角】 定义一条或多条直线与坐标系的角度为恒定的。

(18) 【定长】 定义选取的曲线长度固定。

(19) 【点在线串上】 定义一个位于配方曲线上的点的位置。

(20) 【与线串相切】 创建草图曲线和配方曲线之间的相切约束。

(21) 【垂直于线串】 创建草图曲线和配方曲线之间的垂直约束。

(22) 【非均匀比例】 定义样条曲线的两个端点在移动时，样条曲线的形状发生变化。

(23) 【均匀比例】 定义样条曲线的两个端点在移动时，仍保持样条曲线的形状不变。

(24) 【曲线的斜率】 定义样条曲线过一点与一条曲线相切。

2. 自动约束

自动约束是指由系统自动判断草图对象间的几何位置关系，并自动对草图对象添加约束

的方法，主要用于所需添加约束较多，并且已经确定位置关系的草图元素。单击【约束】组中的【自动约束】按钮，或执行【工具】|【约束】|【自动约束】菜单命令，弹出【自动约束】对话框，如图 2-58 所示。部分选项介绍如下。

（1）【要约束的曲线】 该选项组用于选择要应用约束的曲线。

（2）【要施加的约束】 该选项组含有【水平】、【竖直】、【相切】、【平行】、【垂直】、【共线】、【同心】、【等长】、【等半径】、【点在曲线上】和【重合】复选框，提供 11 种约束方式。

（3）【设置】选项组 该选项组含有【施加远程约束】复选框，以及【距离公差】和【角度公差】文本框，介绍如下。

图 2-58 【自动约束】对话框

1）【施加远程约束】复选框，若选中，则系统自动在两条不接触的曲线（但二者之间的距离小于当前距离公差）之间添加约束。

2）【距离公差】文本框，控制对象端点为了重合而必须达到的接近程度。

3）【角度公差】文本框，系统要应用水平、竖直、平行或垂直约束时，直线必须达到的接近程度。

选取要约束的草图对象，并在【要施加的约束】选项组内选中所需约束的复选框，如需自动创建所有的约束，单击【全部设置】按钮，然后在【设置】选项组内设置公差参数，单击【应用】或【确定】按钮完成自动约束操作。

2.5.4　添加尺寸约束

将尺寸约束添加到草图几何图形，用于控制一个草图对象的尺寸，或确定两个对象之间的相对关系。单击【约束】组中的【快速尺寸】按钮，或执行【插入】|【尺寸】|【快速】菜单命令，弹出【快速尺寸】对话框，如图 2-59 所示。部分选项介绍如下。

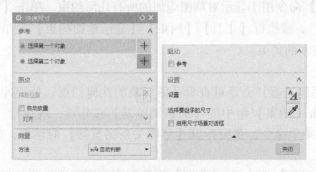

图 2-59 【快速尺寸】对话框

（1）【参考】选项组 【选择第一个对象】用于选择尺寸所关联的几何体，并定义测量方向的起点。【选择第二个对象】用于选择尺寸所关联的几何体，并定义测量方向的终点。如果系统能够根据选择的第一个对象确定尺寸类型，则不必选择第二个对象。例如，如果测量方法设置为【自动判断】并且选择了一个圆弧，系统将创建一个圆柱尺寸或直径尺寸，具体取决于光标的位置。

（2）【原点】选项组　用于指定无指引线的尺寸的位置。在图形窗口中单击可以放置无指引线的尺寸，或者可以打开原点工具并使用选项指定尺寸的位置。

（3）【测量】选项组　设置要创建的尺寸的类型。系统提供了【水平】、【竖直】、【平行】等测量方法。尺寸测量方法的具体类型及作用如下。

1）【自动判断】，基于选定的对象和光标的位置自动判断尺寸约束类型来标注尺寸。

2）【水平】，在两点之间标注水平距离尺寸。

3）【竖直】，在两点之间标注竖直距离尺寸。

4）【点到点】，在两个点之间标注最短距离尺寸。

5）【垂直】，在直线和点之间标注垂直距离尺寸。

6）【圆柱式】，标注一个等于两个对象或点位置之间的线性距离的圆柱尺寸。直径符号会自动附加至尺寸。圆柱尺寸可用于对整个直径或半径进行尺寸标注。系统根据所选对象的类型及选择顺序来确定尺寸表示直径还是表示半径。

7）【斜角】，在两条不平行的直线之间标注角度尺寸。

8）【径向】，为圆弧或圆标注半径尺寸。

9）【直径】，为圆弧或圆标注直径尺寸。

（4）【驱动】选项组　标注参考尺寸。选中【参考】复选框后，选择一个草图对象，即可标注参考尺寸（不能通过改变该尺寸来驱动草图对象的变化）。

（5）【设置】选项组　打开【设置】对话框后可以更改所标注尺寸的显示内容。

2.6　修改草图约束

修改草图约束主要是指利用【关系浏览器】、【动画演示尺寸】、【转换至/自参考对象】和【备选解】等工具管理草图约束。

1. 显示所有约束

【显示草图约束】命令用于显示对草图施加的所有几何约束。单击【约束】组中的【显示草图约束】按钮 ，或执行【工具】|【约束】|【显示草图约束】菜单命令，则显示草图中所有图形对象已存在的约束。

2. 关系浏览器

使用【草图关系浏览器】命令可查看草图对象的几何约束、处理冲突的约束，以及删除尺寸和约束。单击【约束】组中的【关系浏览器】按钮 ，或执行【工具】|【约束】|【草图关系浏览器】菜单命令，系统弹出【草图关系浏览器】对话框，如图 2-60 所示，选项介绍如下。

（1）【要浏览的对象】选项组　【范围】下拉列表框用于选择要分析的对象，包含以下三个选项。

1）【活动草图中的所有对象】，用于显示草图中的所有曲线和约束。

2）【单个对象】，用于显示与选定的约束相关联的曲线，或与选定曲线相关联的约束。在选择对象时，将替换当前选择。

图 2-60 【草图关系浏览器】对话框

3)【多个对象】，用于显示与选定的约束相关联的曲线，或与选定曲线相关联的约束。选择的对象将添加到所选内容。【顶级节点对象】有以下两个子选项：①【曲线】用于将曲线显示为顶级节点，每个曲线节点包含附着其上的约束的节点；②【约束】用于将约束显示为顶级节点，每个约束节点包含附着其上的曲线的节点。

（2）【浏览器】选项组 包括以下各列：①【对象】用于显示曲线和约束；②【状态】显示曲线的约束状态，例如，指示过约束的曲线，将光标悬停在此列中的图标上可显示详细信息；③【派生自】显示用来创建关系的命令的图标；④【外部引用】当草图曲线引用另一个文件中的对象或引用同一个文件中位于草图外的对象时显示一条消息。

（3）【设置】选项组 【显示自由度】复选框用于控制是否显示草图曲线上的自由度箭头。

3. 约束的备选解

对草图对象进行约束操作时，同一约束条件下可能存在多种满足约束条件的情形，使用备选解决方案命令可针对尺寸约束和几何约束显示备选解决方案，可在备选方案中切换解法。单击【约束】组中的【备选解】按钮，或执行【工具】|【约束】|【备选解】菜单命令，系统弹出【备选解】对话框，如图 2-61 所示，选项介绍如下。

（1）【对象 1】选项组 【选择线性尺寸或几何体】用于选择要查看其备选解的线性尺寸或几何体。如果只有一个可能的备选解，系统会立即显示该备选解。如果有多个对象与目标对象相切，系统会激活【选择相切几何体】选项。

（2）【对象 2】选项组 【选择相切几何体】用于选择与目标几何体相切的几何体。在

图 2-61　【备选解】对话框

有多个对象与对象 1 相切时，使用该选项可以进行选择。

4. 移动尺寸

通过移动尺寸的位置，可以使草图的布局更合理，表达更清晰。其操作步骤如下：

1）将指针移动到需要移动的尺寸处，按住鼠标左键。

2）上下或左右移动指针，尺寸箭头和文本随指针移动。

3）当尺寸移动到合适位置后，松开鼠标左键，完成移动尺寸操作。

5. 修改尺寸值

可以通过以下两种方法修改尺寸数值。

（1）通过快捷菜单修改　将指针移动到要修改的尺寸处右击，系统弹出快捷菜单，如图 2-62 所示。

1）单击【编辑】选项，系统弹出对话框，对话框因修改的尺寸类型不同而不同。例如，在线性尺寸处右击，弹出【线性尺寸】对话框，如图 2-63 所示。编辑【当前表达式】的数值，单击鼠标中键或【关闭】按钮完成尺寸修改。

图 2-62　草图尺寸处的快捷菜单　　　　图 2-63　修改【线性尺寸】对话框

2）在快捷菜单中单击【编辑参数】选项，系统弹出【草图参数】对话框，如图 2-64 所示。编辑【当前表达式】的数值，单击【确定】按钮完成尺寸修改。

（2）通过双击尺寸修改　将指针移动到要修改的尺寸处双击，系统弹出对话框，对话框因修改的尺寸类型不同而不同。例如，在线性尺寸处右击，弹出【线性尺寸】对话框，如图 2-63 所示。编辑【当前表达式】的数值，单击鼠标中键或【确定】按钮完成尺寸修改。

6. 转换至/自参考对象

【转换至/自参考对象】命令可将草图曲线或草图尺寸从活动转化为引用（参考对象），也可以将参考对象转换为正常的草图曲线或草图尺寸。参考曲线显示为双点画线。单击【约束】组中的【转换至/自参考对象】按钮，或执行【工具】|【约束】|【转换至/自参考对象】菜单命令，弹出【转换至/自参考对象】对话框，如图 2-65 所示。

图 2-64 【草图参数】对话框

图 2-65 【转换至/自参考对象】对话框

（1）【要转换的对象】选项组　【选择投影曲线】复选框，可转换草图曲线的投影。

（2）【转换为】选项组　【参考曲线或尺寸】用于将曲线和尺寸转换为参考。【活动曲线或驱动尺寸】用于将参考曲线转换为活动曲线，将参考和自动尺寸转换为驱动尺寸。

2.7 草图的管理

绘制或编辑草图时，可通过如图 2-66 所示的【定向到草图】、【定向到模型】、【重新附着】、【创建定位尺寸】、【延迟评估】、【评估草图】和【更新模型】草图工具管理草图，对各工具介绍如下。

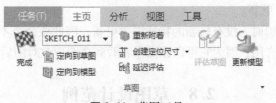

图 2-66 草图工具

1. 定向到草图

在绘制或编辑草图时，单击【草图】组|【定向到草图】按钮，可使草图平面与屏幕平行，即沿 Z 轴向下查看草图平面，便于绘制和观察草图对象。

2. 定向到模型

在绘制或编辑草图时,单击【草图】组|【定向到模型】按钮，可将当前视图定向到启动草图任务环境时建模视图。

3. 重新附着

创建草图后,可以使用【重新附着】草图工具修改其放置位置。使用【重新附着】草图工具可以进行如下操作。

1）将草图移到另一个平面、面或路径上。

2）将基于平面的草图切换为基于路径的草图,反之亦然。

3）沿着所附着到的路径更改基于路径绘制草图的位置。

【重新附着】按钮为 ，操作时,目标平面、面或路径的时间戳记必须在草图之前。

4. 创建定位尺寸

草图定位尺寸将草图当作刚体,定位草图相对于现有外部几何图形的位置。单击【创建定位尺寸】按钮旁的倒三角形,系统弹出如图 2-67 所示的【定位尺寸】下拉列表,各选项介绍如下。

（1）【创建定位尺寸】 用于创建草图定位尺寸,以便将草图作为相对于现有几何体（边、基准平面和基准轴）的刚体加以定位。对于以下情况,无法创建定位尺寸:

昔	创建定位尺寸
蒜	编辑定位尺寸
茶	删除定位尺寸
草	重新定义定位尺寸

图 2-67 【定位尺寸】下拉列表

1）基于路径绘制草图。

2）草图中包含外部对象或抽取对象的任何尺寸或几何约束。

3）草图与原点关联。

（2）【编辑定位尺寸】 使用【编辑表达式】对话框选择和编辑定位尺寸。

（3）【删除定位尺寸】 使用【编辑定位】对话框来删除定位尺寸。

（4）【重新定义定位尺寸】 更改已使用定位尺寸的几何体,定位尺寸的值保持不变。

5. 延迟评估与评估草图

单击【草图】组|【延迟评估】按钮，系统会启用延迟评估功能来延迟草图约束的更新。即创建曲线时,系统不显示约束;指定约束后,系统不会立即更新几何体,直到单击【评估草图】按钮。

6. 更新模型

单击【草图】组|【更新模型】按钮，系统根据对草图的更改来更新模型。退出草图任务环境时,模型自动更新。

对草图进行回滚编辑时,没有较新的特征需要更新,因此该命令不可用。【更新模型】命令在草图任务环境中很有用,因为它可以让操作者看到草图更改对随后的特征产生的影响。

2.8 草图设计范例

2.8.1 草图设计范例一

绘制如图 2-68 所示的图形。

扫码看视频

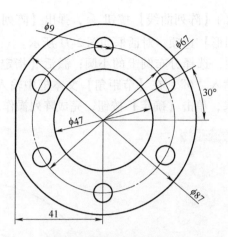

图 2-68 草图设计范例一

1）新建文件。执行【文件】|【新建】菜单命令，弹出【新建】对话框，选择【模型】模板，绘图【单位】为【毫米】，输入【新文件名】为 2zhangshili-1.prt，指定合适的【文件夹】，单击【确定】按钮，完成新建文件操作。

2）确定草图平面。单击【菜单】|【插入】|【在任务环境中绘制草图】菜单选项，系统弹出如图 2-1 所示的【创建草图】对话框。在该对话框中，【草图类型】选择【在平面上】，【草图坐标系】的【平面方法】选择【自动判断】，选择基准坐标系的 X-Y 平面，【参考】选择【水平】，单击【确定】按钮，完成创建草图平面操作。

3）绘制中心线。单击【曲线】组中的【直线】按钮，弹出【直线】对话框。在绘图区内分别绘制出一条水平直线和一条竖直直线；捕捉草图原点为直线线段的一个端点，指定另一端点。在第一象限绘制一条斜线。退出【直线】命令。选择绘制的三条直线，在直线对象的快捷菜单中选择【转换至/自参考对象】，将绘制的直线转换为中心线。选择水平直线，再选择草图 X 轴，在弹出的图 2-69 所示快捷工具条中单击【共线约束】按钮；选择竖直直线，再选择草图 Y 轴，在弹出的快捷工具条中单击【共线约束】按钮。

4）单击【曲线】组中的【圆】按钮○，弹出【圆】对话框。在绘图区内选择中心线的交点作为圆心点，绘制三个同心圆，捕捉中间圆与第一象限内直线的交点为圆心，绘制一个小圆。选择中间的圆，在快捷菜单中选择【转换至/自参考对象】，将绘制的圆转换为中心线圆。结果如图 2-70 所示。

图 2-69 快捷工具条

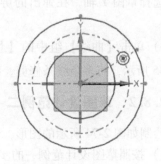

图 2-70 绘制四个圆

5）单击【曲线】组中的【阵列曲线】按钮 ，弹出【阵列曲线】对话框，单击【布局】下拉列表框，选择【圆形】选项，对话框如图 2-71 所示。

激活【选择曲线】选项，选择分布圆上的小圆；激活【指定点】选项，选择中心圆圆心。在【数量】文本框中输入"6"，在【节距角】文本框中输入"60"，这时绘图区图形显示如图 2-72 所示预览效果，单击【确定】按钮，完成阵列操作。

图 2-71　【阵列曲线】对话框

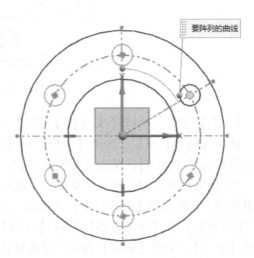

图 2-72　阵列预览

6）单击【约束】组中的【快速尺寸】按钮，弹出【快速尺寸】对话框，如图 2-59 所示。单击【方法】下拉列表框，选择【直径】选项，在绘图区选择阵列的圆，将尺寸放置在合适的位置，给其他的圆标注尺寸，给第一象限中心线标注角度尺寸。

7）单击【曲线】组中的【直线】按钮，弹出【直线】对话框。在绘图区内绘制一条与最外侧大圆相交的竖直直线。单击【约束】组中的【快速尺寸】按钮，弹出【快速尺寸】对话框，如图 2-59 所示，单击【方法】下拉列表框，选择【水平】选项，激活【选择第一个对象】选项，选择上文绘制的竖直直线，激活【选择第二个对象】选项，选择草图 Y 轴，在弹出的屏显文本框中输入"41"，完成尺寸标注，结果如图 2-73 所示。

8）单击【曲线】组中的【快速修剪】按钮，系统弹出【快速修剪】对话框，如图 2-45 所示，将多余线条修剪，结果如图 2-68 所示。

2.8.2　草图设计范例二

绘制如图 2-74 所示的图形，然后编辑图形，使两个圆内切。

1）按照草图设计范例一的步骤 1）和 2），新建文件，【新文件名】为 2zhangshili-2. prt，指定草图平面，进入草图环境。

扫码看视频

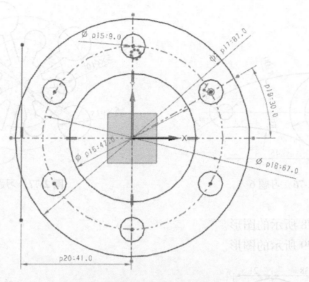

图2-73 绘制左侧直线并标注尺寸

2）单击【曲线】组中的【圆】按钮〇，弹出【圆】对话框。在绘图区内绘制两个相切的圆。

3）单击【约束】组中的【备选解】按钮，系统弹出【备选解】对话框，如图2-61所示，选择尺寸较小的圆，执行【备选解】命令后，结果如图2-75所示。

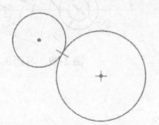

图2-74 草图设计范例二

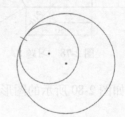

图2-75 执行【备选解】命令后的结果

习 题

1. 简述如何进入和退出两种草图绘制环境？
2. 举例说明如何进行草图的几何约束和尺寸约束？
3. 举例说明如何利用不同的方式建立草图平面。
4. 举例说明如何绘制角平分线。
5. 举例说明【投影曲线】、【偏置曲线】和【相交曲线】命令在机械造型设计中的应用。
6. 绘制如图2-76所示的图形。
7. 绘制如图2-77所示的图形。

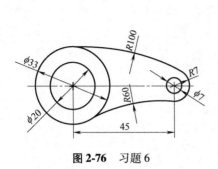

图 2-76 习题 6

图 2-77 习题 7

8. 绘制如图 2-78 所示的图形。

9. 绘制如图 2-79 所示的图形。

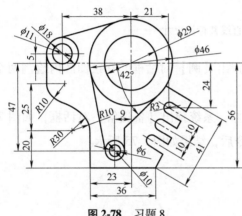

图 2-78 习题 8

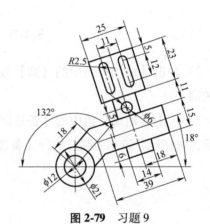

图 2-79 习题 9

10. 绘制如图 2-80 所示的图形。

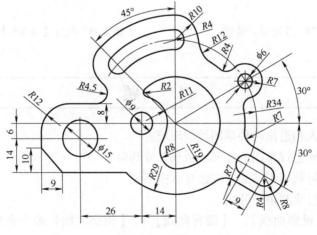

图 2-80 习题 10

第3章

绘制和编辑曲线

曲线是三维建模的基础，在建模过程中应用非常广泛，各种复杂形体的造型几乎都离不开曲线的造型。可以用曲线创建曲面，进而进行复杂特征建模。在特征建模过程中，曲线也常用作建模的辅助线，如定位线、中心线等。

3.1 曲线的基本图元和高级曲线

3.1.1 点和点集

1.【点】

该命令用于创建新的点或捕捉已有的点，有时也称为"点构造器"。点是最小的几何构造元素。利用点不仅可以按一定次序和规律来生成直线、圆、圆弧和样条曲线，也可以通过矩形阵列的点或定义曲面的极点来直接创建曲面。单击【曲线】功能选项卡上【曲线】组的【点】按钮＋，或执行【插入】|【基准/点】|【点】菜单命令，弹出【点】对话框，选项介绍及15种创建点的方式见"2.3.3 点的绘制"部分内容。

2.【点集】

点集是指利用现有的几何体创建相关的点，这些相关点的集合称为点集。可以是对已有曲线上点的复制，也可以通过已有曲线的某种属性来生成其他点集。单击【曲线】功能选项卡【曲线】组的【点集】按钮⁺ᵗ，或执行【插入】|【基准/点】|【点集】菜单命令，弹出【点集】对话框，如图3-1所示。

图3-1 【点集】对话框

（1）【类型】下拉列表框　包含四种创建点集的方式，分别介绍如下。

1）【曲线点】，用于在曲线或实体边缘上创建点集。

2）【样条点】，利用样条曲线的定义点、结点或控制点来创建点集。

3）【面的点】，通过现有曲面或实体表面上的点或控制点来创建点集。

4）【交点】，将一组相交点作为一个特征，它们可以与隔离特征的对象结合使用。

（2）【子类型】选项组　在【类型】下拉列表框中选择不同的选项，对应的【子类型】选项组会发生变化。

1）当选择【曲线点】后，【子类型】中有七种产生曲线点的方法，分别是【等弧长】、【等参数】、【几何级数】、【弦公差】、【增量弧长】、【投影点】和【曲线百分比】。

2）当选择【样条点】后，【子类型】中有三种产生样条点的方式，包括【定义点】、【结点】和【极点】。

3）当选择【面的点】后，【子类型】选项组下拉列表框中有三种点的选择方式：【阵列】、【面百分比】和【B曲面极点】。

4）当选择【交点】后，无【子类型】选项组。

3.1.2　二次曲线

二次曲线也称为圆锥曲线或圆锥截线，是一截面剖切圆锥面而创建的曲线。单击【曲线】功能选项卡【曲线】组的【一般二次曲线】按钮，或执行【插入】|【曲线】|【一般二次曲线】菜单命令，弹出【一般二次曲线】对话框，如图3-2所示。选项介绍如下。

1. 【类型】下拉列表框

列出二次曲线的构造类型，分别介绍如下。

（1）【5点】　使用五个共面点创建一条二次曲线。如果二次曲线形成圆弧、椭圆或抛物线，则它将从起点开始到终点为止，通过所有五个点。选择该选项后，对话框如图3-2所示，依次选择或构建五个共面点，单击【确定】或【应用】按钮，可以创建二次曲线，如图3-3所示。

如果二次曲线形成双曲线，则双曲线不必通过所有点。即使双曲线两个分支上的所有点均已定义，系统也仅会创建两个分支中的一个，如图3-4所示。

（2）【4点，1个斜率】　使用四个共面点及第一点处的斜率创建一条二次曲线。选择该选项后，对话框如图3-5a所示。先指定第一点，然后确定二次曲线起点的切线方向后，再依次选择或构建三个共面点，单击【确定】或【应用】按钮，可以创建二次曲线，如图3-5b所示。

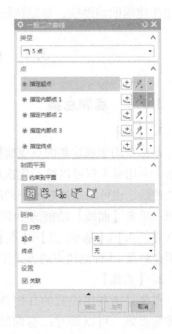

图3-2　【一般二次曲线】对话框

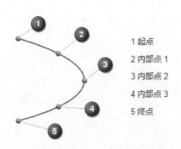

图 3-3 选择【5 点】类型绘制曲线

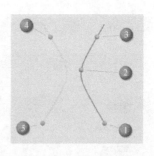

图 3-4 【5 点】类型绘制的双曲线

a)【一般二次曲线】|【4点,1个斜率】

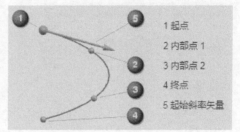

b) 选择【4点,1个斜率】类型绘制曲线

图 3-5 【4 点,1 个斜率】类型

（3）【3 点,2 个斜率】 使用三个共面点,第一点和第三点处的斜率创建一条二次曲线。选择该选项后,对话框如图 3-6a 所示。先指定三个点,然后确定二次曲线起点和终点的切线方向,单击【确定】或【应用】按钮,即可创建二次曲线,如图 3-6b 所示。

（4）【3 点,锚点】 使用三个共面点及两个终点相切矢量的交点（锚点）创建一条二次曲线。锚点确定二次曲线在起点和终点处的斜率。该方式构建二次曲线的方法与【3 点,2 个斜率】方法相似。这里的锚点分别与二次曲线的起点和终点相连,确定了二次曲线的起点切线方向和终点切线方向。使用锚点修改曲线的斜率,锚点离起点和终点越远,曲线的曲率越小。选择该选项后,对话框如图 3-7a 所示。先指定三个点,然后确定二次曲线起点和终点的切线方向,单击【确定】或【应用】按钮,即可创建二次曲线,如图 3-7b 所示。

（5）【2 点,锚点,Rho】 使用两个共面点、一个确定起点和终点斜率的锚点,以及

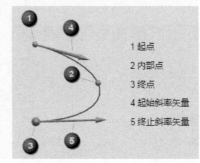

1 起点
2 内部点
3 终点
4 起始斜率矢量
5 终止斜率矢量

a)【一般二次曲线】|【3点，2个斜率】　　　b) 选择【3点，2个斜率】类型绘制曲线

图 3-6 【3点，2个斜率】类型

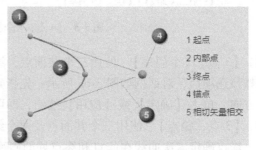

1 起点
2 内部点
3 终点
4 锚点
5 相切矢量相交

a)【一般二次曲线】|【3点，锚点】　　　b) 选择【3点，锚点】类型绘制曲线

图 3-7 【3点，锚点】类型

Rho 值（投影判别，可确定二次曲线上的第三点）创建一条二次曲线。Rho 定义的第三点位于二次曲线上，在此二次曲线中，从锚点投影的直线将穿过与二次曲线两个端点相连的直线

的中点。可以通过调整 Rho 值和锚点来控制曲线的形状。选择该选项后，对话框如图 3-8a 所示，依次选择或构建三个共面点，分别作为二次曲线的起点、终点和锚点，在【Rho】文本框输入相应数值，单击【确定】或【应用】按钮，可以创建二次曲线，如图 3-8b 所示。

a)【一般二次曲线】|【2点，锚点，Rho】

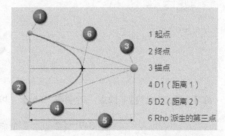

b) 选择【2点，锚点，Rho】类型绘制曲线

图 3-8 【2 点，锚点，Rho】类型

(6)【2 点，2 个斜率，Rho】 使用两个共面点、起点和终点斜率，以及 Rho 值（投影判别，可确定曲线上的第三点）创建一条二次曲线。可以通过调整 Rho 值和斜率来控制曲线的形状。选择该选项后，对话框如图 3-9a 所示。选择或构建二次曲线的起点，确定曲线起点切线方向；选择或构建二次曲线的终点，确定曲线终点切线方向；在【Rho】文本框输入相应数值，单击【确定】或【应用】按钮，可以创建二次曲线，如图 3-9b 所示。

(7)【系数】 使用在标准二次曲线方程式模板中输入的参数创建一条二次曲线。二次曲线的方向和形状及其限制和退化形式，均可通过输入所需的系数值定义。从另一图形系统中转换曲线时，【系数】方法是很有用的，因为它通常用于数据库中以重新定义一条二次曲线的数据。选择该选项后，对话框如图 3-10 所示。在相应的【二次曲线方程】选项组的系数文本框中输入数值，单击【确定】或【应用】按钮，即可以创建二次曲线。

2.【Rho 值】选项组

用来确定二次曲线上第三点的投影判别，Rho 始终是 0 和 1 之间的值。如果 Rho>0.5，则创建双曲线；如果 Rho=0.5，则创建抛物线；如果 Rho<0.5，则创建椭圆。

3.【延伸】选项组

通过输入值、拖动手柄或指定限制点，在创建和编辑期间延伸二次曲线的起点和终点。【对称】复选框可将同一延伸应用于二次曲线的起点和终点。

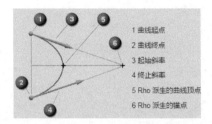

a)【一般二次曲线】|【2点，2个斜率，Rho】　　b) 选择【2点，2个斜率，Rho】类型绘制曲线

图 3-9 【2 点，2 个斜率，Rho】类型

图 3-10 【一般二次曲线】|【系数】

3.1.3　螺旋

【螺旋】命令用于创建具有指定圈数、螺距、弧度、旋向和方位的螺旋线。螺旋线是一种特殊的规律曲线，常用于螺杆、螺钉、弹簧等特征建模中。单击【曲线】功能选项卡上【曲线】组的【螺旋】按钮 螺旋，或执行【插入】|【曲线】|【螺旋】菜单命令，弹出【螺旋】对话框，如图 3-11 所示。

（1）【类型】下拉列表框　该列表框有以下两种类型。

1)【沿矢量】，用于沿指定矢量创建直螺旋。

2)【沿脊线】，用于沿所选脊线创建螺旋。

（2）【方位】选项组 【指定坐标系】选项用于指定坐标系，用该坐标系指定螺旋的方向。创建的螺旋与坐标系的坐标轴方向关联。螺旋的方向与指定坐标系的 Z 轴平行。可以选择现有的坐标系，也可以新定义坐标系。【角度】选项用于指定螺旋的起始角。起始角为 0°，则与指定坐标系的 X 轴对齐。

（3）【大小】选项组 用于定义螺旋的直径或半径值。

（4）【螺距】选项组 用于沿螺旋轴或脊线指定螺旋各圈之间的距离。

（5）【长度】选项组 用于按照圈数或起始/终止限制来指定螺旋长度，有以下两个选项：

1)【限制】，用于根据弧长或弧长百分比指定起点和终点位置。

2)【圈数】，用于指定螺旋圈数。

（6）【设置】选项组

1)【旋转方向】，用于指定绕螺旋轴旋转的方向。螺旋从基点开始，向右（逆时针）或向左（顺时针）旋转。选择【右手】选项，绘制出右旋螺旋线；选择【左手】选项，绘制出左旋螺旋线。

2)【距离公差】，用于控制螺旋距理论螺旋的偏差，减小该值可降低偏差。

3)【角度公差】，用于控制沿螺旋的对应点处法向之间的最大许用夹角角度。

3.1.4 文本

【文本】命令可以根据系统字体库中的 True Type 字体生成文本。该命令将追踪所选 True Type 字体的形状，并使用线条和样条曲线生成文本字符串的字符轮廓，并在平面、曲线或曲面上放置生成的几何体。单击【曲线】功能选项卡上【曲线】组的【文本】按钮 A文本，或执行【插入】|【曲线】|【文本】菜单命令，弹出【文本】对话框，如图 3-12 所示。选项介绍如下。

图 3-11 【螺旋】对话框

图 3-12 【文本】对话框

（1）【类型】下拉列表框有以下三种类型。

1）【平面副】，用于在平面上创建文本。

2）【曲线上】，用于沿相连曲线串创建文本。每个文本字符后面都跟有曲线串的曲率，可以指定所需的字符方向，如果曲线是直线，则必须指定字符方向。

3）【面上】，用于在一个或多个相连面上创建文本。

（2）【文本属性】选项组　用于输入没有换行符的单行文本。

1）【参考文本】复选框，用于启用【文本属性文本框右侧选择表达式】选项。

2）【线型】下拉列表框，用于选择本地字体库中可用的 True Type 字体。字体示例不显示，但如果选择另一种字体，则预览将反映字体更改。

3）【脚本】下拉列表框，用于选择文本字符串的字母表（例如，Western、Hebrew、Cyrillic）。

4）【字型】下拉列表框，用于选择字型。可以选择以下选项：①常规，创建正常字体属性的文本；②加粗，创建加粗字体属性的文本；③倾斜，创建倾斜字体属性的文本；④粗斜体，创建粗斜体字体属性的文本。

5）【使用字距调整】复选框，用于增加或减少字符间距。

6）【创建边框曲线】复选框，在生成几何体时围绕几何体创建框架，否则，几何体将只包括字符轮廓。底部框架线为印刷基准线，顶部框架线接近文本高度，两侧的框架线代表轮廓曲线的最左侧和最右侧的边界。此框架并不是边框。

（3）【文本框】选项组　【锚点位置】下拉列表框仅可用于平面文本类型，指定文本的锚点位置。【尺寸】选项组用于设置文本框的长度、宽度、高度和宽高比。

（4）【设置】选项组　【关联】复选框，用于创建关联的文本特征，此复选框默认情况下处于选中状态。【连结曲线】复选框可将组成一个环的所有曲线连接成一个样条。

3.2　基　本　曲　线

3.2.1　直线

直线是指通过两个点构造的线段。单击【曲线】功能选项卡上【曲线】组的【直线】按钮，或执行【插入】|【曲线】|【直线】菜单命令，弹出【直线】对话框，如图 3-13 所示。选项介绍如下。

（1）【开始】选项组　【起点选项】下拉列表框用于定义直线的起点。有以下三个选项。

1）【自动判断】，根据选择的对象来确定要使用的最佳起点与终点选项。

2）【点】，用于通过一个或多个点来创建直线。

3）【相切】，用于创建与弯曲对象相切的直线。

（2）【结束】选项组　【终点选项】下拉列表框用于定义直线的终点，包含三个选项，功能与【起点选项】相似。

图 3-13　【直线】对话框

（3）【支持平面】选项组 【平面选项】下拉列表框用于指定要构建直线的平面，包含以下三种方式。

1）【自动平面】，软件会根据指定的直线起点与终点来自动判断临时自动平面。如果指定的终点与起点处于不同的平面上，自动平面会发生更改以包含起点与终点。

2）【锁定平面】，锁定要构建直线的平面。锁定的平面以基准平面对象的颜色显示。

3）【选择平面】，启用该选项，定义用于构建直线的平面。

（4）【限制】选项组 用于指定限制直线开始与结束位置的点、对象或距离值。

（5）【设置】选项组 【关联】复选框用于使直线成为关联特征。关联的直线显示在【部件导航器】中，名称为LINE。

3.2.2 圆和圆弧

【圆弧/圆】命令用于创建关联圆和圆弧特征。单击【曲线】功能选项卡【曲线】组的【圆弧/圆】按钮，或执行【插入】|【曲线】|【圆弧/圆】菜单命令，弹出【圆弧/圆】对话框，如图 3-14 所示。选项介绍如下。

（1）【类型】下拉列表框 用于指定创建圆弧/圆的方法，有以下两种方式。

1）【三点画圆弧】，通过指定圆弧必须通过的三个点或指定两个点和半径创建圆弧。

2）【从中心开始的圆弧/圆】，指定圆弧中心及第二个点或半径创建圆弧。

（2）【起点】 该选项组在【类型】设置为【三点画圆弧】时显示，用于指定起点约束。该选项组内的【起点选项】下拉列表框中有三种方式，即【自动判断】、【点】和【相切】，用于确定圆弧/圆的起点。

（3）【端点】 该选项组在【类型】设置为【三点画圆弧】时显示，用于指定端点约束。【终点选项】下拉列表框中有以下五种方式：【自动判断】、【点】和【相切】选项的作用方式与【起点选项】约束相同；【半径】，通过在半径屏显文

图 3-14 【圆弧/圆】对话框

本框中或【圆弧/圆】对话框的【半径】文本框中输入一个值，可以指定终点或中点的半径约束，可以在指定第一个约束后输入半径值；【直径】，指定终点或中点的直径约束。

（4）【中点】 该选项组在【类型】设置为【三点画圆弧】时显示，用于指定中点约束。【中点选项】中的【自动判断】、【点】和【相切】选项的作用方式与【起点选项】约束相同。

（5）【中心点】 该选项组在【类型】设置为【从中心开始的圆弧/圆】时显示，用于为圆弧中心选择一个点或位置。除【捕捉点】选项之外，还可以使用 XC、YC、ZC 屏显文本框来指定圆弧中心的坐标。【点参考】下拉列表框中有三种方式，即【WCS】、【绝对】和【CSYS】，用于确定圆弧/圆的圆心点。

（6）【通过点】 该选项组在【类型】设置为【从中心开始的圆弧/圆】时显示，用于指定圆弧或圆起始点。

（7）【支持平面】 选项组【平面选项】用于指定平面以便在其上构建圆弧或圆。

（8）【限制】 该选项组内有【起始限制】和【终止限制】两个下拉列表框，以及两个【角度】文本框，用于确定圆弧的起点和终点；【整圆】复选框用于确定是绘制圆弧还是整圆；【补弧】按钮⊙用于确定绘制当前弧还是其补弧。

（9）【设置】选项组 【关联】复选框用于指定圆弧作为关联特征，并显示在【部件导航器】中。

3.3 艺术样条

艺术样条是指通过拖放定义点和极点，并在定义点指定斜率或曲率，来创建和编辑的样条曲线。该曲线多用于数字化绘图或动画设计。单击【曲线】功能选项卡【曲线】组的【艺术样条】按钮，或执行【插入】|【曲线】|【艺术样条】菜单命令，弹出【艺术样条】对话框，如图 3-15 所示。选项介绍如下。

（1）【类型】下拉列表框 用于指定创建样条的方法，包括以下两种类型。

1)【通过点】，用于通过拟合曲线使其穿过所有指定点来创建样条。该类型可以精确地控制曲线的形状及尺寸。

2)【根据极点】，通过指定样条曲线的数据点（即极点），建立控制多边形来控制样条曲线形状。样条曲线的两个端点通过控制点，其他部分不与控制点重合。

（2）【参数化】选项组 【次数】用于指定样条曲线的次数，样条曲线的极点数不得少于次数。【匹配的结点位置】复选框，当【类型】设置为【通过点】时可用，仅在定义点所在的位置放置结点。【封闭】复选框用于指定样条曲线的起点与终点在同一点上，以形成闭环。

（3）【制图平面】选项组 该选项组用于指定要在其中创建和约束样条曲线的平面。【约束到平面】复选框用于将制图平面约束到坐标系的 XY 平面。在绘制样条曲线期间，不在坐标系的 XY 平面上的选定对象将投影到该平面上。未选中此复选框时，可以将制图平面约束到一个可用的其他平面上。

图 3-15 【艺术样条】对话框

（4）【移动】选项组 该选项组用于在指定的方向上或沿指定的平面移动样条曲线点和极点。有六种类型，分别介绍如下。

1)【WCS】，在 WCS 指定的 X、Y 或 Z 方向上或沿 WCS 的一个主平面移动点或极点。

2)【视图】，相对于视图平面移动极点或点。

3)【矢量】，按平行于指定矢量的方向移动点或极点。

4)【平面】，按平行于指定平面的方向移动点或极点。

5)【法向】，沿曲线的法向移动点或极点。

6)【多边形】，仅当【类型】设置为【根据极点】时可用。用于沿极点的一条多段线段拖动选定的极点。

（5）【延伸】选项组　延伸或缩短样条曲线。延伸操作不会更改已定义的样条曲线端点。可以在编辑过程中更改延伸。【对称】复选框用于在所选样条曲线的指定开始和结束位置上进行对称延伸。

（6）【设置】选项组　【按比例更新】复选框用于指定在修改约束的父特征时样条曲线的更新方式。已更新点和下一个固定点之间的所有点或极点都将按比例移动。【使用定向工具】复选框用于打开三轴操控器工具。选中该选项，可沿 XC、YC 或 ZC 轴拖动、旋转及定位样条曲线点和极点。可以输入样条曲线点和极点的坐标值，可以输入轴的增量值。【关联】复选框用于使样条曲线关联，并以参数方式与父特征相关。关联样条曲线将创建样条曲线特征。

（7）【微定位】选项组　【比率】复选框用于拖动点或极点的手柄时，设置它们的相对移动量。对于精细曲线点编辑而言，此选项十分有用。指定一个在 0.01%~100% 之间的值，值越低，点移动越精细。【步长值】文本框用于指定所选点或极点的移动增量值。

3.4　规律曲线

规律曲线是指通过使用规律函数（如常数、线性、三次和方程等）来创建样条曲线，通过改变参数来控制曲线的变化规律。单击【曲线】功能选项卡【曲线】组的【规律曲线】按钮，或执行【插入】|【曲线】|【规律曲线】菜单命令，弹出【规律曲线】对话框，如图 3-16 所示。选项介绍如下。

（1）【X 规律】选项组　该选项组可为 X 分量选择并定义一个规律选项。其【规律类型】下拉列表框的规律曲线定义类型共有七种，分别为：

1)【恒定】，在创建曲线过程中控制坐标或参数保持不变。

2)【线性】，在创建曲线过程中控制坐标或参数在一定范围内呈线性变化。

3)【三次】，在创建曲线过程中控制坐标或参数在一定范围内呈三次变化。

4)【沿着脊线的线性】，在创建曲线过程中利用两个以上的点控制曲线沿着脊线呈线性变化。

5)【沿着脊线的三次】，在创建曲线过程中利用两个以上的点控制曲线沿着脊线呈三次变化。

6)【根据方程】，在创建曲线过程中利用表达式定义曲线。

图 3-16　【规律曲线】对话框

7)【根据规律曲线】，在创建曲线过程中利用已有对象和矢量确定曲线方向的方式来创建规律曲线。

（2）【Y规律】选项组　该选项组可为Y分量选择并定义一个规律选项。其【规律类型】下拉列表框的规律曲线定义类型同【X规律】。

（3）【Z规律】选项组　该选项组可为Z分量选择并定义一个规律选项。其【规律类型】下拉列表框的规律曲线定义类型同【X规律】。

（4）【坐标系】选项组　该选项组可通过指定坐标系来控制样条曲线的方位。

（5）【设置】选项组　该选项组可通过【距离公差】文本框控制曲线拟合偏差。

3.5 曲线操作

曲线操作是指对已存在的曲线进行几何运算处理，如曲线的偏置、桥接、镜像等。

3.5.1 偏置曲线

【偏置曲线】命令用于对已存在的曲线以一定的偏置距离复制得到新的曲线。单击【曲线】功能选项卡【派生曲线】组的【偏置曲线】按钮，或执行【插入】|【派生曲线】|【偏置】菜单命令，弹出【偏置曲线】对话框，如图3-17所示。选项介绍如下。

（1）【偏置类型】下拉列表框　列表框中选项用于设置曲线的偏置方式，包括以下四种方式：

1)【距离】，在源曲线的平面中按照给定的偏移距离来偏置曲线。选择该方式后，对话框如图3-17所示。在【偏置】选项组内的【距离】和【副本数】文本框中分别输入偏移距离和生成的偏移曲线数量。

2)【拔模】，将曲线按照给定的拔模角度偏置到与曲线所在平面相距拔模高度的平面上。选择该方式后，对话框如图3-18所示。【高度】文本框数值是指源曲线所在平面和偏移后所在平面间的距离，【角度】文本框数值是指偏移方向与源曲线所在平面的法线的夹角。在【高度】和【角度】文本框中分别输入拔模高度和拔模角度值。

3)【规律控制】，在源曲线的平面中以规律控制的距离对曲线进行偏置。【规律类型】下拉列表框中有【恒定】、【线性】等七种方式。选择不同方式，【规律控制】选项组的内容有所不同。在【规律类型】下拉列表框中选择一种规律方式，同时设置【规律控制】选项组内的其他选项，设置偏移距离，从而绘制出按规律控制的偏移曲线。

4)【3D轴向】，在指向源曲线平面的矢量方向上以恒定距离对曲线进行偏置。按照三维空间中的偏置方向和偏置距离来偏置共面或非共面曲线，通过生成矢量的方法来控制偏置方向。

（2）【曲线】选项组　该选项组用于选择要偏置的曲线。

（3）【偏置】选项组　该选项组用于设置偏移曲线的偏置距离和数量，包括【距离】和【副本数】两个文本框、一个【反向】按钮。【高度】文本框用于设置与选中曲线之间的偏置距离，输入负值表示在反方向上偏置曲线。【副本数】文本框内的数值表示同时构造多组距离相同的偏置曲线。【反向】按钮用于反转偏置方向。

图 3-17 【偏置曲线】对话框

图 3-18 【偏置曲线】|【拔模】

（4）【设置】选项组 该选项组用于设置偏置曲线的关联性、是否需要修剪等属性。

1）【关联】，用于设置偏置后的曲线与源曲线之间的相关性。选中该复选框后，修改源曲线参数，则偏置曲线参数也随之一同改变。

2）【输入曲线】，用于设置偏置操作后源曲线的保持状态，有以下四种控制方法：①【保留】，源曲线保持原始状态；②【隐藏】，隐藏源曲线；③【删除】，偏置曲线后将源曲线删除；④【替换】，源曲线被偏置曲线所替换。

3）【修剪】，用于设置偏置曲线的角部形状，有以下三种修剪方式：①【无】，偏置后的曲线在角部既不延长相交也不彼此修剪或倒圆；②【相切延伸】，偏置曲线将延伸相交或彼此修剪；③【圆角】，若偏置曲线在角部彼此不相连接，则以偏置距离为半径值将偏置曲线连接起来；若偏置曲线在角部彼此相交，则在其交点处修剪多余部分。

4）【大致偏置】复选框，仅适用于距离和拔模类型的偏置曲线。

5）【高级曲线拟合】，仅针对【距离】、【拔模】和【规律控制】类型的偏置曲线显示，用于从【方法】列表中选择曲线拟合方式。①【次数和段数】，指定输出曲线的次数和段数；②【次数和公差】，指定最高次数和公差来控制输出曲线的参数设置；③【保持参数化】，从输入曲线继承次数、段数、极点结构和结点结构，并将其应用于输出曲线；④【自动拟合】，指定最低次数、最高次数、最大段数和公差，以控制输出曲线的参数设置。

6)【距离公差】,当输入曲线为样条曲线或二次曲线时,此值确定偏置曲线的精确度。公差值越小,生成的偏置曲线的曲率特性越接近于输入曲线特性。但是,公差较小也会导致生成曲线的极点数和段数大大增加。

3.5.2 桥接曲线

【桥接曲线】命令用于在两条曲线之间或几何体之间创建一段光滑的曲线并对其进行约束,可用于两条曲线间的圆角相切线。单击【曲线】功能选项卡【派生曲线】组的【桥接曲线】按钮,或执行【插入】|【派生曲线】|【桥接】菜单命令,弹出【桥接曲线】对话框,如图3-19所示。选项介绍如下。

(1)【起始对象】选项组 该选项组用于选择桥接曲线的起点。

1)【截面】,用于选择一个可以定义曲线起点的截面,可以选择曲线或边。

2)【对象】,用于选择一个对象以定义曲线的起点,可以选择面或点。

(2)【终止对象】选项组 该选项组用于选择桥接曲线的终点。

1)【截面】,同【起始对象】选项组相应选项。

2)【对象】,同【起始对象】选项组相应选项。

3)【基准】,用于为曲线终点选择一个基准,并且曲线与该基准垂直。

4)【矢量】,用于选择一个可以定义曲线终点的矢量。

(3)【连接】选项组 该选项组用来为桥接曲线的起点和终点设置连续性、位置及方向。【连续性】用于指定连续类型。【方向】子选项组基于所选几何体定义曲线方向,有以下两个单选按钮:

图3-19 【桥接曲线】对话框

1)【相切】,定义选取点处指向桥接曲线终点的切向方向。

2)【垂直】,强制选择点处指向桥接曲线终点的副法向。

(4)【约束面】选项组 该选项组用来设置与桥接曲线相连或相切的曲面,并用于选择桥接曲线的约束面。当设计需要一条曲线与面集重合时,或是当创建曲线网来定义用于倒圆的相切边时,使用此选项。

(5)【半径约束】选项组 【方法】下拉列表框有【无】、【最小值】和【峰值】三个选项。【无】选项为不提供半径约束;【最小值】选项为复杂变形设置最小的约束值;【峰值】选项为复杂变形设置峰值约束值。【半径】文本框用于输入【最小值】或【峰值】数值。

(6)【形状控制】选项组 该选项组用于设定桥接曲线的形状控制。

3.5.3　镜像曲线

【镜像曲线】命令通过基准平面或平的面创建对称曲线。镜像平面可以是平面、基准平面或实体表面等。通常只需创建对称曲线中一侧，然后通过【镜像曲线】命令完成另一侧对称曲线的创建。单击【曲线】功能选项卡【派生曲线】组的【镜像曲线】按钮，或执行【插入】|【派生曲线】|【镜像】菜单命令，弹出【镜像曲线】对话框，如图 3-20 所示。选项介绍如下。

（1）【曲线】选项组　用于选择要进行镜像的曲线、边或曲线特征。

（2）【镜像平面】选项组　用于选择平的面或者基准平面，以镜像选定的曲线或边。【平面】下拉列表框中有【现有平面】和【新平面】两个选项，分别用来指定已有的平面或创建新的平面作为镜像的对称面。

（3）【设置】选项组　该选项组含有【关联】复选框和【输入曲线】下拉列表框。【关联】复选框选中后，则镜像曲线与源曲线相关联。当源曲线发生变化时，镜像曲线也会随之变化。【输入曲线】下拉列表框设有【保留】、【隐藏】、【删除】和【替换】四个选项，选择不同的选项，可以设置源曲线在镜像操作后是保留、隐藏、删除或被替换。

3.5.4　相交曲线

【相交曲线】命令可以创建两个对象集之间的相交曲线。相交曲线是关联的，随其定义对象的更改进行更新。单击【曲线】功能选项卡【派生曲线】组的【相交曲线】按钮，或执行【插入】|【派生曲线】|【相交】菜单命令，弹出【相交曲线】对话框，如图 3-21 所示。选项介绍如下。

图 3-20　【镜像曲线】对话框

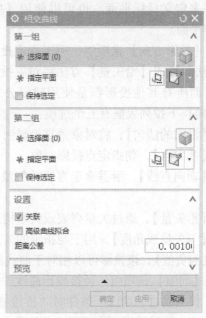

图 3-21　【相交曲线】对话框

（1）【第一组】选项组　用于确定要产生交线的第一组对象。可以选择一个曲面，也可以选择或创建一个平面。选中【保持选定】复选框时，表示创建的相交曲线可以再用作后续相交曲线特征而选定的一组对象。

（2）【第二组】选项组　用于确定要产生交线的第二组对象。同样，可以选择一个曲面，也可以选择或创建一个平面。【保持选定】复选框功能同上。

（3）【设置】选项组　【关联】复选框用于创建关联的截面曲线。【高级曲线拟合】复选框用于指定拟合方法、次数和段数。

相交曲线的操作步骤是：在弹出【相交曲线】对话框后，依次选择相交的第一组面和第二组面，设置其他选项，单击【应用】按钮，求出相交曲线。

3.5.5　投影曲线

【投影曲线】命令用于将曲线、边和点投影到面、小平面化的体和基准平面上，从而创建曲线。投影方向可以指向指定的矢量、点或面的法向，或者与它们成一角度。系统会修剪面中孔上或边上的投影曲线。单击【曲线】功能选项卡【派生曲线】组的【投影曲线】按钮，或执行【插入】|【派生曲线】|【投影】菜单命令，弹出【投影曲线】对话框，如图 3-22 所示。选项介绍如下。

（1）【要投影的曲线或点】选项组　用于选择作为投影对象的曲线、边、点或草图。也可以使用点构造器来创建点。

（2）【要投影的对象】选项组　用于选择面、小平面化的体和基准平面，以在其上投影或通过【自动判断平面】方法来定义目标平面，也可以使用【完整平面】工具来创建平面。

（3）【投影方向】选项组　用于指定投影方向。使用【沿面的法向】或【沿矢量】方法将对象投影到平面上是精确的，而所有其他投影都是使用建模公差值的近似投影。【方向】下拉列表框有五个选项：

1）【沿面的法向】，将对象垂直投影到目标上。

2）【朝向点】，朝指定点投影对象。

3）【朝向直线】，沿垂直于直线的矢量，朝向直线投影对象。

图 3-22　【投影曲线】对话框

4）【沿矢量】，通过矢量列表或矢量构造器来指定方向矢量。

5）【与矢量成角度】，用于与指定的矢量成指定角度投影曲线。根据选择的角度值（向内的角度为负值），该投影可以相对于曲线的近似形心按向外或向内的角度生成。

（4）【间隙】选项组　桥接投影曲线中任何两个段之间的小缝隙，并将这些段连接为单条曲线。仅当同时满足以下条件时才桥接缝隙：①缝隙距离小于【最大桥接缝隙大小】中定义的距离；②缝隙距离大于指定的建模公差。

（5）【设置】选项组　【关联】复选框用于指定所创建的曲线或点是否与原始对象关联。系统默认选择该选项。【输入曲线】下拉列表框用于指定对输入曲线的处理，设有【保留】、【隐藏】、【删除】和【替换】四个选项，选择不同的选项，可以设置源曲线在投影操作后是保留、隐藏、删除或被替换。【连结曲线】用于指定是否要连接投影曲线。【对齐曲线形状】复选框用于将输入曲线的极点分布应用于投影曲线，而不考虑所用的曲线拟合方法。

投影曲线的操作步骤是：在弹出【投影曲线】对话框后，依次选择要投影的对象和投影目标，设置其他选项，单击【应用】按钮，创建投影曲线。

3.5.6　截面曲线

【截面曲线】命令可以用指定的面去与选定的实体、表面、平面和曲线相交创建曲线或点。单击【曲线】功能选项卡【派生曲线】组的【截面曲线】按钮，或执行【插入】|【派生曲线】|【截面】菜单命令，弹出【截面曲线】对话框，如图 3-23 所示。选项介绍如下。

（1）【类型】下拉列表框　用于确定截面。选择不同的方式，对应的【截面曲线】对话框会有所不同。有以下四个选项：

1）【选定的平面】，使用选定的现有的体平面或在建模过程中定义的平面来创建截面曲线。

2）【平行平面】，使用指定的一系列平行平面来创建截面曲线。可以指定【基本平面】、【步长值】（平面之间的距离），以及起始与终止距离。

图 3-23　【截面曲线】对话框

3）【径向平面】，使用指定的一组平面来创建截面曲线。可以指定枢轴及点来定义【基本平面】、【步长值】（平面之间夹角），以及【起始角】与【终止角】。

4）【垂直于曲线的平面】，使用垂直于曲线或边的多个截面来创建截面曲线，可以控制截面沿曲线的间距。

（2）【要剖切的对象】选项组　用来选择将要被剖切的对象。单击该选项组中的【选择对象】后，用鼠标选择要剖切的图形对象。

（3）【剖切平面】选项组　该选项组有两个子选项组。选择【选择平面】后，可以用鼠标左键在绘图区内选择某一个平面作为截面；选择【指定平面】后，可以创建一个平面作为截面。

（4）【设置】选项组　【关联】复选框用于创建关联的截面曲线。【高级曲线拟合】复选框用于指定拟合方法、次数和段数。【连结曲线】用于指定截面曲线是由分段曲线还是连接样条曲线组成。【距离公差】用于为截面曲线设置最小建模距离公差。默认值取自【建模首选项】对话框中指定的距离公差。

3.6　编辑曲线

利用编辑曲线命令。可以方便地对现有曲线进行编辑修改，以满足用户的需要。

3.6.1　编辑曲线参数

【编辑曲线参数】命令可在适合选定曲线类型的创建对话框中编辑曲线。执行【编辑】|【曲线】|【参数】菜单命令，弹出【编辑曲线参数】对话框，如图 3-24 所示。

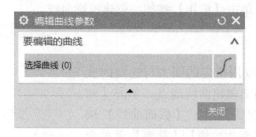

图 3-24　【编辑曲线参数】对话框

选择曲线，当选定的曲线为直线时，弹出的对话框信息见【直线】对话框，如果直线不是关联的，对话框标题为【非关联直线】；当选定的曲线为圆弧或圆时，弹出的对话框信息见【圆弧/圆】对话框，如果圆弧或圆不是关联的，对话框标题为【非关联圆弧/圆】；当选定的曲线为艺术样条时，弹出的对话框信息见【艺术样条】对话框。

3.6.2　修剪曲线和修剪拐角

1. 修剪曲线

修剪曲线是指根据选定的边界对象，对已存在的曲线进行修剪、延伸或分割。可以修剪或延伸直线、圆弧、二次曲线或样条曲线，也可以修剪到（或延伸到）曲线、边缘、平面、曲面、点或光标位置。单击【曲线】功能选项卡【编辑曲线】组的【修剪曲线】按钮 ，或执行【编辑】|【曲线】|【修剪】菜单命令，弹出【修剪曲线】对话框，如图 3-25 所示。选项介绍如下。

（1）【要修剪的曲线】选项组　用于选择要修剪、分割或延伸的曲线。在修剪操作期间，曲线链被视为一条连续曲线。选择的曲线段将成为要修剪、分割或延伸的默认曲线段。

（2）【边界对象】选项组　选择对象或平面，用来修剪或分割选定要修剪的曲线。【对象类型】下拉列表框中有以下两个选项：

1)【选定的对象】，用于选择曲线、边、体、面和点作为边界对象和与要修剪的选定曲线相交的对象。

2)【平面】，用于选择基准平面用作边界对象和与要修剪的选定曲线相交的对象。

图 3-25　【修剪曲线】对话框

（3）【修剪或分割】选项组　用于选择是修剪所选的曲线，还是将它们分割为单独的样条曲线段。

1)【选择区域】，当【操作】设为【修剪】时可用。用于预览曲线段。可以选择或取消选择各曲线段以决定哪些段要保留或放弃。

2)【保留】，执行修剪曲线操作后，保留已选中要修剪的曲线，然后放弃未选中的曲线。

3)【放弃】，执行修剪曲线操作后，放弃已选中要修剪的曲线，然后保留未选中的曲线。

4)【选择要分割的位置】，当【操作】设为【分割】时可用。通过选择高亮显示的相交位置来分割所选的曲线。可用位置取决于指定的方向。如果【方向】设为【沿方向】，可以选择的可能位置点取决于指定的矢量方向。默认方向为 ZC 轴。

（4）【设置】选项组

1)【关联】复选框，使输出的修剪过的曲线成为关联特征。选中此复选框，修剪操作会创建修剪曲线特征，其中包含原始曲线的重复且关联的修剪副本。不选中此复选框，则修剪操作会创建原始曲线的重复且非关联的修剪副本。

2)【输入曲线】下拉列表框，指定修剪操作后输入曲线的状态，有【保持】、【隐藏】、【删除】和【替换】四个选项，选择不同的选项，可以设置源曲线在修剪操作后是保留、隐藏、删除或被替换。

3)【曲线延伸】下拉列表框，包含以下四个选项：①【自然】，将曲线从其端点沿其自然路径延伸；②【线性】，将曲线从任一端点延伸到边界对象，其中曲线的延伸部分是线性的；③【圆形】，将一条圆形轨迹中的曲线从其端点延伸到边界对象；④【无】，对任意类型的曲线都不执行延伸。

4)【修剪边界曲线】复选框，用于修剪或分割边界对象。每个边界对象的修剪或分割部分取决于边界对象与所选曲线的相交位置。

5)【扩展相交计算】复选框，用于设置计算以满足较宽松的相交有效性要求，从而允许计算的解超出默认距离公差。

6)【单选】复选框，用于启用自动选择递进。选中该选项时：【修剪曲线】命令决定完成单选后是否自动满足选择的输入。在简便操作情况下可以简化修剪曲线操作，以为每个选定的边界对象添加新集。默认情况下该选项为选中状态。

2. 修剪拐角

修剪拐角是指把两条曲线修剪到它们的交点，使得两条不平行的曲线在其交点处形成拐角。用于修剪拐角的曲线可以相交，也可以不相交。单击【曲线】功能选项卡【编辑曲线】组的【修剪拐角】按钮 ，或执行【编辑】|【曲线】|【修剪拐角】菜单命令，弹出【修剪…】对话框，如图 3-26 所示。

将光标移动到要修剪的两条曲线之间，且选择球中心位于要修剪掉的那部分曲线处单击鼠标左键，系统会弹出【修剪拐角】对话框，如图 3-27 所示。单击【是】按钮，完成修剪拐角操作；单击【否】，取消本次修剪拐角操作。

图 3-26 【修剪…】对话框

图 3-27 【修剪拐角】对话框

3.6.3　曲线长度

【曲线长度】命令根据给定的曲线长度增量或曲线总长来延伸或修剪曲线。单击【曲线】功能选项卡【编辑曲线】组的【曲线长度】按钮 ，或执行【编辑】|【曲线】|【长度】菜单命令，弹出【曲线长度】对话框，如图 3-28 所示。选项介绍如下。

图 3-28　【曲线长度】对话框

（1）【曲线】选项组　该选项组用于选择要编辑的曲线。

（2）【延伸】选项组　该选项组有【长度】、【侧】和【方法】三个下拉列表框。

1）【长度】，用于控制操作后的曲线长度，有两个选项：①【增量】，以给定曲线长度增量来延伸或修剪曲线，曲线长度增量为从原先的曲线延伸或修剪的长度，这是默认的延伸方法；②【总数】，以曲线的总长度来延伸或修剪曲线，总曲线长度是指沿着曲线的精确路径从曲线的起点到终点的距离。

2）【侧】，用于从曲线的起点、终点或同时从这两个方向修剪或延伸曲线。当【长度】下拉列表框选择为【增量】时，【侧】下拉列表框含有两个选项：①【起点和终点】，从曲线的起点和终点修剪或延伸曲线；②【对称】，从起点或终点、以距离两侧相等的长度修剪或延伸曲线。当【长度】下拉列表框选择为【总数】时，【侧】下拉列表框含有三个选项：①【起点】，从曲线段的起点修剪或延伸该曲线；②【终点】，从曲线段的终点修剪或延伸该曲线；③【对称】，从曲线段的两个端点（起点和终点）修剪或延伸该曲线。

3）【方法】，用于选择要修剪或延伸的曲线的方向形状，包括以下三个选项：①【自然】，沿着曲线的自然路径修剪或延伸曲线的端点；②【线性】，沿着通向切线方向的线性路径，修剪或延伸曲线的端点（图 3-29a）；③【圆形】，沿着圆形路径，修剪或延伸曲线的端点（图 3-29b）。

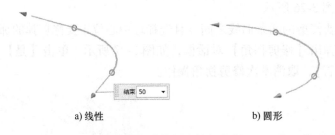

a) 线性　　　　　　　　　　　　　　b) 圆形

图 3-29　曲线长度执行实例

（3）【限制】选项组　当【长度】下拉列表框选择为【增量】时，【限制】选项组中有【开始】、【结束】两个文本框。在【开始】文本框中输入曲线起点端的增量值；在【结束】文本框中输入曲线终点端的增量值。当【长度】下拉列表框选择为【总数】时，【限制】

选项组中只有一个【总数】文本框，可在其中输入目标曲线长度。

（4）【设置】选项组 该选项组用于设置曲线的关联性和公差。【关联】复选框，如果选中此复选框，将使延伸或修剪的曲线关联。如果输入参数发生更改，则关联的修剪过的曲线会自动更新。【输入曲线】下拉列表用于指定所选曲线的输出选项。对于关联曲线，选择以下选项：①【保留】，保留原始曲线，这是关联曲线的默认输出选项；②【隐藏】，隐藏原始曲线。如果未选中【关联】复选框，则激活适用于非关联曲线的另外两个输出选项：①【删除】，删除原始曲线；②【替换】，替换原始曲线，这是非关联曲线的默认输出选项。【公差】文本框用于指定公差值以修剪或延伸曲线。默认值取自【建模首选项】对话框中的公差设置。

3.7 曲线设计范例

绘制如图 3-30 所示的图形。

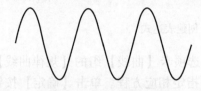

图 3-30 曲线设计范例

扫码看视频

具体操作步骤如下。

（1）新建文件 执行【文件】|【新建】菜单命令，在弹出的【新建】对话框中输入【新文件名】为"3zhangshili-1.prt"，确定合适的【文件夹】，单击【确定】按钮，完成新建文件操作。

（2）确定工作视图 双击部件导航器|模型视图中的【俯视图】按钮，确定工作视图为俯视图。

（3）创建表达式 单击【工具】功能选项卡【实用工具】组的【表达式】按钮，系统弹出【表达式】对话框，如图 3-31 所示。

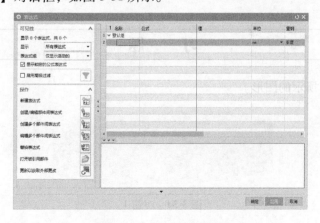

图 3-31 【表达式】对话框

创建以下表达式：

$$t = 1; xt = t; yt = 0.2 * \sin(360 * t * 3)$$

单击【确定】按钮，完成表达式创建，结果如图 3-32 所示。

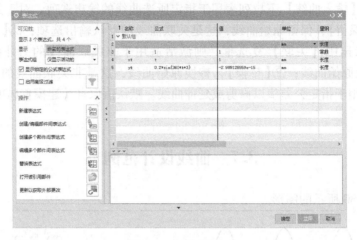

图 3-32　创建表达式

（4）创建规律曲线　单击【曲线】功能选项卡【曲线】组的【规律曲线】按钮 ，系统弹出【规律曲线】对话框，按图 3-33 所示指定相应方程。单击【确定】按钮，完成规律曲线创建。结果如图 3-30 所示。

图 3-33　【规律曲线】|【根据方程】

习　题

1. 绘制图 3-34 所示的图形。

图 3-34　习题 1

2. 绘制图 3-35 所示的图形，曲线公式 $y(t) = 80 * \sin(360 * t)$。

3. 绘制图 3-36 所示的图形。

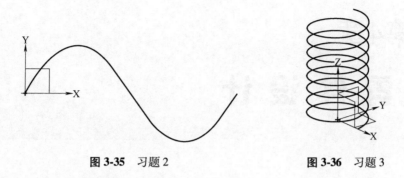

图 3-35 习题 2   图 3-36 习题 3

4. 绘制图 3-37 所示的图形。

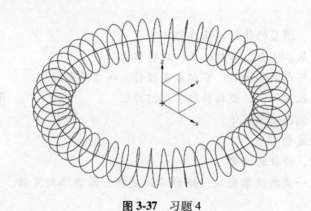

图 3-37 习题 4

5. 绘制图 3-38 所示的图形。

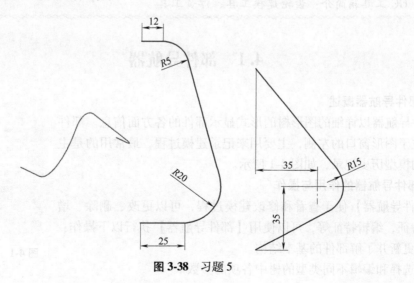

图 3-38 习题 5

第4章

零件设计

本章要点

- 部件导航器、图层的使用、基准特征
- 体素特征：基本体素、增材体素、减材体素
- 布尔操作：布尔求和操作、布尔求差操作、布尔求交操作
- 扫描特征：拉伸特征、旋转特征、扫掠特征
- 倒斜角、边倒圆及修剪体
- 特征的关联复制
- 特征的缩放、特征的编辑
- 变换：通过一直线镜像变换、矩形阵列变换、圆形阵列变换、通过一平面镜像变换
- 对象操作、模型的测量与分析
- GC 工具箱简介：齿轮建模工具、弹簧工具

中国自主研制的
"争气机"

4.1 部件导航器

1. 部件导航器概述

部件导航器以详细的图形树的形式显示部件的各方面信息。部件导航器位于图形窗口的左侧，主要用来记录建模过程，最常用的是主面板中的模型历史记录，如图 4-1 所示。

2. 部件导航器的作用与操作

【部件导航器】便于查看和修改建模过程，可以更改、删除、增加新的特征，编辑特征等，可以使用【部件导航器】执行以下操作：

1）更新并了解部件的基本结构。

2）选择和编辑不同类型的树中各项的参数。

3）排列部件的组织方式。

4）在不同类型的树中显示特征、模型视图、图纸、用户表达式、引用集和未用项。

图 4-1 部件导航器

（1）主面板 提供模型的综合视图，可以了解部件的概况；选择用于命令的对象；编辑部件中的对象参数；选择与清除对象复选框以控制其可见性。使用过滤器可定制在主面板中显示的内容，并只显示要查看的信息。

1）在主面板的模型历史记录中选中某一特征，将在图形窗口中高亮显示选中的特征。

2）双击特征树列表中的特征以打开该特征的对话框。

3）在特征树列表中右键单击某个特征并在快捷菜单中选择【编辑参数】或【可回滚编辑】，可以编辑特征参数。

4）右键单击【部件导航器】中的特征并在快捷菜单中选择【重命名】，可赋予它们有意义的名称。

5）清除绿色复选框可以抑制特征，选择绿色复选框可以取消抑制特征。

6）在模型历史特征树中上下移动特征，可进行特征重排序。

（2）相依性面板 可以查看部件中特征几何体的父子关系；检查计划的修改对部件的潜在影响；选择特征与特征几何体以在图形窗口中高亮显示。

（3）细节面板 可以查看并编辑属于当前所选特征的特征和定位参数。

（4）预览面板 显示保存在【部件导航器】中的模型视图、图纸页。

4.2 UG NX 12.0 中图层的使用

1. 图层的基本概念

图层用于存储文件中的对象，并且其工作方式类似于容器，可通过结构化且一致的方式来收集对象。与显示和隐藏等简单可视工具不同，图层提供一种更为永久的方式来对文件中对象的可见性和可选择性进行组织和管理。

设计部件时可以使用多个图层，但是一次只能在一个图层上工作，该图层称为工作图层。工作图层总是只有一个，创建的每个对象都位于该图层上，可将任意图层设为工作图层。图层1是创建新文件时默认的工作图层。

提示：对所有文件中的图层和类别进行设置并使用标准命名约定，可方便个人及他人引用文件，从而了解文件中有哪些数据，以及数据的组织方式。要确保文件之间的一致性，建议为使用图层建立企业标准。

2. 设置图层

使用图层设置可将对象放置在 UG NX 12.0 文件的不同图层上，并为部件中所有视图的图层设置可见性和可选择性。这适用于无特定图层视图设置的所有视图（图纸视图除外）。

每个 UG NX 12.0 文件中有 256 个图层。可以将文件中的所有对象放置在一个图层上，或在任何图层或所有图层之间分布对象。图层上对象的数目只受文件中所允许的最大对象数目的限制，然而，没有对象可以位于多个图层上。使用图层可以进行如下操作：

1）使文件中数据的表示标准化。

2）通过将对象放置到单个图层以具体控制某一对象或任何对象组的可见性。

3）控制选择或不选择同一图层上所有可见对象的能力。

4）建立企业范围内的标准以便为所有文件实现一致的数据组织。

模型中的所有数据放置在单个图层上时，隔离并使用文件中的特定对象较为困难。通过将对象放置在不同图层并控制图层的可见性，可以快速隔离并使用文件中的特定对象。从【图层设置】对话框中，还可以将类别名称应用到图层，从而迅速确定数据在文件中是如何组织的。

执行【菜单】|【格式】|【图层设置】命令 ，或者执行【视图】功能选项卡|【可见性】组|【图层设置】命令，打开如图4-2所示的【图层设置】对话框。

(1)【工作层】 双击图层名称，可将该图层设为工作层。

(2)【可选】 如果希望选择该图层上的任意对象，必须首先将图层设为【可选】。选中图层名称前的复选框，可将该图层设为【可选】图层。

(3)【不可见】 图层不可见时，不显示对象，并且只能通过更改图层状态来使图层可见。不可见图层上的对象在图形窗口中不可选。取消选中图层名称前的复选框，可将该图层设为【不可见】图层。

图4-2 【图层设置】对话框

(4)【仅可见】 图层仅可见时，所有对象将被显示，但不可选。这表示可以看到图层，但不能选择。选中图层列表【仅可见】列中的复选框，可将该图层设为【仅可见】图层。

提示：*如果设为【仅可见】，图层上的对象是隐藏的，那么即使使用【显示】命令，它也将保持隐藏状态。如果想要显示隐藏的对象，则应首先使该图层可选。*

对图层的设置，也可以在【图层设置】对话框中选中某个图层，再利用对话框中【图层控制】选项组中的命令按钮进行设置。

3. 视图中的可见图层

多视图布局时，可通过将图层的状态设为只针对特定视图可见或不可见来控制图层在该视图中的可见性。将图层设为对给定视图不可见时，无论该视图的全局图层可见性如何设置，在该图层上创建的任何几何体都将在该视图中永远不可见，即使该图层设置为工作图层也是如此。这一操作可通过【菜单】|【格式】|【视图中可见图层】命令来完成。

提示：*只要几何体放置在定制视图中不可见的图层上，创建图样后添加到模型的几何体永远不会显示在该定制视图中。*

4. 移动至图层

1) 执行【菜单】|【格式】|【移动至图层】命令，或者执行【视图】功能选项卡|【可见性】组|【移动至图层】命令，打开如图4-3a所示的【类选择】对话框。

2) 在【类选择】对话框中，选择用于移动操作的对象。也可以先从图形窗口中选择对象，然后执行【移动至图层】命令。

3) 可使用以下方法之一来标识要向其移动对象的目标图层：在【目标图层或类别】文本框中，输入图层名称；从【类别过滤】列表框中，选择参考几何体，如图4-3b所示。

提示：*要在当前使用的图层之间移动对象，可以从【图层】列表框中选择所需图层，还可以在图形窗口中选择对象，该对象所在的图层在【图层】列表框中将高亮显示，然后，选定对象将被移动到指定的目标图层。*

4) 单击【确定】按钮以移动选定的对象。

5)（可选）移动对象后，使用【选择新对象】按钮可选取要移动的其他对象。

6)（可选）使用【重新高亮显示对象】按钮可重新高亮显示用于移动操作的原始对象。如果需要确认已选定要进行移动操作的对象，或者已移动的对象与原始选定对象重叠并将其遮挡，该功能非常有用。

选定对象的颜色是系统选择的颜色，而移动对象的颜色是系统对象的颜色。

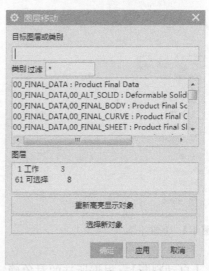

a)【类选择】对话框   b)【图层移动】对话框

图4-3 移动至图层

5. 复制至图层

复制至图层操作与移动至图层操作类似，复制至图层操作会生成原来对象的副本并移动到新的图层。

【复制至图层】命令 在【视图】功能选项卡|【可见性】组|【更多】|【图层库】中。

4.3 基 准 特 征

4.3.1 基准平面

使用【基准平面】命令可创建平面参考特征，以辅助定义其他特征，例如，与目标实体的面成角度的扫掠体及特征。

基准平面可以作为：草图及成形特征的放置附着平面；草图及成形特征定位约束参考；镜像特征的对称参考面；也可作为修剪平面，或作为平面与 UG NX 特征体产生交线等。

基准平面可以是关联的，也可以是非关联的。关联基准平面可参考曲线、面、边、点和其他基准，可以创建跨多个体的关联基准平面。非关联基准平面不会参考其他几何体，通过清除【基准平面】对话框【设置】选项组中的【关联】复选框，可以使用任何方法来创建非关联基准平面。默认情况下，有些基准平面为非关联平面或固定平面，这些平面包括：*XC-YC* 平面、*XC-ZC* 平面、*YC-ZC* 平面、视图平面和【按系数】方式创建的基准平面。

1. 命令介绍

【基准平面】命令在【主页】功能选项卡|【特征】组中，与基准轴、基准坐标系等命令在一起，如图4-4所示。创建基准平面的方法很多，如图4-5所示。

图4-4 基准平面

图4-5 基准平面的创建方法

1) ☑【自动判断】，根据所选的对象确定要使用的最佳基准平面类型。

2) ☐【按某一距离】，创建与一个平的面或其他基准平面平行且相距指定距离的平面。

3) ☐【成一角度】，创建与选定的平面对象成指定角度的平面。

4) ☐【二等分】，在两个选定的平的面或平面的中间处创建一个平面。如果输入平面互相呈一角度，则以平分角度放置平面。

5) ☑【曲线和点】，使用点、直线、平的边、基准轴或平面的各种组合来创建平面（例如，三个点、一个点和一条曲线等）。

6) ☐【两直线】，使用任何两条线性曲线、直线边或基准轴的组合来创建平面。

7) ☐【相切】，创建与一个非平曲面相切的基准平面（相对于第二个所选对象）。

8) ☐【通过对象】，在所选对象的曲面法向上创建基准平面。

9) ☑【点和方向】，使用一个点和指定的方向创建平面。

10) ☑【曲线上】，在曲线或边上的位置处创建平面。

11) ☑【YC-ZC 平面】、☑【XC-ZC 平面】、☑【XC-YC 平面】，沿工作坐标系（WCS）或绝对坐标系（ABS）的 *XC-YC*、*XC-ZC* 或 *YC-ZC* 轴创建固定的基准平面。

12) ☑【视图平面】，创建平行于视图平面并穿过 WCS 原点的固定基准平面。

13) ☑【按系数】，使用含 *a*、*b*、*c* 和 *d* 系数的直线方程 $aX+bY+bZ=d$，在 WCS 或绝对坐标系上创建固定的非关联基准平面。

14) ☑【固定】，仅当编辑固定基准平面时可用。

15) ☑【构成】，在编辑使用非列表可用选项创建的平面时可用。要访问已构造平面的所有参数，必须使用【基准平面】对话框。

2. 命令示例

（1）【按某一距离】 选择小圆柱端面，并设置距离值，结果如图 4-6 所示。

单击【基准平面】对话框【偏置】选项组中【距离】下拉列表框前的【反向】按钮，可使基准平面位于参考平面的另一侧；单击【平面方位】选项组中的【反向】按钮，可使基准平面的法向矢量反向；选中【设置】选项组中【关联】复选框，可以设置基准平面与参考平面关联。

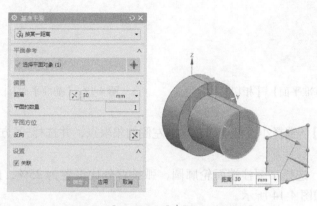

图 4-6 【基准平面】|【按某一距离】

（2）【成一角度】 选择大小圆柱之间的圆环面，再选择 *Y* 轴，并设置角度值，结果如图 4-7 所示。

（3）【二等分】 选择大小圆柱之间的圆环面及小圆柱端面，结果如图 4-8 所示。

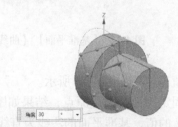 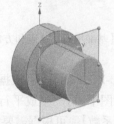

图 4-7 【基准平面】|【成一角度】　　　　**图 4-8** 【基准平面】|【二等分】

（4）【曲线和点】 【子类型】选择【曲线和点】，【参考几何体】选择旋转草图中的小圆柱端面处的竖直线的上端点，结果如图 4-9 所示。

（5）【两直线】 选择旋转草图中的两条竖直线，结果如图 4-10 所示。

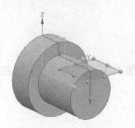 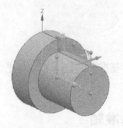

图 4-9 【基准平面】|【曲线和点】　　　　**图 4-10** 【基准平面】|【两直线】

（6）【相切】【子类型】选择【通过点】，选择小圆柱面，并选择小圆柱端面轮廓圆左侧的象限点，指定象限点时要开启【捕捉点】选项中的【象限点】选项，结果如图 4-11所示。

（7）【通过对象】 选择小圆柱面，结果如图 4-12 所示。

图 4-11 【基准平面】|【相切】

图 4-12 【基准平面】|【通过对象】

（8）【点和方向】 选择小圆柱端面轮廓圆左侧的象限点，并选择-Y 方向，结果如图 4-13所示。

（9）【曲线上】 选择小圆柱端面轮廓圆，弧长百分比设置为 25%，曲线的切线方向为平面的法向，结果如图 4-14 所示。

图 4-13 【基准平面】|【点和方向】

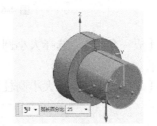

图 4-14 【基准平面】|【曲线上】

（10）【YC-ZC 平面】 可根据需要设置距离值，结果如图 4-15 所示。

（11）【视图平面】 生成平行于当前视图的固定平面，并过原点，结果如图 4-16 所示。

（12）【按系数】 可根据需要设置 a、b、c、d 的值，基准平面的法线为直线 $aX+bY+bZ=d$，其中系数 a、b、c 不能全部都为 0。

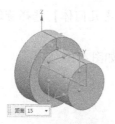

图 4-15 【基准平面】|【YC-ZC 平面】

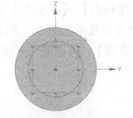

图 4-16 【基准平面】|【视图平面】

4.3.2 基准轴

使用【基准轴】命令可定义线性参考对象，有助于创建其他对象，如基准平面、旋转特征、拉伸特征及圆形阵列特征。基准轴可作为拉伸实体的方向、创建旋转实体的中心轴、辅助构建基准平面的参考轴等。

1. 命令介绍

【基准轴】命令在【主页】功能选项卡|【特征】组中，与【基准平面】命令在一起，创建基准轴的方法很多，如图 4-17 所示。

图 4-17 【基准轴】命令

1） 【自动判断】，根据所选的对象确定要使用的最佳基准轴类型。

2） 【交点】，在两个平的面、基准平面或平面的相交处创建基准轴。

3） 【曲线/面轴】，沿线性曲线或线性边，或者圆柱面、圆锥面或圆环面的轴创建基准轴。

4） 【曲线上矢量】，创建与曲线或边上的某点相切、垂直或双向垂直，或者与另一对象垂直或平行的基准轴。

5） 【XC 轴】，在工作坐标系（WCS）的 *XC* 轴上创建固定基准轴。

6） 【YC 轴】，在 WCS 的 *YC* 轴上创建固定基准轴。

7） 【ZC 轴】，在 WCS 的 *ZC* 轴上创建固定基准轴。

8） 【点和方向】，从某个指定的点沿指定方向创建基准轴。

9） 【两点】，定义两个点，经过这两个点创建基准轴。

10） 【固定】，仅当编辑基准轴时可用。使用 YC 轴、XC 轴或 ZC 轴创建的任何基准轴，或是在清除【关联】复选框的情况下使用任何其他方法创建的基准轴，在编辑期间均显示为固定类型。

2. 命令示例

（1）【交点】 选择小圆柱端面和 *XC-YC* 平面，结果如图 4-18 所示。

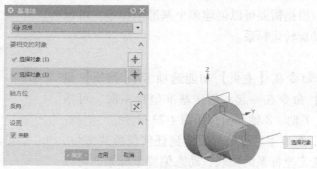

图 4-18 【基准轴】|【交点】

（2）【曲线/面轴】　选择小圆柱面，结果如图 4-19 所示。

（3）【曲线上矢量】　选择小圆柱面端面轮廓圆，弧长百分比设置为 25%，曲线的切线方向为矢量方向，结果如图 4-20 所示。

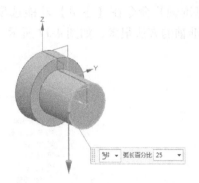

图 4-19　【基准轴】|【曲线/面轴】　　　　　图 4-20　【基准轴】|【曲线上矢量】

（4）【点和方向】　选择小圆柱端面的圆心，并选择 XC 轴方向，结果如图 4-21 所示。

（5）【两点】　选择旋转草图中两条竖直线的上端点，结果如图 4-22 所示。

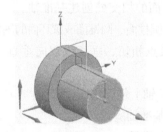

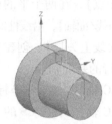

图 4-21　【基准轴】|【点和方向】　　　　　图 4-22　【基准轴】|【两点】

4.3.3　基准坐标系

基准坐标系提供一组关联的对象，包括三个坐标轴、三个平面、一个坐标系和一个坐标原点，三个坐标轴分别用 X、Y、Z 表示。

创建新文件时，UG NX 会创建基准坐标系，UG NX 会将基准坐标系定位在绝对零点，并在部件导航器中将其创建为第一个特征，主要用来作为参考基准，以支持创建其他特征和在装配中定位组件。根据需要可以创建多个基准坐标系，可以删除、隐藏或者移动旋转坐标系。

1. 命令介绍

【基准坐标系】命令在【主页】功能选项卡|【特征】组中，与【基准平面】命令在一起。创建基准坐标系时，可指定坐标原点，X 轴、Y 轴、Z 轴方向，如图 4-23 所示。

1）　【动态】，可以手动将坐标系移到任何位置或方位，或创建一个相对于选定坐标系的关联、动态偏置坐标系。可以使用手柄操控坐标系。

图 4-23　【基准坐标系】

2）![自动判断图标]【自动判断】，定义一个与选定几何体相关的坐标系或通过 X、Y 和 Z 分量的增量来定义坐标系。实际所使用的方法是基于选定的对象和选项。

3）![原点图标]【原点，X 点，Y 点】，根据选择或定义的三个点来定义坐标系。X 轴是原点到 X 点的矢量；Y 轴是原点到 Y 点的矢量在垂直于指定的 X 轴方向上的分量。

4）![X轴图标]【X 轴、Y 轴、原点】，根据选择或定义的一个点和两个矢量来定义坐标系。X 轴和 Y 轴都是矢量；原点为一点。

5）![Z轴图标]【Z 轴，X 轴，原点】，根据选择或定义的一个点和两个矢量来定义坐标系。Z 轴和 X 轴是矢量；原点是一点。

6）![Z轴图标]【Z 轴，Y 轴，原点】，根据选择或定义的一个点和两个矢量来定义坐标系。Z 轴和 Y 轴是矢量；原点是一点。

7）![平面图标]【平面，X 轴，点】，基于为 Z 轴选定的平面对象、投影到 X 轴平面的矢量，以及投影到原点平面的点来定义坐标系。

8）![平面图标]【平面，Y 轴，点】，基于为 Z 轴选定的平面对象、投影到 Y 轴平面的矢量，以及投影到原点平面的点来定义坐标系。

9）![三平面图标]【三平面】，根据三个选定的平面来定义坐标系。首先选定的两个基准/平面的法矢量可指定三条正交轴中的两条，最后选定的基准/平面用于确定原点并派生第三条轴。

10）![绝对坐标系图标]【绝对坐标系】，指定模型空间坐标系作为坐标系。X 轴和 Y 轴是绝对坐标系的 X 轴和 Y 轴；原点为绝对坐标系的原点。

11）![当前视图图标]【当前视图的坐标系】，将当前视图坐标系设为坐标系。X 轴平行于视图底部；Y 轴平行于视图的侧面；原点为视图的原点（图形屏幕中心）。如果通过名称来选择坐标系，坐标系将不可见或在不可选择的图层中。

12）![固定图标]【固定】，编辑非关联的坐标系时可用。

13）![构成图标]【构成】，编辑使用类型列表中不存在的选项创建的坐标系时可用。要访问已构建的坐标系的全部参数，必须使用【基准坐标系】对话框。

2. 命令示例

（1）【动态】 X、Y、Z 轴一般参考 WCS、绝对坐标系和选定的坐标系。选中锚点，平移手柄或旋转手柄可重新定义基准坐标系的位置及旋转，在绘图窗口弹出的文本框中输入需要的坐标值或者 X、Y、Z 轴的角度值即可，也可以直接通过动态手柄操控，结果如图 4-24 所示。

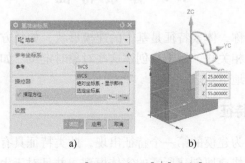

a) b)

图 4-24 【基准坐标系】|【动态】

（2）【原点，X点，Y点】　依次选择顶面矩形的三个顶点，结果如图 4-25 所示。

（3）【X轴，Y轴，原点】【原点】选择顶面矩形的一个顶点，再分别选择 *X* 轴、*Y* 轴，结果如图 4-26 所示。

 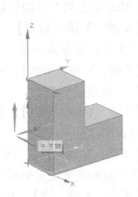

图 4-25　【基准坐标系】│【原点，X 点，Y 点】　　图 4-26　【基准坐标系】│【X 轴，Y 轴，原点】

（4）【平面，X轴，点】【Z轴的平面】选择顶面，【平面上的 X 轴】选择 *X* 轴，【平面上的原点】选择顶面矩形的一个顶点，结果如图 4-27 所示。

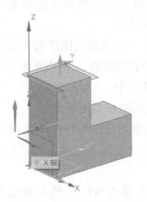

图 4-27　【基准坐标系】│【平面，X 轴，点】

4.4　体　素　特　征

体素是体积元素的简称，体素特征是基本的建模形状，如长方体、圆柱、圆锥和球。体素与点、矢量和曲线对象相关联，用于在创建这些对象时定位。如果移动一个定位对象，则体素特征也将移动并相应地更新。

4.4.1　基本体素特征

基本体素特征一般作为建模的第一个特征出现，此类特征具有比较简单的特征形状。利用这些特征命令可以比较快速地创建所需的实体模型，并且对于生成的模型可以通过特征编辑进行修改。基本体素特征包括长方体、圆柱、圆锥、球，这些特征均被参数化定义，可对其大小和位置进行尺寸驱动编辑。

【基本体素特征】命令在【菜单】|【插入】|【设计特征】中，也可以在【主页】功能选项卡|【特征】组|【更多】|【设计特征库】中找到，如图4-28所示。

1. 长方体

使用【长方体】命令可创建基本长方体实体，在【部件导航器】中长方体显示为"块"，长方体与其定位对象相关联。可以通过三种方法创建长方体，即【原点和边长】，底面上的【两点和高度】和【两个对角点】，如图4-29所示。

图4-28 设计特征命令

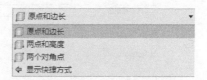

图4-29 创建长方体方法列表

（1）通过指定原点和边长创建长方体

1）执行【菜单】|【插入】|【设计特征】|【长方体】命令 ⬚，或者执行【主页】功能选项卡|【特征】组|【更多】|【设计特征库】|【长方体】命令，弹出如图4-30a所示的【长方体】对话框。

2）从长方体类型下拉列表中，选择【原点和边长】。

3）指定长方体原点。在图形窗口选择一个对象来自动判断原点或者单击【点构造器】按钮 ⬚，打开【点】对话框来指定点。

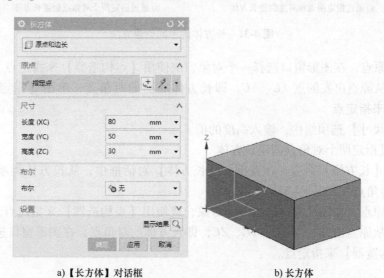

a)【长方体】对话框   b) 长方体

图4-30 通过指定原点和边长创建长方体

4）在【尺寸】选项组中，输入长度、宽度、高度的值。

5）（可选）如果长方体与另一个实体相交，可从【布尔】下拉列表中选择布尔选项。

【选择体】按钮用于选择进行【合并】、【减去】或【求交】布尔运算的体。

提示：【选择体】按钮在布尔选项设置为求和、求差或求交时出现。

6）单击【确定】或【应用】按钮以创建长方体，结果如图 4-30b 所示。

（2）通过指定两点和高度创建长方体 通过指定两点和高度创建长方体，与通过指定原点和边长创建长方体方法类似。

1）执行【长方体】命令，在弹出的【长方体】对话框中，从长方体类型下拉列表中，选择【两点和高度】，如图 4-31a 所示。

a) 通过指定两点和高度创建长方体   b) 通过指定两个对角点创建长方体

图 4-31 长方体的不同创建方法

2）指定原点。在图形窗口选择一个对象，或使用【点构造器】来指定点。

3）指定从原点出发的点 XC、YC，即长方体底面的对角点，单击【指定点】，或使用【点】对话框来指定点。

4）在【尺寸】选项组中，输入高度的值。

（3）通过指定两个对角点创建长方体

1）执行【长方体】命令，在弹出的【长方体】对话框中，从长方体类型下拉列表中，选择【两个对角点】，如图 4-31b 所示。

2）指定原点。在图形窗口选择一个对象，或使用【点构造器】来指定点。

3）指定从原点出发的点 XC、YC、ZC，即长方体的对角点，在图形窗口选择一个对象，或使用【点构造器】来指定点。

2. 圆柱

使用【圆柱】命令可创建基本圆柱形实体，圆柱与其定位对象相关联。可以通过两种方法创建圆柱，即【轴、直径和高度】及【圆弧和高度】，如图 4-32 所示。

（1）通过指定轴、直径和高度创建圆柱

1）执行【菜单】|【插入】|【设计特征】|【圆柱】命令 ▣，或者执行【主页】功能选

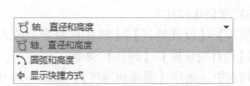

图 4-32 圆柱类型下拉列表

项卡|【特征】组|【更多】|【设计特征库】|【圆柱】命令，弹出如图 4-33a 所示的【圆柱】对话框。

2）从圆柱类型下拉列表中，选择【轴、直径和高度】。默认情况下指定圆柱轴的矢量、方向和原点，分别为工作坐标系（WCS）的 Z 轴方向和坐标原点。如果要更改默认值，参见步骤 3）~5）。

3）在图形窗口选择一个对象来自动判断矢量，或使用【轴】选项组中的【矢量构造器】按钮 来指定矢量。

4）（可选）通过单击【反向】按钮 ，可在相反方向上创建圆柱。

5）单击【指定点】并在图形窗口选择一个对象来自动判断点，或单击【点构造器】按钮 ，通过【点构造器】来指定点。

6）在【尺寸】选项组中，输入圆柱直径和高度的值。

7）（可选）如果圆柱与另一个实体相交，则从【布尔】下拉列表中选择布尔选项。【选择体】按钮用于进行【合并】、【减去】或【求交】布尔运算的体。

提示：【选择体】按钮在布尔选项设置为求和、求差或求交时出现。

8）单击【确定】或【应用】按钮以创建圆柱，结果如图 4-33b 所示。

a)【圆柱】对话框

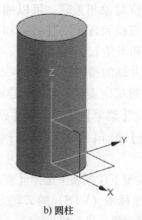

b) 圆柱

图 4-33 通过指定轴、直径和高度创建圆柱

（2）通过指定圆弧和高度创建圆柱

1）执行【菜单】|【插入】|【设计特征】|【圆柱】命令，或者执行【主页】功能选项卡|【特征】组|【更多】|【设计特征库】|【圆柱】命令。

2）从圆柱类型下拉列表中，选择【圆弧和高度】，如图4-34所示。

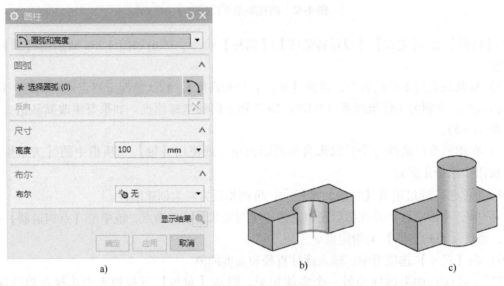

图4-34 通过指定圆弧和高度创建圆柱

3）使用【圆弧】选项组中的【选择圆弧】选项在图形窗口选择圆柱的底面圆弧。

4）（可选）通过单击【反向】按钮，可在相反方向上创建圆柱。

5）在【尺寸】选项组中，输入圆柱高度的值。

6）（可选）如果圆柱与另一个实体相交，则从【布尔】下拉列表中选择布尔选项进行布尔运算。

7）单击【确定】或【应用】按钮以创建圆柱。

3. 圆锥

使用【圆锥】命令可创建基本圆锥形实体，圆锥与其定位对象相关联。可以通过五种方法创建圆锥即【直径和高度】，【直径和半角】，【底部直径，高度和半角】，【顶部直径，高度和半角】，以及【两个共轴的圆弧】。如图4-35所示。

图4-35 圆锥类型下拉列表

（1）通过指定直径和高度创建圆锥

1）执行【菜单】|【插入】|【设计特征】|【圆锥】命令，或者执行【主页】功能选项卡|【特征】组|【更多】|【设计特征库】|【圆锥】命令，弹出如图4-36所示的【圆锥】对话框。

2）从类型下拉列表中选择【直径和高度】。默认情况下指定圆锥轴的矢量、方向和原点，分别为工作坐标系（WCS）的Z轴方向和坐标原点。如果要更改默认值，参见步骤3）~5）。

3）选择对象来自动判断矢量，或使用【轴】选项组中的【矢量构造器】选项来指定矢量。

4）（可选）通过单击【反向】按钮⊠，在相反方向上创建圆锥。

5）单击【指定点】并在图形窗口选择一个对象来自动判断点，或单击【点构造器】按钮⬚，通过【点构造器】来指定点，此时【捕捉点】选项可用。

6）在【尺寸】选项组中，输入以下尺寸的值：底部直径、顶面直径、高度，其中底部直径、高度不能为 0，顶面直径可以为 0。

7）（可选）如果圆锥与另一个实体相交，则可从【布尔】下拉列表中选择布尔选项进行布尔运算。

8）单击【确定】或【应用】按钮创建圆锥。

（2）通过指定圆弧直径和顶点半角创建圆锥

1）执行【菜单】|【插入】|【设计特征】|【圆锥】命令，或者执行【主页】功能选项卡|【特征】组|【更多】|【设计特征库】|【圆锥】命令，弹出如图 4-36 所示的【圆锥】对话框。

2）从类型下拉列表中选择【直径和半角】。默认情况下指定圆锥轴的矢量、方向和原点，分别为工作坐标系（WCS）的 Z 轴方向和坐标原点。如果要更改默认值，参见步骤3)~5)。

3）选择对象来自动判断矢量，或使用【轴】选项组中的【矢量构造器】选项来指定矢量。

4）（可选）通过单击【反向】按钮⊠，在相反方向上创建圆锥。

5）单击【指定点】并在图形窗口选择一个对象来自动判断点，或单击【指定点】中的【点构造器】按钮，通过【点构造器】来指定点。

6）在【尺寸】选项组中，输入圆锥圆弧直径的值：底部直径、顶面直径、半角。其中半角是在圆锥轴与其侧壁之间形成并从圆锥轴顶点测量的角。半角值结合底部直径和顶面直径来使用，以计算圆锥的高度。

7）（可选）如果圆锥与另一个实体相交，则可从【布尔】下拉列表中选择布尔选项进行布尔运算。

8）单击【确定】或【应用】按钮创建圆锥，结果如图 4-37 所示。

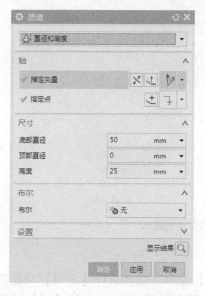

图 4-36 通过指定直径和高度创建圆锥

图 4-37 圆锥

4. 球

使用【球】命令创建基本球形实体，球与其定位对象相关联。可以通过两种方法创建球，即【中心点和直径】及【圆弧】，如图 4-38 所示。

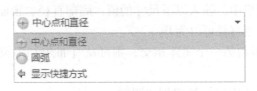

图 4-38　球类型下拉列表

（1）通过中心点和直径创建球

1）执行【菜单】|【插入】|【设计特征】|【球】命令，或者执行【主页】功能选项卡|【特征】组|【更多】|【设计特征库】|【球】命令，弹出图 4-39a 所示的【球】对话框。

2）从类型下拉列表中选择【中心点和直径】。

3）选择一个对象来自动判断球的中心点，或单击【中心点】组中的【点构造器】按钮，通过【点构造器】创建中心点。

4）在【尺寸】选项组中的【直径】文本框中，输入球的直径值。

5）（可选）如果球和另一个实体相交，可从【布尔】下拉列表中选择一个布尔选项进行布尔运算。

6）单击【确定】或【应用】按钮创建球，结果如图 4-39b 所示。

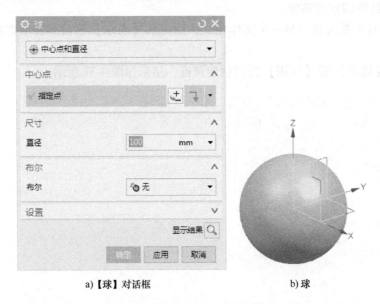

a)【球】对话框　　　　　　　　　　b) 球

图 4-39　通过中心点和直径创建球

（2）通过选择圆弧来创建球

1）执行【菜单】|【插入】|【设计特征】|【球】命令，或者执行【主页】功能选项卡|【特征】组|【更多】|【设计特征库】|【球】命令，弹出如图 4-39a 所示的【球】对话框。

2）从类型下拉列表中选择【圆弧】。

3）为球选择一段圆弧，球的直径为所选圆弧的直径，圆弧可以是曲线或边，如图 4-40 所示。

4）（可选）如果球和另一个实体相交，可从【布尔】下拉列表中选择一个布尔选项进行布尔运算。

5）单击【确定】或【应用】按钮创建球。

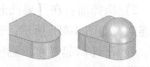

图 4-40　通过选择圆弧来创建球

4.4.2　创建增材体素

1. 凸起

【凸起】命令不仅可以选取实体表面上现有的曲线特征，而且还可以进入草图工作环境创建所需截面形状特征。

执行【菜单】|【插入】|【设计特征】|【凸起】命令 ，或者执行【主页】功能选项卡|【特征】组|【更多】|【设计特征库】|【凸起】命令，弹出图 4-41a 所示的【凸起】对话框。创建凸起特征步骤如下。

a)【凸起】对话框

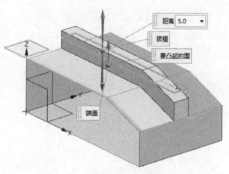

b) 凸起参数

图 4-41　凸起参数设置

1）选择曲线：选择封闭曲线或选择一个由边缘或曲线组成的封闭截面。如果选择一个平面作为截面，则会打开草图生成器，使用草图生成器，可在该平面上创建一个截面草图。一般截面草图距凸起的面有一定距离，截面草图如图 4-42 所示。

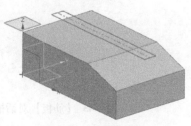

图 4-42　凸起截面线

2）选择面：在【要凸起的面】选项组中，单击【选择面】并选择一个或多个要凸起的相连面。如图 4-41b 所示，选择顶面及斜面。

3）在【凸起方向】选项组中，指定新的凸起拔模方向。默认的凸起方向垂直于截面所在的平面。

4）在【端盖】选项组中，指定给侧壁几何体加盖的方式。有【截面平面】、【凸起的面】、【基准平面】和【选定的面】四种方式，指定方式后设置相应参数。选择【凸起的面】方式，【距离】设为 5.0。

5）设置【拔模】选项。

6）单击【确定】或者【应用】按钮，完成操作。

2. 筋板

筋板常见于塑模、铸模和锻模部件中，在工业上应用广泛。使用【筋板】命令可通过拉伸相交的平截面将薄壁筋板或筋板网格添加到实体中。用于创建筋板的平面曲线可以是曲线的任何组合：

1）单条开口曲线（没有连接任何其他的曲线端点）。

2）单条闭合曲线或样条曲线。

3）连接的曲线可以是开口曲线，也可以是闭合曲线。

提示：开口曲线在绘制时可以不必与实体相交，但要保证端点处沿切线方向延伸时与实体相交，或者两端点处沿切线方向延伸时可相交于一点。

执行【菜单】|【插入】|【设计特征】|【筋板】命令 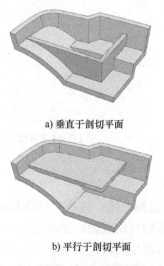，或者执行【主页】功能选项卡|【特征】组|【更多】|【设计特征库】|【筋板】命令，弹出如图 4-43 所示的【筋板】对话框。指定目标体和截面线，设置筋板壁的方向等，单击【确定】按钮即可创建筋板。

可以指定筋板壁垂直于剖切平面或平行于剖切平面，相同的曲线可创建不同的筋板，如图 4-44 所示。

图 4-43 【筋板】对话框

a) 垂直于剖切平面

b) 平行于剖切平面

图 4-44 创建筋板

4.4.3 创建减材体素

1. 孔

【孔】命令用于在已存在的实体上创建孔特征。

执行【菜单】|【插入】|【设计特征】|【孔】命令，或者执行【主页】功能选项卡|
【特征】组|【更多】|【设计特征库】|【孔】命令，弹出如图 4-45 所示的【孔】对话框。创
建孔特征步骤如下。

（1）指定孔的类型　在【孔】对话框中，从孔类型下拉列表框中选择孔的类型，如
图 4-46 所示，有五种类型，分别为：

1)【常规孔】，创建指定尺寸的简单孔、沉头孔、埋头孔或锥孔特征。【常规孔】的类
型包括【盲孔】、【通孔】、【直至选定对象】或【直至下一个】。

图 4-45　【孔】对话框

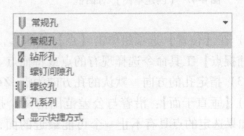

图 4-46　孔类型列表

2)【钻形孔】，使用 ANSI 或 ISO 标准钻头尺寸创建简单钻形孔特征。

3)【螺钉间隙孔】，创建简单、沉头或埋头通孔，它们是为具体应用而设计的。例如，
螺钉的间隙孔。

4)【螺纹孔】，创建螺纹孔，其尺寸标注由标准、螺纹尺寸和径向进刀定义。

5)【孔系列】，创建起始、中间和结束孔尺寸一致的多形状、多目标体的对齐孔，可以
使用此类型跨多个实体安装紧固件。

其中【螺钉间隙孔】在实际使用中比较方便，只需指定螺钉规格，【螺钉间隙孔】就会
等尺寸配对。例如：【螺丝规格】选择【M10】，【等尺寸配对】选择【Normal（H13）】，
【螺钉间隙孔】的【沉头直径】、【沉头深度】、【直径】的值分别自动配对为 18、10.8、11。
【等尺寸配对】选择【Custom】时，可分别指定值。

注意：

1) 创建【螺纹孔】时，【起始倒斜角】和【终止倒斜角】一般设置为【不启用】。如

果启用，工程图中，倒斜角的圆会遮挡表示螺纹牙底线的 3/4 圆周的圆弧线。

2）如果提供的螺纹规格不符合要求，可在【设置】选项组的【标准】下拉列表框中选择螺纹类型，也可先利用【孔】命令创建螺纹底孔，再利用【螺纹】命令创建螺纹。

（2）指定孔的中心　有两种方法，分别介绍如下。

1）在【位置】选项组单击【绘制截面】按钮，打开图 4-47 所示的【创建草图】对话框，指定草图绘制平面后进入草图绘制环境，并且打开如图 4-48 所示的【草图点】对话框，对话框中的坐标值为光标位置点的坐标，可以指定多个点，并可以使用几何约束和尺寸约束来约束点。

图 4-47　【创建草图】对话框

图 4-48　【草图点】对话框

2）在【位置】选项组单击【点】按钮，可使用现有的点来指定孔的中心。也可以使用【捕捉点】工具命令选择现有的点或特征点。可以同时选择多个点来创建多个孔。

（3）指定孔的方向　默认的孔方向为沿-ZC 轴，有以下选项。

1）【垂直于面】：沿着与公差范围内每个指定点最近的面法向的相反方向定义孔的方向。如果选定的点具有不止一个可能最近的面，则在选定点处法向更靠近-ZC 轴的面被自动判断为最近的面。

2）【沿矢量】：沿指定的矢量定义孔方向。

提示：这种方式一般用于孔的轴线不垂直于面，或者指定的孔的中心不在实体表面等情况。

例如，在已有的孔处创建更大直径的阶梯孔时，选择【垂直于面】选项时会在公差范围内找不到最接近的面，这时需要选择【沿矢量】选项。

（4）指定孔的形状和尺寸　选择孔的形状，输入孔的尺寸数值。常见孔的形状有：简单孔、沉头孔、埋头孔。

（5）指定用于创建孔特征的布尔操作　根据需要指定【无】或【减去】布尔运算，默认为【减去】。

（6）生成孔特征　单击【确定】或者【应用】按钮，生成孔特征。

2. 抽壳

【抽壳】命令可根据指定的壁厚值抽空实体或在其四周创建壳体。如图 4-49 所示，有两种抽壳类型：【移除面，然后抽壳】和【对所有面抽壳】。两者的不同之处在于：前者在对实体抽空后，移除所选择的面，形成一个开口空腔，移除的面可以选择多个；后者对所有面进行抽空，形成一个封闭空腔。

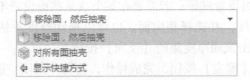

图 4-49 抽壳类型列表

执行【菜单】|【插入】|【偏置/缩放】|【抽壳】命令 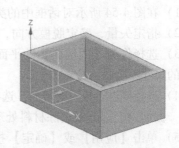，或者执行【主页】功能选项卡|【特征】组|【更多】|【设计特征库】|【抽壳】命令，弹出图 4-50 所示的【抽壳】对话框。对两种类型分别介绍如下。

（1）移除面，然后抽壳

1）在【抽壳】对话框中的类型下拉列表框中选择【移除面，然后抽壳】选项。

2）选择要移除的面（长方体的顶面）。

3）在【厚度】选项组设置壁厚。若需要在某个或某些面设置不同的厚度，则在【备选厚度】选项组设置新的厚度，并选择相应面（长方体的底面）。也可以拖动厚度手柄或在绘图窗口文本框中输入值。单击该面厚度集的【反向】按钮 ✕，可在原来实体的四周创建壳体。

4）单击【应用】或【确定】按钮，完成操作，可得一个四壁厚度为 5mm，底面厚度为 8mm 的开口空腔，如图 4-51 所示。

图 4-50 【抽壳】对话框

图 4-51 单击【反向】按钮后的效果

（2）对所有面抽壳

1）在【抽壳】对话框中的类型下拉列表框中选择【对所有面抽壳】选项。

2）选择要进行抽壳的体。

3）在【厚度】选项组设置壁厚；若需要在某个或某些面设置不同的厚度，则在【备选厚度】选项组设置新的厚度，并选择相应面。也可以拖动厚度手柄或在其绘图窗口文本框中输入值，根据需要可单击该面厚度集的【反向】按钮$\times$。

4）单击【应用】或【确定】按钮，完成操作，可得一封闭空腔。

3. 拔模

【拔模】命令可根据指定方向对边或实体表面进行拔模。

执行【菜单】|【插入】|【细节特征】|【拔模】命令 ⬙，或者执行【主页】功能选项卡|【特征】组|【拔模】命令，弹出图 4-52 所示的【拔模】对话框。

拔模方向是指模具或冲模为了与部件分离而移动的方向。有四种拔模类型，如图 4-53 所示，分别介绍如下。

图 4-52 【拔模】对话框

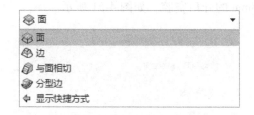

图 4-53 拔模类型列表

（1）【面】 选择【面】类型，可从参考平面开始，与拔模方向成拔模角度，对指定的实体表面进行拔模。拔模参考有三种：【固定面】、【分型面】、【固定面和分型面】。

拔模参考为【固定面】的拔模，操作步骤如下。

1）在图 4-54 所示对话框中的类型下拉列表框中选择【面】选项。

2）指定矢量，确定脱模方向，可用【反向】按钮$\times$切换矢量方向。

3）选择作为【固定面】的平面。选择位于长方体顶面与底面之间的基准平面。固定面处体的尺寸不会被修改。

4）选择要进行拔模的表面。选择长方体的四个竖直面，输入拔模角度 1 的值，如图 4-54 所示，截面以上部分做去除材料处理，截面以下部分做添加材料处理。

5）单击【应用】或【确定】按钮，完成操作。

可选择一个或多个固定面作为拔模参考，固定面也可以是曲面，固定面与拔模面的相交曲线用作计算拔模的参考，拔模操作对固定面处体的横截面不进行任何更改。

拔模参考为【分型面】的拔模，与拔模参考为【固定面】的拔模类似，沿脱模方向，指定的分型面之上的拔模面被修改，如图 4-55 所示。

图 4-54 拔模参考为【固定面】的拔模

拔模参考为【固定面和分型面】的拔模，与拔模参考为【分型面】的拔模类似，沿脱模方向，指定的分型面之上的拔模面被修改，但对固定面处体的横截面不进行任何更改。

图 4-55 拔模参考为【分型面】的拔模

（2）【边】 选择【边】类型，可从实体边开始，与拔模方向成拔模角度，对指定的实体表面进行拔模。当需要固定的边不包含在垂直于方向矢量的平面中时，此选项很有用。操作步骤如下。

1）在类型下拉列表框中选择【边】选项。

2）指定矢量，确定脱模方向，可用【反向】按钮切换矢量方向。

3）选择作为【固定边】的边，选择长方体顶面的四条棱边。

4）输入拔模角度 1 的值，如图 4-56 所示。

5）单击【应用】或【确定】按钮，完成操作。

（3）【与面相切】 选择【与面相切】类型，可沿拔模方向成拔模角度对实体进行拔模，并使拔模面相切于指定的实体表面，操作步骤如下。

1）在图 4-57 所示对话框中的类型下拉列表框中选择【与面相切】选项。

2）指定矢量，确定脱模方向，可用【反向】按钮切换矢量方向。

3）选择相切的一组面。选择顶面的圆弧面，输入拔模角度 1 的值，如图 4-57 所示。

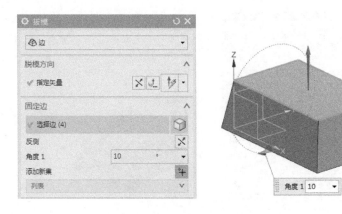

图 4-56 拔模类型为【边】的拔模

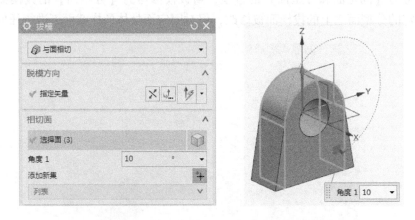

图 4-57 拔模类型为【与面相切】的拔模

4）单击【应用】或【确定】按钮，完成操作，结果如图 4-58 所示。

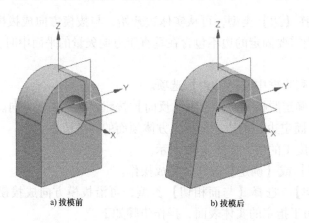

a) 拔模前　　　　　　　　b) 拔模后

图 4-58 拔模类型为【与面相切】的拔模效果

（4）【分型边】　选择【分型边】类型，可从参考面开始，与拔模方向成拔模角度，沿

指定的分割边对实体进行拔模。分割边可使用【主页】功能选项卡|【特征】组|【更多】|【修剪】|【分割面】命令来创建。操作步骤如下。

1）在图 4-59 所示对话框中的类型下拉列表框中选择【分型边】选项。

2）指定矢量，确定脱模方向，可用【反向】按钮 切换矢量方向。

3）选择作为【固定面】的平面，选择位于长方体顶面与底面之间的基准平面。

4）选择分型边，即通过【分割面】命令创建的面，输入拔模角度 1 的值，如图 4-59 所示。

5）单击【应用】或【确定】按钮，完成操作。

图 4-59　拔模类型为【分型边】的拔模

4. 槽

槽是机械设计中轴类零件中常见的特征，【槽】命令用于在已存在的旋转体上创建槽，只能对圆柱面或圆锥面进行操作，有以下三种类型的槽：

（1）矩形槽　角均为尖角的槽。

（2）球形端槽　底部为球体的槽。

（3）U 形槽　拐角使用圆角的槽。

执行【菜单】|【插入】|【设计特征】|【槽】命令，或者执行【主页】功能选项卡|【特征】组|【更多】|【设计特征库】|【槽】命令，弹出如图 4-60 所示的【槽】对话框。以【矩形】槽为例，对创建槽特征步骤介绍如下。

1）单击【矩形】按钮，弹出图 4-61 所示的【矩形槽】对话框，【名称】文本框内不必输入内容，选择放置面即可。

图 4-60　【槽】对话框

图 4-61　【矩形槽】放置面对话框

2）选择圆柱面或圆锥面作为放置面，弹出图 4-62 所示的第二个【矩形槽】对话框。

3）输入【槽直径】和【宽度】数值，需要注意的是，槽直径一定要小于圆柱的直径，大于孔的直径，单击【确定】按钮，弹出图 4-63 所示的【定位槽】对话框。

图 4-62 【矩形槽】尺寸对话框

图 4-63 【定位槽】对话框

4）定位槽定位时，【槽】工具显示为一个圆盘。

① 在目标实体上选择目标边，选择圆柱底面的棱边或者顶面的棱边。

② 在槽（圆盘）上选择刀具边，选择圆盘底面的棱边或者顶面的棱边，如图 4-64 所示。

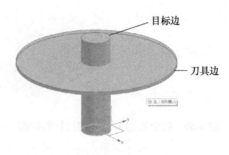

图 4-64 目标边和刀具边的选择

单击【定位槽】对话框中的【确定】按键，弹出图 4-65 所示的【创建表达式】对话框，输入选中的两条边（目标边与刀具边）之间需要的距离值。

5）单击【确定】按钮，完成一个槽的创建后，返回如图 4-61 所示【矩形槽】对话框。如果不需要再创建其他槽，可以单击【取消】按钮，完成操作，结果如图 4-66 所示。

图 4-65 【创建表达式】对话框

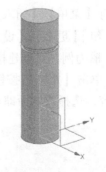

图 4-66 圆柱面上的槽

5. 螺纹

使用【螺纹】命令可以在实体的旋转面上创建螺纹。

执行【菜单】|【插入】|【设计特征】|【螺纹】命令，或者执行【主页】功能选项卡|【特征】组|【更多】|【设计特征库】|【螺纹刀】命令，弹出图 4-67 所示的【螺纹切削】对话框，可以创建【符号】螺纹和【详细】螺纹，分别介绍如下。

（1）【符号】螺纹 系统生成一个象征性的螺纹，用虚线表示。此方式可节省内存，加快运算速度。推荐采用【符号】螺纹的方法，创建步骤如下。

1）在图 4-67a 所示的【螺纹切削】对话框中单击【符号】单选按钮。

2）选择要创建螺纹的旋转面，在所选择的旋转面的一端会显示螺纹起始面位置和螺纹创建方向的箭头，如图 4-67b 所示。如与实际需要的不相符，可单击【螺纹切削】对话框中的【选择起始】按钮，弹出图 4-68 所示界面，可选择螺纹起始面。

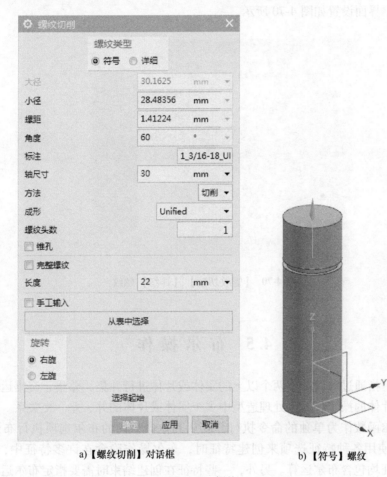

a)【螺纹切削】对话框 b)【符号】螺纹

图 4-67 螺纹

3）选择螺纹起始面即圆柱的端面后，弹出图 4-69 所示的界面，可设置螺纹方向和起始条件。

图 4-68 选择螺纹起始面

图 4-69 设置螺纹方向和起始条件

4）设置螺纹方向和起始条件。【起始条件】有两种：选择【延伸通过起点】选项，会使系统生成的完整螺纹超出起始面；选择【不延伸】选项，会使系统从起始平面处开始生成螺纹。设置完成后单击【确定】按钮即可完成该步操作。

5）设置螺纹的旋转方向、参数等数据。

6）单击【应用】或【确定】按钮，完成操作。

（2）【详细】螺纹　【详细】螺纹方式以真实螺纹形状创建螺纹，创建步骤与【符号】螺纹基本相同，界面设置如图 4-70 所示。

图 4-70　【螺纹切削】|【详细】螺纹

4.5　布　尔　操　作

布尔运算是指通过对两个或两个以上的实体或片体进行并集、差集、交集运算，从而得到新的实体或片体的操作，用于处理造型中多个实体或片体的并、差、交关系。

可以将布尔函数作为单独的命令执行，或从其他命令内的布尔选项执行布尔函数。在 UG NX 中，当使用各种特征选项来创建特征时，布尔操作隐含在许多特征中，如创建孔、槽、抽壳等特征均包含布尔运算。另外，一些特征在创建结束时需要指定布尔运算方式，如使用拉伸、旋转和体素（如圆柱和长方体）特征时。

每个布尔操作选项都会提示用户指定一个目标实体和一个或多个工具实体。目标实体由这些工具修改，操作结束时这些工具实体就成为目标实体的一部分。

1. 布尔求和操作

布尔求和操作可将两个或多个工具实体的体积组合为一个目标体，目标体和工具体必须有重叠或共享面，这样才会生成有效的实体。也可以认为是将多个实体特征叠加变成一个独立的特征，即求实体与实体间的并集。

执行【菜单】|【插入】|【组合体】|【合并】命令，或者执行【主页】功能选项卡|【特征】组|【合并】命令，弹出图 4-71 所示的【合并】对话框。创建求和布尔运算步骤如下。

1）选择目标体，即图 4-72 中的长方体。

2）选择一个或多个工具体，选择图 4-72 中长方体左侧的圆柱体。

3）根据需要设置选项。在如图 4-71 所示的【合并】对话框的【设置】选项组内设置保存方式。如要保存未修改的原始目标体副本，选中【保存目标】复选框；如要保存未修改的原始工具体副本，选中【保存工具】复选框。

4）单击【确定】或者【应用】按钮，完成布尔求和运算，结果如图 4-72 所示。

图 4-71 【合并】对话框

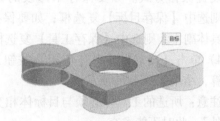

图 4-72 合并效果

2. 布尔求差操作

布尔求差操作可从目标实体中去除工具体，在去除的实体特征中不仅包括指定的工具体，还包括目标体与工具体相交的部分，即实体与实体间的差集。

执行【菜单】|【插入】|【组合体】|【减去】命令 🔒，或者执行【主页】功能选项卡|【特征】组|【减去】命令（【减去】命令与【合并】命令在一起），弹出【减去】对话框。创建求差布尔运算步骤如下。

1）选择目标体，即图 4-73 中的长方体。

2）选择一个或多个工具体，选择图 4-73 中长方体左侧的圆柱体。

3）根据需要设置选项。在对话框的【设置】选项组内设置保存方式。如要保存未修改的原始目标体副本，选中【保存目标】复选框；如要保存未修改的原始工具体副本，选中【保存工具】复选框。

4）单击【确定】或者【应用】按钮，完成布尔求差运算，结果如图 4-73 所示。

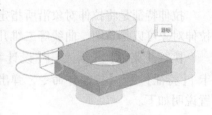

图 4-73 减去效果

注意：

1）工具体与目标体之间没有交集时，系统会弹出提示框，提示"工具体完全在目标体外"，此时不能求差。

2）工具体与目标体之间的边缘重合时，将产生零厚度边缘。系统会弹出提示框，提示"工具和目标未形成完整相交"，此时不能求差。

3. 布尔求交操作

布尔求交操作可以得到两个相交实体的共有部分或重合部分，即求实体与实体间的交集。

执行【菜单】|【插入】|【组合体】|【相交】命令🔷，或者执行【主页】功能选项卡|【特征】组|【相交】命令（【相交】命令与【合并】命令在一起），弹出【相交】对话框。创建求交布尔运算步骤如下。

1) 选择目标体，即图 4-74 中的长方体。

2) 选择一个或多个工具体，选择图 4-74 中长方体左侧的圆柱体。

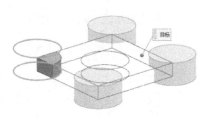

3) 根据需要设置选项。在对话框的【设置】选项组内设置保存方式。如要保存未修改的原始目标体副本，则选中【保存目标】复选框；如要保存未修改的原始工具体副本，则选中【保存工具】复选框。

图 4-74　相交效果

4) 单击【确定】或者【应用】按钮，完成布尔求交运算，结果如图 4-74 所示。

注意：所选的工具体必须与目标体相交，否则会弹出提示框，提示"工具体完全在目标体外"，此时不能求交。

4.6　扫描特征

扫描特征的创建过程是使二维曲线按一定的路径运动生成三维实体的过程，如拉伸、旋转、沿引导线扫掠和管道特征。扫描特征中的应用对象主要有截面线串和引导线串两类，截面线串沿引导线串扫描从而生成扫描特征。用于扫描特征的截面线串可以是草图特征、曲线、实体边缘或面的边缘等。

4.6.1　拉伸特征

拉伸特征是将拉伸对象沿所指定的矢量方向拉伸到某一指定位置所形成的实体或片体，拉伸对象可以是草图、曲线等二维几何元素。

执行【菜单】|【插入】|【设计特征】|【拉伸】命令🖿，或者执行【主页】功能选项卡|【特征】组|【拉伸】命令，弹出图 4-75 所示的【拉伸】对话框。创建拉伸特征时的设置说明如下。

1. 选择截面曲线

如果指定的截面是一个封闭的线串，则将根据用户的选择生成为一个片体或实体。如果指定的截面是一个开放的线串，则只能生成为一个片体。

（1）绘制截面　在图 4-75 所示的【拉伸】对话框中单击【绘制截面】按钮🖿，打开图 4-76 所示的【创建草图】对话框，选择草图绘制平面，创建一个处于特征内部的截面草图。在退出草图绘制时，所绘草图被自动选作要拉伸的截面。创建特征后，草图将保留在该特征内部，并且不会出现在图形窗口或【部件导航器】中。

（2）曲线　选择已有曲线来创建拉伸特征，如在拉伸之前创建的草图特征里的曲线、派生曲线、面的边缘等。选择曲线时要注意选择【通用】工具条【曲线规则】中的合适选项，如【单条曲线】、【相连曲线】等，必要时选中【在相交处停止】选项。

图4-75 【拉伸】对话框

图4-76 【创建草图】对话框

2. 选择拉伸方向

（1）创建或指定矢量 用于设置拉伸方向。在【方向】选项组中选择所需的拉伸方向或者单击对话框中的【矢量构造器】按钮，弹出图4-77所示的【矢量】对话框，创建一个矢量作为拉伸方向。

（2）反向 可通过单击【反向】按钮使拉伸方向改为相反方向。

3. 限制

【限制】选项组用于设置拉伸的起始位置。包括【开始】和【结束】两个下拉列表框和两个【距离】文本框。

（1）【开始】 用于限制拉伸的起始位置。

（2）【结束】 用于限制拉伸的终止位置。

（3）【距离】 用于输入限制拉伸的开始或结束数值。

【开始】和【结束】下拉列表框均提供了对拉伸进行限制的选项，如图4-78所示。对各选项介绍如下。

图4-77 【矢量】对话框

图4-78 拉伸限制选项

（1）【值】 允许用户指定拉伸开始或结束的值，值是数字类型的。在截面上方的值为正，在截面下方的值为负。可在截面的任一侧将开始和结束限制手柄拖动一个线性距离。除了拖动手柄，还可以直接在开始和结束【距离】文本框中或在绘图窗口文本框中输入数值，如图 4-79 所示。

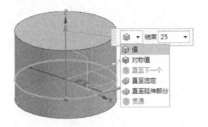

图 4-79　设置拉伸的起止位置

（2）【对称值】 将开始限制距离转换为与结束限制距离相同的值，如图 4-80 所示。

图 4-80　限制为【对称值】

（3）【直至下一个】 将拉伸特征沿方向路径延伸到下一个体。

（4）【直至选定】 将拉伸特征延伸到选择的面、基准平面或体。

如图 4-81 所示，开始限制为【直至选定】，选定对象为右侧壁的外侧。结束限制为【直至下一个】，布尔运算类型设置为【减去】，将仅在右侧壁上创建一个孔。这是因为结束限制为【直至下一个】时，生成的实体只到左侧壁的内侧，与左侧壁并无交集。

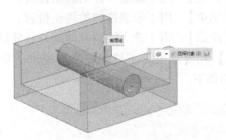

图 4-81　限制为【直至选定】和【直至下一个】

（5）【直至延伸部分】 当截面延伸超过所选择面上的边时，将拉伸特征（如果是体）修剪到该面。

（6）【贯通】 沿指定方向的路径，延伸拉伸特征，使其完全贯通所有的可选体。

4. 选择布尔运算类型

根据需要指定【无】、【合并】、【减去】或【相交】布尔运算，如图 4-82 所示，各选项介绍如下。

(1)【无】 创建独立的拉伸实体。

(2)【合并】 创建的拉伸体和指定的目标体求并集。

(3)【减去】 从目标体移除拉伸体。

(4)【相交】 创建一个体，该体包含由拉伸特征和与之相交的现有体共享的体积。

5. 指定拔模方式

【拔模】选项组可选择拔模方向和角度，如图 4-83 所示，各选项介绍如下。

图 4-82 布尔运算类型

图 4-83 拔模类型

(1)【无】 不创建任何拔模。

(2)【从起始限制】 创建一个拔模，拉伸形状在起始限制处保持不变，从该固定形状处将拔模角应用于侧面，结果如图 4-84 所示。

(3)【从截面】 创建一个拔模，拉伸形状在截面处保持不变，从该截面处将拔模角应用于侧面，结果如图 4-85 所示。

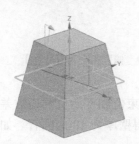

图 4-84 拔模设置为【从起始限制】

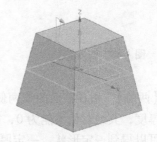

图 4-85 拔模设置为【从截面】

(4)【从截面-不对称角】 该选项仅当从截面的两侧同时拉伸时可用。创建一个拔模，拉伸形状在截面处保持不变，并在截面处将实体侧面分割为两部分，可以单独控制截面每一部分的拔模角。

(5)【从截面-对称角】 该选项仅当从截面的两侧同时拉伸时可用。创建一个拔模，拉伸形状在截面处保持不变。并在截面处将实体侧面分割为两部分，截面两侧的拔模角相同，结果如图 4-86 所示。

(6)【从截面匹配的终止处】 仅当从截面的两侧同时拉伸时可用。创建一个拔模，拉伸形状在截面处保持不变，并且在截面处分割拉伸特征的侧面为两部分。所输入的角度为结束侧的拔模角度，开始限制处的截面形状与结束限制处的截面形状相匹配，开始限制处的拔模角将自动更改，以保持形状的匹配，即顶面和底面的边长相等，结果如图 4-87 所示。

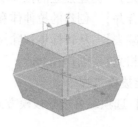

图 4-86 拔模设置为【从截面-对称角】　　　图 4-87 拔模设置为【从截面匹配的终止处】

6. 偏置

【偏置】选项组允许用户最多指定两个偏置添加到拉伸特征中。偏置类型选项如图 4-88 所示，对各选项介绍如下。

（1）【单侧】　指在截面曲线一侧生成拉伸特征，该选项仅当截面曲线封闭时可用，对于开放的、非平面或嵌套的截面，或者当给定的体为片体时，不允许单侧偏置，如图 4-89 所示，偏置值为负值，可获得直径小一点的圆柱体。

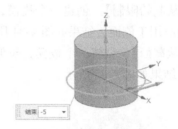

图 4-88 偏置类型　　　　　　　　　图 4-89 偏置类型为【单侧】

（2）【两侧】　指在截面曲线两侧生成拉伸特征，以结束值和开始值的代数差的绝对值为实体的厚度，其绝对值不能为 0，如图 4-90 所示，可获得壁厚为 10 的圆管。如果截面不封闭，则可以得到一定形状、一定厚度的板状实体。

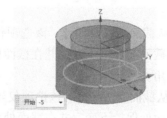

图 4-90 偏置类型为【两侧】

（3）【对称】　指在截面曲线的两侧等值生成拉伸特征，相当于偏置类型【两侧】设置时，设置值为一正和一负，绝对值相等。

7. 拉伸体类型

该选项组允许用户指定拉伸特征为一个或多个片体或实体。若要获得实体，截面线串必须为封闭轮廓截面或带有偏置的开放轮廓截面。如果使用偏置，则将无法获得片体。图 4-91a 所示为实体，图 4-91b 所示为片体。

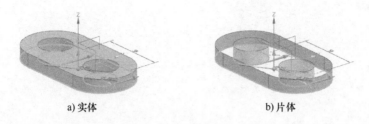

a) 实体   b) 片体

图 4-91 设置拉伸体类型

8. 生成拉伸特征

完成相关设置后，单击【确定】或【应用】按钮，即可生成拉伸特征。

4.6.2 旋转特征

旋转特征是将草图截面或曲线等二维对象绕指定的旋转轴线旋转一定的角度而形成的圆形或部分圆形特征，如轴、轴承盖、法兰盘等零件。

执行【菜单】|【插入】|【设计特征】|【旋转】命令 ，或者执行【主页】功能选项卡|【特征】组|【旋转】命令（【旋转】命令与【拉伸】命令在一起），弹出图 4-92 所示的【旋转】对话框，创建旋转特征步骤如下。

1. 选择截面曲线

如果指定的截面是一个封闭的线串，一般只生成实体，当截面中的线不与旋转轴重合时，也可以生成封闭的片体。如果指定的截面是一个开放的线串，可根据用户的选择生成片体或实体，也可以通过设置【偏置】值得到具有一定厚度的实体。

提示： 同一旋转截面必须在旋转轴的一侧，可以与旋转轴重合，但不可越过旋转轴。

（1）绘制截面 在图 4-92 所示的【旋转】对话框中单击【绘制截面】按钮 ，打开【创建草图】对话框，如图 4-93 所示，选择草图绘制平面，创建一个处于特征内部的截面草图。在退出草图绘制时，所绘草图被自动选作要旋转的截面。创建特征后，草图将保留在该特征内部，并且不会出现在图形窗口或【部件导航器】中。

（2）曲线 选择已有曲线来创建旋转特征。

2. 指定旋转轴的方向及基准点

（1）创建或指定矢量 用于设置旋转方向。在【轴】选项组中选择所需的旋转方向或者单击对话框中的【矢量构造器】按钮 ，弹出如图 4-94 所示的【矢量】对话框，创建一个矢量作为旋转方向。

（2）反向 可通过单击【反向】按钮 ，使矢量方向改为相反方向。

（3）指定点 选择或创建要进行旋转操作的基准点。可通过捕捉功能直接在绘图区中选择点，或单击【点构造器】按钮 ，弹出如图 4-95 所示的【点】对话框，构造一个点作为进行旋转操作的基准点。

图 4-92 【旋转】对话框

图 4-93 【创建草图】对话框

图 4-94 【矢量】对话框

图 4-95 【点】对话框

如果选择坐标轴或者已有直线作为旋转轴，则不需要指定点。需要注意的是，旋转轴不得与截面曲线相交，但可以和一条边重合。

3. 限制

【限制】选项组用于设置旋转的起始角度，包括【开始】和【结束】两个下拉列表框和两个【角度】文本框。

（1）【开始】 用于限制旋转的起始角度。

（2）【结束】 用于限制旋转的终止角度。

（3）【角度】 用于输入限制旋转的开始或结束角度值。

【开始】和【结束】的下拉列表框均提供了以下限制旋转的选项。

1）【值】：允许用户指定旋转开始或结束的值。

2）【直至选定对象】：用于指定作为旋转的起始或终止位置的面、实体、片体或基准平面。

4. 选择布尔运算类型

根据需要指定【无】、【合并】、【减去】或【求交】布尔运算。

5. 设置偏置方式

（1）【无】 不向旋转截面添加任何偏置。

（2）【两侧】 向旋转截面的两侧添加偏置。

6. 选择旋转体类型

指定旋转特征是一个还是多个片体，或者是一个实体。要获得实体，其截面必须为封闭轮廓线串或设置偏置的开放轮廓线串。如果使用偏置，则无法获得片体。

7. 生成旋转体

完成相关设置后，单击【确定】或者【应用】按钮，生成旋转体。例如，以图 4-96a 所示曲线为截面曲线，偏置开始值为 0，结束值为 5，旋转得到图 4-96b 所示结果。

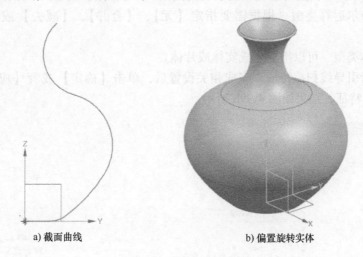

a) 截面曲线　　　　　b) 偏置旋转实体

图 4-96　偏置旋转结果

4.6.3　扫掠特征

扫掠特征组，主要有【扫掠】、【变化扫掠】、【沿引导线扫掠】、【管道】等命令，其中【扫掠】和【变化扫掠】将在第 5 章曲面造型设计中讲述。

1. 沿引导线扫掠

沿引导线扫掠特征是指由截面曲线沿引导线扫描而成的特征，扫描过程中保持截面与扫描引导线切向夹角不变。

沿引导线扫掠可通过沿着由一条或一系列曲线、边或面构成的引导线拉伸，或沿开放或封闭边界草图、曲线、边或面拉伸，创建单个体，如图 4-97 所示。沿引导线扫掠支持沿具有尖角的引导线进行扫掠，结果会生成一个对接角。

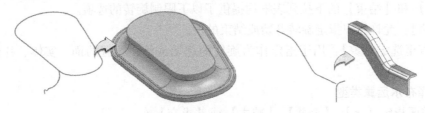

图4-97 沿引导线扫掠

执行【菜单】|【插入】|【扫掠】|【沿引导线扫掠】命令，或者执行【主页】功能选项卡|【特征】组|【更多】|【扫掠库】|【沿引导线扫掠】命令，弹出如图4-98所示的【沿引导线扫掠】对话框。创建沿引导线扫掠特征步骤如下。

（1）选择截面线串　选择用于扫描的截面线串，选择图4-99a中 XC-ZC 平面内的截面圆。

（2）选择引导线　引导线可以包含尖角，选择图4-99a所示的螺旋线。

（3）设置偏置　输入偏置量，或在图形窗口拖动偏置手柄设置偏置值。如果引导线串不垂直于截面线串，则偏置可能达不到预期的结果。

（4）选择布尔运算类型　根据需要指定【无】、【合并】、【减去】或【求交】布尔运算。

（5）选择体类型　可以指定生成实体或片体。

（6）生成沿引导线扫掠特征　完成相关设置后，单击【确定】或者【应用】按钮，生成沿引导线扫掠特征，结果如图4-99b所示。

图4-98　【沿引导线扫掠】对话框

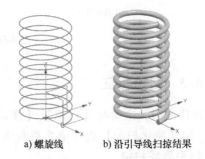

a) 螺旋线　　b) 沿引导线扫掠结果

图4-99　沿引导线扫掠

2. 管道

使用【管道】命令可通过沿中心线路径（具有【外径】及【内径】选项）扫掠圆形横截面来创建单个实体。可以使用该命令来创建线扎、线束、布管、电缆或管道组件，也可以通过沿一个或多个相切、连续的曲线或边扫掠一个圆形横截面来创建单个实体。

提示：【管道】命令的引导线必须光滑、相切和连续，横截面只能是圆形。

执行【菜单】|【插入】|【扫掠】|【管道】命令 ，或者执行【主页】功能选项卡|【特征】组|【更多】|【扫掠库】|【管道】命令，弹出如图4-100所示的【管】对话框。创建管道特征步骤如下。

（1）选择曲线 选择光滑的曲线或边来定义管道的路径。如果选择一系列相连的曲线或边，它们必须相切连续。

（2）设置横截面 输入管道的外径和内径值，当内径为零时生成实心棒体。

（3）选择布尔运算类型 根据需要指定【无】、【合并】、【减去】或【求交】布尔运算。

（4）设置类型 用于设置管道的输出类型，有【单段】和【多段】两种类型。【单段】表面的曲面是B曲面，【多段】表面为一系列圆柱面及环形面。

（5）生成管道特征 完成相关设置后，单击【确定】或者【应用】按钮，生成管道特征，结果如图4-101所示。其中图4-101a所示为【单段】效果，图4-101b所示为【多段】效果。

图4-100 【管】对话框

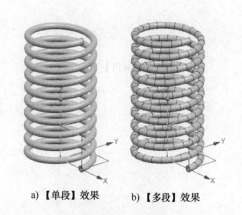

a)【单段】效果 b)【多段】效果

图4-101 管道

4.7 倒斜角、边倒圆及修剪体

4.7.1 倒斜角

使用【倒斜角】命令可斜接一个或多个体的边。根据体的形状，倒斜角可通过去除材料（外棱）或者添加材料（内角）来斜接边。一般在建模过程的最后添加倒角。

执行【菜单】|【插入】|【细节特征】|【倒斜角】命令 ，或者执行【主页】功能选项卡|【特征】组|【倒斜角】命令，弹出如图4-102所示的【倒斜角】对话框。创建倒斜角的步骤介绍如下。

1）选择要倒斜角的一条或多条边，此时会通透显示倒斜角的预览。

2）在【偏置】选项组中，指定横截面类型和距离值。单击【横截面】下拉列表框中的按钮，展开如图 4-103 所示的横截面类型列表，从中选择横截面类型，并设置参数，共有三种类型，分别介绍如下：

①【对称】：沿所选边的两侧使用相同偏置值创建简单倒斜角，如图 4-104a 所示。

②【非对称】：创建边偏置不相等的倒斜角。指定两个正值，分别用于两个边的偏置。单击【反向】按钮⊠，可以改变【距离 1】的方向，如图 4-104b 所示。

③【偏置和角度】：使用偏置和角度来创建倒斜角。为偏置指定一个正值，并为角度指定一个正值。单击【反向】按钮⊠，可以改变距离的方向。

3）单击【确定】或者【应用】按钮，完成操作。

图 4-102 【倒斜角】对话框

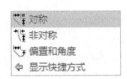

图 4-103 横截面类型

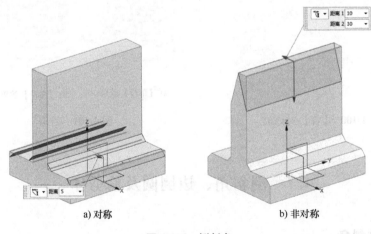

a) 对称　　　　　　　　　　b) 非对称

图 4-104 倒斜角

4.7.2 边倒圆

【边倒圆】命令用于在实体上沿边缘去除材料或添加材料，使实体上的尖锐边缘变成圆滑表面。一般在建模过程的最后添加圆角，除非需要通过倒圆生成面或边才能完成设计。

执行【菜单】|【插入】|【细节特征】|【边倒圆】命令🗔，或者执行【主页】功能选项

卡|【特征】组|【边倒圆】命令，弹出图 4-105 所示的【边倒圆】对话框。创建边倒圆的方式介绍如下。

图 4-105 【边倒圆】对话框

1.【边】选项组

（1）【连续性】类型 【连续性】类型如图 4-106 所示。

1）【G1（相切）】：用于指定始终与相邻面相切的圆角面。

2）【G2（曲率）】：用于指定与相邻面曲率连续的圆角面。

（2）【形状】类型 【形状】类型如图 4-107 所示。

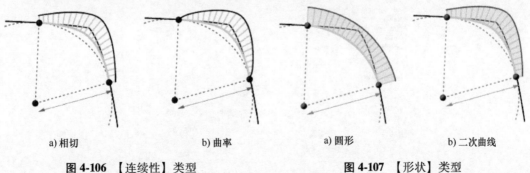

a) 相切   b) 曲率   a) 圆形   b) 二次曲线

图 4-106 【连续性】类型   图 4-107 【形状】类型

1）【圆形】：使用单个手柄集控制【圆形】倒圆。

2）【二次曲线】：二次曲线法和手柄集可控制对称边界半径、中心半径和 Rho 值的组合，以创建二次曲线倒圆。【二次曲线】类型如图 4-108 所示。

①【边界和中心】：通过指定对称边界半径和中心半径定义二次曲线倒圆截面。

②【边界和 Rho】：通过指定对称边界半径和 Rho 值来定义二次曲线倒圆截面。

③【中心和 Rho】：通过指定中心半径和 Rho 值来定义二次曲线倒圆截面。

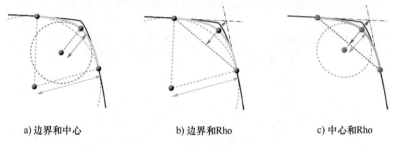

a) 边界和中心　　　　　　b) 边界和Rho　　　　　　c) 中心和Rho

图 4-108　【二次曲线】类型

Rho 为二次曲线饱和值，由给定半径指定的距离至少应大于到第二个面中所有点的距离。

（3）【半径】　在【边】选项组里，单击【选择边】为边倒圆集选择边。可以对每个边集分别指定半径值，也可以手动拖动手柄，改变半径大小。

2. 变半径圆角

用于在一条边上定义不同的点，然后在各点的位置设置不同的倒圆半径。要进行变半径倒圆，首先选择边缘作为恒定半径倒圆，再在图 4-109a 所示对话框中的【变半径】选项组，为要倒圆的边添加可变半径点，应至少选取两个可变半径点，变半径圆角的效果如图 4-109b 所示。

a)【边倒圆】对话框　　　　　　b) 变半径圆角效果

图 4-109　变半径圆角

3. 拐角倒角

该方式在有三边交汇的位置处创建回切面，必须首先选择至少三条构成拐角顶点的边，然后才能使用此方式。可以通过向拐角添加缩进点并调节其与拐角顶点的距离，来更改拐角的形状。也可以使用拐角回切创建球头圆角等。

选择该方式，首先选择三条交汇的实体边，并输入半径值。然后在图 4-110a 所示对话框中的【拐角倒角】选项组，指定【选择端点】选项，单击三条边的交汇点，设置回切参数。拐角倒角【包含拐角】选项的效果如图 4-110b 所示。

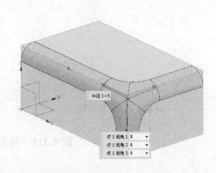

a)【边倒圆】对话框　　　　　　　　　b)【边倒圆】【拐角倒角】【包含拐角】效果

图 4-110　拐角倒角

4. 拐角突然停止

该方式用于对边线的局部创建圆角。选择该方式后，首先选择边线，然后在图 4-111a 所示边倒圆对话框中的【拐角突然停止】选项组中，单击【选择端点】选项，选择已指定边线的终点，设置好停止位置参数后，单击【确定】或【应用】按钮，完成操作。【拐角突然停止】方式的效果如图 4-111b 所示。

5.【长度限制】选项组

展开【长度限制】选项组后，以下选项可指定用于修剪圆角面的对象和位置，限制平面、面或边集（或其延伸）将成为圆角的端盖。

（1）【平面】　使用面集中的一个或多个平面修剪边倒圆。

（2）【面】　使用面集中的一个或多个面修剪边倒圆。

（3）【边】　使用边集中的一条或多条边修剪边倒圆。

6.【溢出】选项组

该选项组可控制如何处理倒圆溢出。当倒圆的相切边与该实体上的其他边相交时，会发

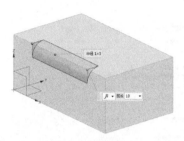

a)【边倒圆】对话框　　　　　　　b)【边倒圆】|【拐角突然停止】效果

图 4-111　拐角突然停止

生倒圆溢出。可以选择要强制执行滚边的边或禁止执行滚边的边。

（1）【跨光顺边滚动】　当倒圆与光顺边相交时，跨光顺边滚动。

（2）【沿边滚动】　当倒圆与光顺边或锐边相交时，沿边滚动。

（3）【修剪圆角面】　当倒圆与锐边相交时，延伸相邻面以修剪圆角面。

4.7.3　修剪体

使用【修剪体】命令，可以通过面或平面来修剪一个或多个目标体，可以指定要保留的体部分以及要舍弃的部分。目标体呈修剪几何元素的形状。

执行【菜单】|【插入】|【修剪】|【修剪体】命令，或者执行【主页】功能选项卡|【特征】组|【修剪体】命令，弹出图 4-112 所示的【修剪体】对话框。

（1）【目标】选项组　用于选择要修剪的一个或多个目标体。

（2）【工具】选项组　可以从同一个体中选择单个面或多个面，或选择基准平面来修剪目标体。也可以定义新平面来修剪目标体。

当目标是一个或多个实体时，面修剪工具必须使所有选定体形成一个完整的交点。

当目标是一个或多个片体时，面修剪工具将自动沿线性切线延伸，并且完整修剪与其相交的所有选定片体，而不考虑这些交点是完整的还是部分的。

创建修剪体时，矢量指向要移除的目标体部分。修剪结果如图 4-113 所示。

图 4-112 【修剪体】对话框

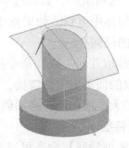

图 4-113 修剪体

4.8 特征的关联复制

1. 抽取几何特征

使用【抽取几何特征】命令，可通过从现有对象中抽取几何特征来创建关联或非关联的体、点、曲线或基准。这一命令在曲面造型中应用较多。

执行【菜单】|【插入】|【关联复制】|【抽取几何特征】命令，或者执行【主页】功能选项卡|【特征】组|【更多】|【关联复制库】|【抽取几何特征】命令，或者执行【曲面】功能选项卡|【曲面操作】组|【抽取几何特征】命令，弹出图 4-114 所示【抽取几何特征】对话框。使用【抽取几何特征】命令可抽取图 4-115 所示的对象。

图 4-114 【抽取几何特征】对话框

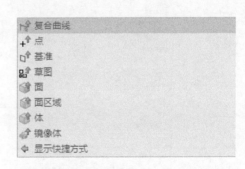

图 4-115 【抽取几何特征】命令可抽取的对象

(1)【复合曲线】 创建从曲线或边抽取的曲线。

(2)【点】 抽取点的副本。

(3)【基准】 抽取基准平面、基准轴或基准坐标系的副本。

(4)【草图】 抽取草图的副本。

(5)【面】 抽取体的选定面的副本。

(6)【面区域】 抽取相连的一组面的副本。

(7)【体】 抽取整个体的副本。

(8)【镜像体】 抽取跨基准平面镜像的整个体的副本（可用于建模对称部件）。

【设置】选项组中，如果选中【关联】选项，则对抽取几何体的父项做的所有更改均会在抽取的几何体中更新。如果选中【不带孔抽取】选项，则创建一个抽取面，其中不含原始面中存在的任何孔。

通过【抽取几何特征】命令抽取的面与片体之间存在如下一些差异：

1）抽取的面可以重新链接，但片体不可以。

2）要扩大抽取的面，必须创建副本，但扩大片体时则无须创建副本。

2. 阵列特征

使用【阵列特征】命令可以通过使用各种选项定义阵列边界、实例方向、旋转和变化来创建特征（线性、圆形、多边形等）阵列。【阵列特征】命令以一定的规律复制已经存在的特征，创建具有规律分布的相同特征时，可以提高设计效率。

执行【菜单】|【插入】|【关联复制】|【阵列特征】命令 ◈，或者执行【主页】功能选项卡|【特征】组|【阵列特征】命令，弹出图 4-116 所示的【阵列特征】对话框。

a)【线性阵列特征】对话框   b)【圆形阵列特征】对话框

图 4-116 【阵列特征】对话框

1）可以使用多种阵列布局来创建几何体的阵列，阵列布局包括线性、圆形、多边形、平面螺旋、沿、常规、参考和螺旋线八种方式。如图 4-117 所示。

2）在【边界定义】选项组中可以使用几何体的阵列来填充指定的边界，如图 4-118 所示。边界类型有面、曲线、排除等方式。

3）对于【线性】布局，可以指定在一个或两个方向对称的阵列，还可以指定多个列或行交错排列，如图 4-119 所示。

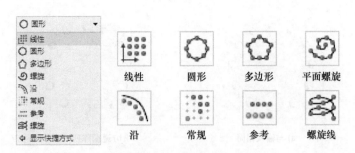

图 4-117 【阵列特征】类型

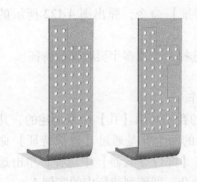

图 4-118 边界填充

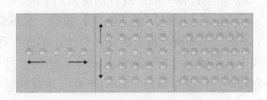

图 4-119 【线性】布局

4）对于【圆形】或【多边形】布局，可以选择辐射状阵列，如图 4-120 所示。

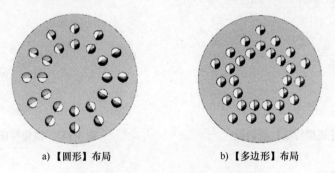

a)【圆形】布局　　　　　　　　　b)【多边形】布局

图 4-120 【圆形】和【多边形】布局

5）通过使用表达式指定阵列参数，可以定义阵列增量。

6）可以将阵列参数值导出至电子表格并按位置进行编辑，编辑结果将传回到阵列定义。

7）可以显式选择各个实例点，以进行删除，或将实例旋转到不同的位置。

8）通过【方位】设置可以控制阵列的方向，如图 4-121 所示。

3. 镜像特征

【镜像特征】命令用于添加与其他特征或与放置在镜像平面另一面的可比较位置上的类似特征对称的特征，操作步骤如下。

1）执行【菜单】|【插入】|【关联复制】|【镜像特征】命令，或者执行【主页】功

a) 与输入相同　　　　　　　b) 遵循阵列（圆形）

图 4-121　阵列方向

能选项卡│【特征】组│【更多】│【关联复制库】│【镜像特征】命令，弹出图 4-122 所示的【镜像特征】对话框。

2）在图形窗口选择特征，或者在【部件导航器】中选择一个或多个要镜像的特征。

3）指定镜像平面，或者创建新的平面。

4）单击【应用】或【确定】按钮，完成镜像特征操作。

如图 4-123 所示板上的孔，长边上的五个孔，左上角的孔是利用【孔】命令创建的，其余四个孔是通过【阵列特征】命令创建的。另一侧长边上的两个孔是通过【镜像特征】命令创建的，镜像平面是 XC-ZC 平面。选择特征时，需要在【部件导航器】中选择，单击选择第一个孔后，再按下键盘上的<Ctrl>键，单击选择另一个孔，即阵列待征中的实例 4。

 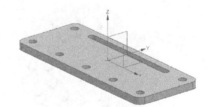

图 4-122　【镜像特征】对话框　　　　　**图 4-123　镜像特征**

4. 阵列几何特征

使用【阵列几何特征】命令可以按几何阵列形式创建几何特征。可以定义阵列边界、参考点、间距、方位和旋转。

【阵列几何特征】命令与【阵列特征】命令的操作方法类似，不同之处在于【阵列特征】命令的操作对象是特征，而【阵列几何特征】命令的操作对象是几何体。

例如，在创建法兰盘上沿圆周方向均匀分布的孔时，可以利用【孔】命令创建其中的一个孔，再利用【阵列特征】命令创建剩余的孔。这种情况不能利用【阵列几何特征】命令创建剩余的孔，【阵列几何特征】命令在选择对象时，只能选择创建了一个孔的整个法兰盘。

5. 镜像几何体

使用【镜像几何体】命令可以创建指定平面的关联或非关联镜像几何体。

【镜像几何体】命令与【镜像特征】命令的操作方法类似，不同之处在于【镜像特征】

命令的操作对象是特征，而【镜像几何体】命令的操作对象是几何体。

4.9 特征的缩放

使用【缩放体】命令可缩放实体和片体，比例仅应用于几何体而不能用于组成该体的独立特征，此操作完全关联。

执行【菜单】|【插入】|【偏置/缩放】|【缩放体】命令🖺，或者执行【主页】功能选项卡|【特征】组|【更多】|【偏置/缩放库】|【缩放体】命令，弹出如图 4-124、图 4-125 所示的【缩放体】对话框。

有三种缩放方法，即【均匀】、【轴对称】和【非均匀】，如图 4-126 所示。

(1)【均匀】 在所有方向上均匀地按比例缩放。

(2)【轴对称】 用指定的比例因子围绕指定的轴按比例对称缩放。必须指定一个沿指定轴的比例因子，并对另外两个方向指定另一个比例因子。

(3)【不均匀】 在 X、Y 和 Z 方向用不同的比例因子进行缩放。

图 4-124 【缩放体】|【均匀】

图 4-125 【缩放体】|【轴对称】

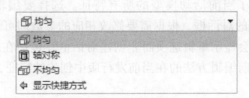

图 4-126 缩放方法

以【轴对称】方式为例，创建缩放体的步骤如下。

1) 执行【缩放体】命令，在【缩放体】对话框中，从类型列表中选择【轴对称】。

2) 在图形窗口中，选择要缩放的对象。

3) 在【缩放轴】选项组中，单击【指定矢量】右侧的倒三角形，打开矢量列表，从中选择【面/平面法向】，选择【面】以定义缩放轴，或者指定【坐标轴】为缩放轴，如图 4-125 所示。

4) 在【比例因子】选项组的【沿轴向】和【其他方向】文本框中输入值。

5）单击【应用】或【确定】以缩放体。

4.10 特征的编辑

编辑特征参数是指通过重新定义创建特征的参数来编辑特征，生成修改后的新特征。通过编辑特征参数可以随时对实体特征进行更新，而不用重新创建实体，这样可以大大提高工作效率。

4.10.1 编辑参数

使用【编辑参数】命令可对模型中的特征做出更改。如图 4-127 所示，在【部件导航器】中右键单击某个特征，或在图形窗口中右键单击某个特征，在弹出的快捷菜单中选择【编辑参数】命令，如图 4-128 所示。也可以在【部件导航器】中直接双击需要编辑的特征。

图 4-127 【部件导航器】中的右键快捷菜单

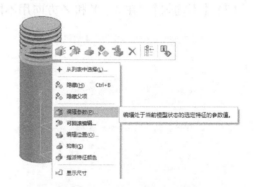

图 4-128 图形窗口中的右键快捷菜单

也可以执行【菜单】|【编辑】|【特征】|【编辑参数】命令，弹出图 4-129 所示的【编辑参数】对话框，其中包含了当前活动模型的所有特征。选择要编辑的特征，单击【确定】或【应用】按钮，弹出新的对话框，根据需要修改相应的参数即可。

在编辑某些特征时，会显示编辑选项而非创建对话框。包括在较早的 UG NX 发行版中创建的特征，以及使用先前编辑方法的在当前发行版中创建的特征，如螺纹、槽等特征。

1. 特征对话框

特征对话框用于编辑特征的参数。例如，在图 4-129 所示的对话框里选择【矩形槽】或直接在图形窗口单击选择矩形槽特征，再单击【应用】或【确定】按钮，弹出图 4-130 所示的【编辑参数】对话框。单击【特征对话框】按钮，弹出图 4-131 所示的【编辑参数】对话框。修改需要改变的参数值，然后单击【确定】按钮，系统回到图 4-130 所示的对话框，单击【确定】按钮，系统回到图 4-129 所示的对话框，单击【确定】按钮，完成特征参数的修改操作。

2. 重新附着

【重新附着】命令用于重新指定所选特征附着平面。可以把建立在一个平面上的特征重新附着到新的平面上去。已经具有定位尺寸的特征，需要重新在新平面上指定参考方向和参

考边。直接草图的重新附着，可在草图环境中，单击【菜单】|【工具】|【重新附着草图】命令，弹出的是与【创建草图】对话框类似的【重新附着草图】对话框。槽的重新附着，需要在图 4-130 所示的对话框中，单击【重新附着】按钮。弹出图 4-132 所示的【重新附着】对话框，操作步骤如下。

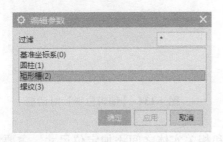

图 4-129 【编辑参数】选择特征对话框

图 4-130 【编辑参数】选择操作类型对话框

图 4-131 【编辑参数】特征对话框

图 4-132 槽的【重新附着】对话框

（1）指定目标放置面　用于为所编辑的特征选择新的附着面。

（2）指定参考方向　用于为所编辑的特征选择新的参考方向。

（3）重新定义定位尺寸　用于选择定位尺寸并通过指定新目标和/或工具几何体来重新定义该尺寸。

（4）指定第一通过面　用于重新定义所编辑特征的第一通过面/修剪面。

（5）指定第二通过面　用于重新定义所编辑特征的第二通过面/修剪面。

（6）指定工具放置面　用于重新指定用户定义特征的工具面。

3. 编辑位置

【编辑位置】命令可以通过编辑定位尺寸值来移动特征，也可以为创建特征时没有指定定位尺寸或定位尺寸不全的特征添加定位尺寸，还可以直接删除定位尺寸。

执行【菜单】|【编辑】|【特征】|【编辑位置】命令，弹出图 4-133 所示的【编辑位置】对话框，对话框中列出了所有可供编辑的特征，【编辑位置】命令只对槽等特征有效。选择

要编辑的特征，然后单击【确定】按钮，弹出图 4-134 所示的【编辑位置】对话框，在该对话框中，有三种位置编辑方式，分别介绍如下。

图 4-133 【编辑位置】选择编辑对象对话框

图 4-134 【编辑位置】对话框

（1）【添加尺寸】 该方式可在所选择的特征和相关实体之间添加定位尺寸，主要用于未定位的特征和定位尺寸不全的特征。单击图 4-134 所示的【编辑位置】对话框中的【添加尺寸】按钮，弹出图 4-135 所示的【定位槽】对话框，选择圆柱体的底面圆或者顶面圆作为目标边，再选择槽的底面圆、顶面圆或者中心圆作为刀具边。在之后弹出的图 4-136 所示的【创建表达式】对话框中输入新的数值，单击【确定】按钮，返回到图 4-134 所示的对话框，单击【确定】按钮，完成操作。

图 4-135 【定位槽】对话框

图 4-136 【创建表达式】对话框

（2）【编辑尺寸值】 该方式主要用来修改现有的尺寸参数。单击图 4-134 中的【编辑尺寸值】按钮，弹出图 4-137 所示的【编辑表达式】对话框，输入新的尺寸值，然后单击【确定】按钮，返回到图 4-134 所示的对话框，单击【确定】按钮，完成操作。

（3）【删除尺寸】 该方式主要用来删除现有的定位尺寸。单击图 4-134 中的【删除尺寸】按钮，弹出图 4-138 所示的【移除定位】对话框，在图形窗口选取需要删除的尺寸，然后单击【确定】按钮，即可删除选取的尺寸。

在选择尺寸时，尺寸有可能被实体对象遮挡，可以执行【视图】功能选项卡|【可视化】组|【编辑对象显示】命令，设置对象为半透明着色显示。

图 4-137 【编辑表达式】对话框

图 4-138 【移除定位】对话框

4.10.2 特征重排序

【特征重排序】命令可通过更改模型上特征的创建顺序来编辑模型。一个特征可排序在选定参考特征之前或之后。有父子关系和依赖关系的特征，则不能进行特征间的重排序操作。

特征重排序可以在【部件导航器】的特征树中向上或向下拖动需要重排序的特征，也可以在需要重排序的特征上单击右键，在弹出的快捷菜单中选择【重排在前】或【重排在后】中的特征。另外，还可以执行【菜单】|【编辑】|【特征】|【重排序】命令，弹出图 4-139 所示的【特征重排序】对话框，其中包含了当前活动模型的所有特征。操作步骤如下。

1）从【参考特征】列表框中选择特征。参考特征是有关放置重定位特征的中心点特征。

2）使用【选择方法】选项组可指定如何重排序特征，无论选择【之前】还是【之后】方法，一旦指定了参考特征和方法，可以重排序的特征便显示在【重定位特征】列表框中。

3）从【重定位特征】列表框或图形窗口中选择需要重定位的特征，在【重定位特征】列表框中选择多个特征或者取消选择特征时需要使用<Ctrl+MB1>组合键，而在图形窗口中取消选择特征时需要使用<Shift+MB1>组合键。选中的特征会在图形窗口中高亮显示。

图 4-139 【特征重排序】
对话框

4）单击【应用】按钮，系统仅对列表框中选定的特征执行重排序，系统允许执行多个重排序，单击【确定】按钮完成重排序操作，单击【取消】按钮，终止重排序操作而不做任何更改。

4.10.3 特征的抑制与取消抑制

1. 抑制特征

【抑制特征】命令用于临时从目标体及显示中移除一个或多个特征。如果编辑时【延迟更新】处于活动状态，则此命令不可用。

实际上，抑制的特征依然存在于数据库里，只是将其从模型中删除了。因为特征依然存在，所以可以用【取消抑制】命令调用它们。

抑制特征用于：

1）减小模型的大小，使之更容易操作。尤其当模型相当大时，可减少创建、对象选择、编辑和显示时间。

2）为了进行分析工作，可从模型中移除小孔和圆角之类的非关键特征。

3）在几何体冲突的位置创建特征。例如，如果需要用已倒圆的边来放置特征，则不需要删除圆角。可抑制圆角，创建并放置新特征，然后取消抑制圆角。

当抑制具有关联特征的特征时，关联特征也会被抑制。有两种方法可以实现对特征的抑制或取消抑制。

1）执行【菜单】|【编辑】|【特征】|【抑制】命令，弹出图 4-140 所示的【抑制特征】对话框，从对话框的列表中，或在图形窗口中选择要抑制的特征。单击【确定】或【应用】

按钮,可抑制选定的特征及其关联特征。

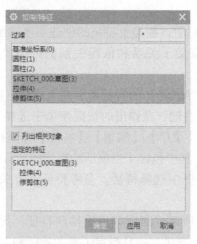

图 4-140 【抑制特征】对话框

2)在【部件导航器】中,单击选中特征左侧的复选框,可以抑制对应的特征。

2. 取消抑制特征

取消抑制特征的操作与抑制特征类似,可以执行【菜单】|【编辑】|【特征】|【取消抑制】命令,也可以在【部件导航器】中单击取消选中特征左侧的复选框。

4.11 变　　换

使用【变换】命令可对部件中的对象执行高级重定位和复制操作。【变换】命令对于非参数化对象和线框对象最有用。

提示:【变换】命令可创建对象的非关联副本,因此原始对象的更改或更新不会影响该副本。如果要创建关联副本,则使用【阵列特征】或【镜像特征】等其他命令。

执行【菜单】|【编辑】|【变换】命令 ,弹出图 4-141 所示的【变换】对话框。在图形窗口中,选择要变换的对象后,单击【确定】按钮,弹出图 4-142 所示的【变换】类型选择对话框。选择需要变换的类型后,可进行后续操作。

图 4-141 【变换】对话框

图 4-142 【变换】类型选择对话框

如果选择参数化的体,则系统将显示一条图 4-143 所示的消息,提示选择忽略体还是移除体上的参数。只有移除参数才能进行后续操作。

1. 比例变换

【比例】变换类型可通过均匀或非均匀方法影响选定对象的大小以及选定对象和参考点之间的距离。

软件计算选定对象相对于参考点的大小，并且以均匀或非均匀比例因子为基础。均匀比例因子将使用相同的 XC、YC、ZC 值，非均匀比例因子使用各自唯一的 XC、YC、ZC 值。

执行【变换】命令，选择【比例】变换类型，弹出图 4-144 所示的【点】变换对话框。指定点坐标，单击【确定】按钮，弹出图 4-145 所示的均匀比例【变换】对话框，输入比例值，单击【确定】按钮，弹出如图 4-146 所示的【变换】对话框。

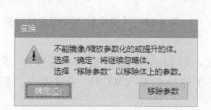

图 4-143　移除参数

图 4-144　【点】变换对话框

如果需要进行非均匀比例变换，可在图 4-145 所示【变换】对话框中选择【非均匀比例】，弹出如图 4-147 所示的非均匀比例【变换】对话框，输入相应的比例值，单击【确定】按钮，同样弹出如图 4-146 所示的【变换】对话框。

图 4-145　均匀比例【变换】

图 4-146　【变换】对话框

在如图 4-146 所示的【变换】对话框中，单击【移动】按钮，可创建一个变换后的新体并替换原来的体；单击【复制】按钮，可创建一个变换后的新体并保留原来的体；也可单击【多个副本-可用】按钮,可创建多个变换后的新体并保留原来的体。单击【取消】按钮退出变换。

2. 通过一直线镜像变换

【通过一直线镜像】变换类型可在参考线的另一侧创建选定对象的镜像图像。

执行【变换】命令,选择【通过一直线镜像】变换类型,弹出图4-148所示的【变换】直线定义对话框,指定直线后,弹出图4-146所示的【变换】对话框,根据需要选择【移动】、【复制】、【多个副本-可用】,即可实现通过一直线镜像变换。参考线的建议方法如下。

图4-147 非均匀比例【变换】

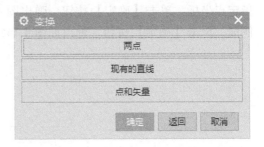

图4-148 【变换】直线定义对话框

(1)【两点】 定义镜像参考线的起点与终点。可以选择图形窗口中的点,或使用【点】对话框中的选项来帮助指定点。如果点不位于工作坐标系(WCS)的平面上,则它们将被自动投影到工作坐标系上。

(2)【现有的直线】 选择现有直线作为镜像参考线。

(3)【点和矢量】 通过指定直线的起点和方向来定义镜像参考线。【点】对话框和【矢量】对话框可用于帮助指定点和方向。

3. 矩形阵列变换

【矩形阵列】变换类型可创建所选对象的副本,并在大量列和行中布置对象;指定列和行方向上的数量及它们之间的距离,可按与 XC 轴指定的角度创建阵列。

执行【变换】命令,选择【矩形阵列】变换类型,会弹出两次图4-144所示的【点】变换对话框,指定的两个点对应的 X、Y、Z 坐标值之差,为矩形阵列第一个体偏离原来的体在 X、Y、Z 轴方向上的距离,同时也决定了阵列的方向。单击第二次弹出的【点】变换对话框的【确定】按钮后,弹出图4-149b所示的【变换】矩形阵列参数设置对话框,输入参数后,单击【确定】按钮,弹出如图4-146所示的【变换】对话框,根据需要选择【移动】、【复制】、【多个副本-可用】,即可实现矩形阵列变换。

图4-149b所示对话框中选项介绍如下。

(1)【DXC】 XC 方向(列)上参考点之间的距离。

(2)【DYC】 YC 方向(行)上参考点之间的距离。

(3)【阵列角度】 阵列的角度偏置。在阵列原点处从 XC 轴正向以逆时针方向测量角度。

(4)【列(X)】 在 XC 正向上的副本数量。

(5)【行(Y)】 在 YC 正向上的副本数量。

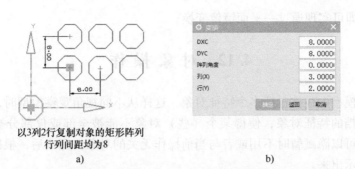

以3列2行复制对象的矩形阵列
行列间距均为8
a)　　　　　　　　　　　　　　b)

图4-149　【变换】矩形阵列参数设置对话框

4. 圆形阵列变换

【圆形阵列】变换类型可创建选定对象的副本并将其以圆形阵列排列。

执行【变换】命令，选择【圆形阵列】变换类型，会弹出两次如图4-144所示的【点】变换对话框，指定的两个点对应的 X、Y、Z 坐标值之差为圆形阵列中心偏离原来的体在 X、Y、Z 轴方向上的距离，单击第二次弹出的【点】变换对话框的【确定】按钮后，弹出图4-150b所示的【变换】圆形阵列参数设置对话框，输入参数后，单击【确定】按钮，弹出如图4-146所示的【变换】对话框，根据需要选择【移动】、【复制】、【多个副本-可用】，即可实现圆形阵列变换。

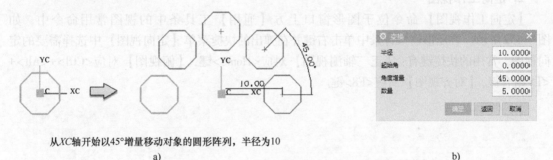

从 XC 轴开始以45°增量移动对象的圆形阵列，半径为10
a)　　　　　　　　　　　　　　b)

图4-150　【变换】圆形阵列参数设置对话框

对图4-150b所示对话框中选项介绍如下。

（1）【半径】　指定从阵列原点测量的阵列圆半径。

（2）【起始角】　指定第一个阵列对象的角度偏置。在阵列原点处从 XC 轴正向以逆时针方向测量角度。

（3）【角度增量】　指定连续阵列元素之间的角度。

（4）【数量】　指定要创建的阵列元素数。如果元素数乘以角度增量大于360°，则有阵列元素重叠。

5. 通过一平面镜像变换

【通过一平面镜像】变换类型可在参考线的另一侧创建所选对象的镜像图像。

执行【变换】命令，选择【通过一平面镜像】变换类型，弹出【平面定义】对话框。指定平面后，弹出图4-146所示的【变换】对话框，根据需要选择【移动】、【复制】、【多个副本-可用】，即可实现通过一平面镜像变换。

4.12　对象操作

一个复杂的模型中往往包括多个特征对象，这样从不同视角观察模型时，由于在该视角方向上存在被遮挡的特征对象，使得某个（些）对象不能被全部或仅部分被观察到。为便于观察和操作，可以隐藏暂时不用或者与当前操作无关的对象。完成后，根据需要将隐藏的特征对象重新显示出来。

4.12.1　控制对象模型的显示

模型的显示控制，主要通过图形窗口上方【通用】工具条中的视图常用命令和【视图】功能选项卡 | 【可见性】组中的相关命令来实现。

1. 适合窗口

【适合窗口】命令位于图形窗口上方【通用】工具条中的视图常用命令中，如图 4-151 所示。使用【适合窗口】命令可调整视图的中心和比例，从而使该视图中的所有对象显示在屏幕上。要执行【适合窗口】命令，也可双击图形窗口的背景。【适合窗口】命令的快捷键为<Ctrl>+<F>。

2. 定向工作视图

【定向工作视图】命令位于图形窗口上方【通用】工具条中的视图常用命令中，如图 4-152 所示。在图形窗口背景中单击右键并在弹出的快捷菜单【定向视图】中选择需要的定向视图。常用的快捷键有：【正三轴测视图】对应<Home>键，【俯视图】对应<Ctrl>+<Alt>+<T>组合键，【对齐视图】对应<F8>键。

图 4-151　【适合窗口】命令

图 4-152　【定向工作视图】命令

3. 渲染样式

【渲染样式】命令位于图形窗口上方【通用】工具条中的视图常用命令中，如图 4-153 所示。在图形窗口的背景中，单击右键并按住鼠标右键，将显示圆盘工具条，将光标移动到需要的样式上方并释放鼠标右键，即可显示需要的渲染样式，如图 4-154 所示。在图形窗口背景中，单击右键并在弹出的快捷菜单【渲染样式】中选择需要的渲染样式，如图 4-155 所示。

对图 4-153 所示【渲染样式】命令的各选项介绍如下。

（1）【带边着色】　用光顺着色和打光渲染面，显示面的边。

（2）【着色】　用光顺着色和打光渲染面，不显示面的边。

（3）【带有淡化边的线框】　用边几何元素渲染面，隐藏边被淡化。

图 4-153 【渲染样式】命令

图 4-154 右键圆盘工具条

（4）【带有隐藏边的线框】 用边几何元素渲染面，隐藏边不可见。

（5）【静态线框】 用边几何元素渲染面。

（6）【艺术外观】 根据基本材料、纹理和光源实际渲染面，没有指派材料或纹理特性的对象显示为已着色。

（7）【面分析】 只渲染可使用面分析数据的面，用边几何元素渲染剩余的面。

（8）【局部着色】 用光顺着色和打光渲染工作视图中的局部着色面，用边几何元素渲染剩余的面。

4. 视图剖切

【视图剖切】命令位于【视图】功能选项卡|【可见性】组中。使用视图截面可检查或归档复杂部件的内部，或查看装配部件之间是如何交互的。可以使用一个、两个或六个平面来对模型或装配进行剖切。

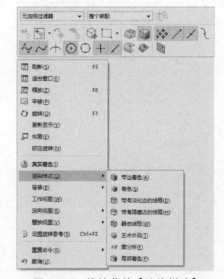

图 4-155 快捷菜单【渲染样式】

使用【编辑截面】命令可编辑工作视图截面或在没有截面的情况下新建一个截面。在图形窗口空白处单击左键，在弹出的工具条中有【编辑截面】命令按钮，如图 4-156 所示。也可以执行【视图】功能选项卡|【可见性】组|【编辑截面】命令，弹出图 4-157 所示的【视图剖切】对话框，根

图 4-156 图形窗口左键工具条

据需要指定剖切平面及偏置位置，单击【确定】按钮即可创建剖切截面，如图 4-158 所示。

使用剖切工具，通过拖动、移动和旋转剖切手柄可轻松操控截面，如图 4-159 所示。

三个平移手柄是三个轴上的圆锥形箭头，使用平移手柄可沿着某一个轴移动平面。

三个旋转手柄是位于曲线上的球体。可以选择这三个手柄之一，使用它来绕着所选手柄对面的轴旋转平面。

原点手柄是通过"剖切工具"中点的手柄，它是三个轴的旋转中心。使用该手柄可捕捉或拖拽平面到任何点上。选择该手柄，再选择轴的端面圆心，可使剖切面通过轴心。

执行【视图】功能选项卡|【可见性】组|【剪切截面】命令，可打开或关闭【视图剖切】对话框。

【装配导航器】中，在顶端的【截面】上单击右键并在弹出的快捷菜单中选择【新建截面】，也可以创建剖切截面。右键单击已创建的剖切截面，在弹出的快捷菜单中选择相应的命令，可管理已创建的剖切截面。在已创建的剖切截面上双击，可打开或关闭【视图剖切】对话框。左键选中【截面】复选框，可显示或隐藏截面轮廓。

图 4-157 【视图剖切】对话框

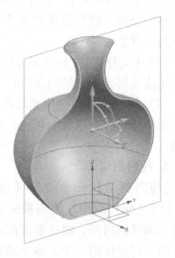

图 4-158 剖切效果

5. 通透显示

与通透显示相关的命令位于【视图】功能选项卡 | 【可见性】组 | 【更多】 | 【通透显示库】中，使用【通透显示】命令可将颜色和透明度效果应用于不太重要的几何体，可以更加方便地在屏幕上查看更重要的对象。重要几何体是指由 UG NX 命令创建或编辑的几何体。

图 4-160 所示为创建孔的过程中，【通透显示预览】为开时的预览效果。

图 4-159 剖切手柄

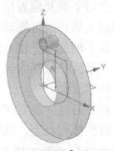

图 4-160 【通透显示预览】为开时的预览效果

4.12.2 隐藏与显示对象

使用【显示/隐藏】命令可控制图形窗口中对象的可见性。可以通过暂时隐藏其他对象来关注选定的对象。

隐藏的对象不可见，但与受抑制对象不同的是，这些对象仍然保留在部件的历史记录和计算中。通过在图层中放置对象的组并将特定图层设为不可见，也可达到类似效果，但需要更多的操作和预先规划。

常用的【显示/隐藏】命令，位于图形窗口上方【通用】工具条中的视图常用命令中，如图 4-161 所示。【显示/隐藏】命令用于按类型显示或隐藏对象，【隐藏】命令用来隐藏选中的对象，【显示】命令用来重新显示已隐藏的对象。

常用的快捷键有：【显示和隐藏】对应<Ctrl+W>组合键，【隐藏】对应<Ctrl+B>组合键，【显示】对应<Ctrl+Shift+K>组合键。

图 4-161 常用的【显示/隐藏】命令

默认界面中，【显示/隐藏库】不出现在【视图】功能选项卡|【可见性】组中，需要单击【视图】功能选项卡|【可见性】组右下角的下拉菜单按钮，然后选中【显示/隐藏库】，如图 4-162 所示。【显示/隐藏】命令也可以在【菜单】|【编辑】|【显示和隐藏】里找到。【显示/隐藏库】命令各选项如图 4-163 所示。

图 4-162 【视图】|【可见性】组

图 4-163 【显示/隐藏库】

对【显示/隐藏库】命令各选项介绍如下。

（1）【显示和隐藏】 从列表中选择要隐藏或显示的对象类型。

（2）【立即隐藏】 隐藏选定的对象。

（3）【隐藏】 按类选择单个对象或多个对象。软件会高亮显示要在图形窗口中隐藏的对象。

（4）【显示】 只显示隐藏对象，从而可以选择性的使其可见。

（5）【显示所有此类型对象】 过滤要选择的对象。【显示】命令提供相同的过滤选项，并额外添加了对当前所有隐藏对象的显示。

（6）【全部显示】 显示位于可见并且可选图层上的所有隐藏对象。

（7）【按名称显示】 显示在【组件属性】对话框中命名的隐藏对象。除了按名称过滤以外，【显示】命令还提供其他选项。

（8）【反转】 显示所有隐藏对象并隐藏所有可见对象。

1. 按类型隐藏和显示对象

【显示和隐藏】对话框以树形结构显示包含在部件文件中所有类型几何体。对象的每一类别和子类别之后是带有"+"号的显示列以及带有"-"号的隐藏列。

执行【视图】功能选项卡│【可见性】组│【显示和隐藏】命令，或者按键盘上的<Ctrl+W>组合键，打开图4-164所示的【显示和隐藏】对话框。单击对应类型后面的"+"号或"-"号，可显示或隐藏同一类型的对象。

2. 隐藏图形窗口中的对象

（1）选择时立即隐藏对象 执行【视图】功能选项卡│【可见性】组│【立即隐藏】命令，或者按键盘上的<Ctrl+Shift+I>组合键，弹出图4-165所示的【立即隐藏】对话框。在图形窗口或【部件导航器】中，选择要隐藏的对象，则选定的对象立即被隐藏。

图4-164 【显示和隐藏】对话框

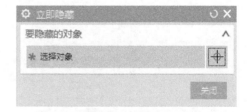

图4-165 【立即隐藏】对话框

（2）选择对象，然后隐藏对象 在图形窗口或【部件导航器】中，右键单击对象并在弹出的快捷菜单中选择【隐藏】，或者左键单击选择对象，按键盘上的<Ctrl+B>组合键，隐藏对象。

（3）使用【类选择】对话框选择要隐藏的对象 执行【视图】功能选项卡|【可见性】组|【隐藏】命令，或者按键盘上的<Ctrl+B>组合键，弹出【类选择】对话框，通过以下方式之一选择要隐藏的对象。

1）在图形窗口或【部件导航器】中选择对象。

2）在【类选择】对话框中，使用选择选项（名称、类型、颜色、图层或属性）过滤选择，然后选择对象，选定的所有对象被高亮显示。

选择完成后，单击对话框中的【确定】按钮，即可隐藏选定的对象。

3. 显示部件文件中的隐藏对象

（1）从图形窗口 执行【视图】功能选项卡|【可见性】组|【显示】命令，或者按键盘上的<Ctrl+Shift+K>组合键，则可见对象暂时被隐藏，并且所有隐藏的对象重新显示。可以从隐藏对象中进行选择，以仅显示要查看的对象。

（2）从【部件导航器】 不可见对象在【部件导航器】中由淡进的文本表示。在【部件导航器】中，选择一个或多个隐藏对象，右键单击对象并在弹出的快捷菜单中选择【显示】。被隐藏的对象以及位于不可见图层上的对象均显示在图形窗口中。选定对象的名称不再显示在【部件导航器】的淡进文本中。

提示：使用【部件导航器】显示对象时，不可见图层上的对象将被移动到工作图层，或者整个图层变得可见。该行为受【用户默认设置】对话框中的不可见图层上的【对象】|【父项-显示】时的操作选项控制。

4.12.3 编辑对象显示

执行【菜单】|【编辑】|【对象显示】命令，或者执行【视图】功能选项卡|【可视化】组|【编辑对象显示】命令，弹出图 4-166 所示的【类选择】对话框。在图形窗口中选择需要的对象，也可以利用过滤器快速选择对象。选择完对象后，单击【确定】按钮，弹出图 4-167 所示的【编辑对象显示】对话框，按需要设置即可。

图 4-166 【类选择】对话框

a)【常规】选项卡　　　　　　b)【分析】选项卡

图 4-167　【编辑对象显示】对话框

使用【编辑对象显示】命令可同时修改【常规】和【分析】选项卡中的内容。

1.【常规】选项卡

（1）【基本符号】选项组　有图层、颜色、线型和宽度等选项。

（2）【着色显示】选项组　有透明度、局部着色和面分析等选项。

（3）【线框显示】选项组　有显示极点、显示结点、U 和 V 参数设置等选项。

（4）【小平面体】选项组　有显示和显示示例等选项。

（5）【设置】选项组　应用于所有面等选项。

2.【分析】选项卡

（1）【曲面连续性显示】选项组　为选定的曲面连续性分析对象指定可见性、颜色和线型。

（2）【截面分析显示】选项组　为选定的截面分析对象指定可见性、颜色和线型。

（3）【曲线分析显示】选项组　为选定的曲线分析对象指定可见性、颜色和线型。

（4）【曲面相交显示】选项组　为选定的曲面相交对象指定可见性、颜色和线型。

（5）【偏差度量显示】选项组　为选定的偏差度量分析对象指定可见性、颜色和线型。

（6）【高亮线显示】选项组　为选定的高亮线分析对象指定颜色和线型。

常用【常规】选项卡中的【颜色】和【半透明】着色显示方式来区分装配体中不同的部件。若需要在部件的不同表面设置不同的颜色，可在选择对象时使用类型过滤器，只选择【面】。

4.12.4　分类选择

需要选择某一类型的特征时，可通过图形窗口上方【通用】工具条【选择】组中的【类型过滤器】列表进行选择，如图 4-168 所示。将选择范围过滤至特定对象类型，其他类型的特征将不会被选中。

在为一个几何体的不同面设置不同颜色时，可在【类型过滤器】列表中选择【面】，也可以先选择几何体的某个面，再进行对象显示设置。

图4-168 类型过滤器

在图4-166所示的【类选择】对话框中，可以使用【类型过滤器】 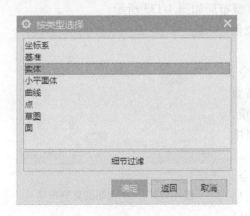、【图层过滤器】 、【颜色过滤器】 、【属性过滤器】 和【重置过滤器】 选择对象。

单击【类选择】对话框中的【类型过滤器】按钮 ，会弹出图4-169所示的【按类型选择】对话框。在【按类型选择】对话框中，选中某一类型的对象后，单击【细节过滤】按钮，弹出图4-170所示的【实体】细节选择对话框，可进一步缩小选择范围。

图4-169 【按类型选择】对话框

图4-170 【实体】细节选择对话框

4.12.5 删除对象

执行【菜单】|【编辑】|【删除】命令，如果选择的待删除特征存在相关对象，那么这些特征将与其父特征一起列出，在【部件导航器】中会以红色显示父特征，以蓝色显示子特征。如果不想列出相关对象的父项，可关闭【列出相关对象】选项。

要控制子特征的删除，可以对【删除子特征】选项进行设置（用户默认设置为【否】，设置选项在【菜单】|【建模首选项】|【编辑】下，如图 4-171 所示），从而在删除父特征时可禁用子特征的自动删除。然后，随着【列出相关对象】切换开关关闭，在删除过程中子特征更新时的编辑对话框（EDU）会显示出来，可以删除、抑制或编辑每个子特征。删除父特征后，可以编辑它的子特征，使其不再参考父特征。

如果选中删除的特征是另一个部件中链接几何体的父项，就会出现图 4-172 所示的【通知】对话框，询问用户是【确定】还是【取消】此操作。如果需要了解要断开链接的更多详细信息，该对话框还有一个【信息】选项。

如果错删了特征，在未保存之前，则可以使用【撤消】命令来恢复。

图 4-171 【建模首选项】|【编辑】|【删除子特征】

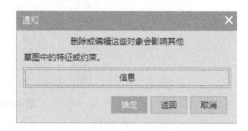

图 4-172 删除特征时的【通知】对话框

4.12.6 对象的视图布局

使用布局可布置屏幕上模型的不同视图。可以按预定义格式在单个布局中布置多达九个视图，创建自己定制的布局。常见的六个视图的典型布局如图 4-173 所示。

可以使用【菜单】|【视图】|【布局】命令来创建和管理布局。

执行【菜单】|【视图】|【布局】|【打开】命令，弹出图 4-174 所示的【打开布局】对话框，根据需要选择所需的布局，单击【确定】或【应用】按钮，即可打开所需的布局。正在使用的布局不在列表中显示。

执行【菜单】|【视图】|【布局】|【新建】命令，弹出图 4-175 所示的【新建布局】对话框，输入布局名称，选择需要的布局，单击【确定】或【应用】按钮，即可创建新的布局。

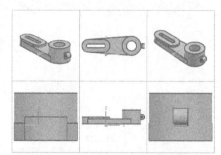

图 4-173 六个视图的典型布局

在多视图布局中，可以进行以下操作：①旋转、缩放和平移模型；②将一个视图替换为其他已保存的视图；③展开一个视图以占用整个屏幕；④更改工作视图；⑤在布局中为每个视图提供独立的渲染样式；⑥打印布局。

同时查看多个视图的一个备选方式是使用多个图形窗口。

如要打印多个视图，可使用多视图布局。如果打开多个图形窗口，则可以一次只打印一个窗口中的视图。

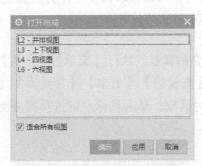

图 4-174 【打开布局】对话框

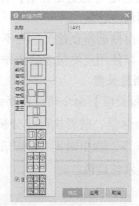

图 4-175 【新建布局】对话框

4.12.7 全屏显示

【全屏显示】模式可使图形窗口最大化。可以选择【全屏显示】模式或【标准显示】模式，这取决于是倾向于图形窗口中具有更多空间，还是希望在带状工具条区域中显示所有工具条。

【标准显示】是默认显示模式。有以下两种方法从【标准显示】模式切换为【全屏显示】模式。

（1）从图形窗口 单击软件操作界面下方提示栏和状态栏右侧的【全屏显示】按钮，或者单击软件操作界面上方带状工具条功能选项卡名称右侧的【全屏显示】按钮，如图 4-176 所示。也可以按键盘上的<Alt+Enter>组合键。

（2）从菜单 要从【标准显示】模式切换为【全屏显示】模式，可执行【菜单】|【视图】|【全屏显示】命令。

图 4-176 【全屏显示】按钮

从【全屏显示】模式切换为【标准显示】模式，可将鼠标指针移动到屏幕顶端，单击鼠标左键，在弹出的工具条区域中，单击带状工具条功能选项卡名称右侧的【全屏】显示按钮。也可以按键盘上的<Alt+Enter>组合键。

4.13 模型的测量与分析

4.13.1 模型的测量

1. 测量点

执行【菜单】|【分析】|【测量点】命令，或者执行【分析】功能选项卡|【测量组】|【更多】|【常规库】|【测量点】命令，弹出图 4-177 所示的【测量点】对话框。【指定点】选项可计算点相对于参考坐标系的 x、y 和 z 坐标的位置。当指定【绝对坐标系-工作

部件】或选定【选定坐标系】作为参考坐标系时，UG NX 将创建一个点测量特征和一个关联的点测量表达式。

当自由修剪所创建的顶点不便以数字方式定义时，可以抽取该位置作为点测量表达式。然后，可以使用点测量表达式作为参考，关联地和参数化地放置特征。

2. 测量长度

【测量长度】命令可获得平面或非平面曲线集合的弧长。执行【菜单】|【分析】|【测量长度】命令⟫⟫，或者执行【分析】功能选项卡|【测量组】|【更多】|【常规库】|【测量长度】命令⟫⟫，弹出图 4-178 所示的【测量长度】对话框。单击鼠标左键选择需要测量的曲线即可显示长度值。

图 4-177 【测量点】对话框

图 4-178 【测量长度】对话框

3. 测量距离

使用【测量距离】命令可以计算两个对象之间的距离、曲线长度或圆弧、圆周边或圆柱面的半径。

在图形窗口空白处单击左键，在弹出的工具条中单击【测量距离】命令按钮↔，也可以执行【菜单】|【分析】|【测量距离】命令↔，或者执行【分析】功能选项卡|【测量组】|【测量距离】命令↔，弹出图 4-179 所示的【测量距离】对话框。选择测量类型，根据需要选择被测的两个对象即可。测量类型中部分选项介绍如下。

（1）✎【距离】　测量两个对象或点之间的距离。

（2）▨【投影距离】　测量两个对象之间的投影距离，使用时需要指定投射方向。

（3）⟫【长度】　测量选定曲线的真实长度。

（4）↗【半径】　测量指定曲线的半径。

（5）⊖【直径】　测量圆形对象的直径。

（6）⤸【点在曲线上】　测量一组相连曲线上的两点之间的最短距离。这一组曲线可以包含单条曲线，也可以包含多条曲线。

（7）⤶【对象集之间】　测量使用一个或多个选择意图规则选择的两组对象之间的距离。面规则＝单个面，体规则＝单个体。

4. 测量角度

【测量角度】命令可以计算两个对象之间或由三点定义的两直线之间的夹角。如果选中两个平面对象（平面、基准平面或平的面），则软件将确定每个对象的法向矢量之间的角度。显示的角总是两个法向矢量之间的最小角。软件将在两个平面对象的交点处显示用于计算角度的方向矢量。

执行【菜单】|【分析】|【测量角度】命令 ，或者执行【分析】功能选项卡|【测量组】|【测量角度】命令 ，弹出图 4-180 所示的【测量角度】对话框。选择测量类型，根据需要选择被测对象即可。

提示：对于平面对象的角度测量，角度测量的原点通常不在两个对象的交点处，原因可能是点不存在或在屏幕之外。原点在大多数情况下都位于对象的中心。

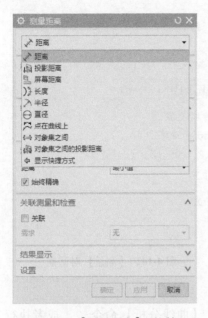

图 4-179 【测量距离】对话框

图 4-180 【测量角度】对话框

5. 测量体

使用【测量体】命令可计算选定体的体积、表面积、质量、回转半径、质心等质量属性，以及惯性矩、惯性积等详细质量属性。质心点是选定体的质量中心的关联点。

执行【菜单】|【分析】|【测量体】命令 ，或者执行【分析】功能选项卡|【测量组】|【更多】|【体库】|【测量体】命令 ，弹出图 4-181 所示的【测量体】对话框，单击鼠标左键选择需要测量的实体即可。

要将测量信息窗口中显示的数据转换为当前单位，可通过执行【菜单】|【工具】|【单位管理器】命令，在弹出的【单位管理器】对话框中更改单位设置，则测量信息窗口中的数据将以新单位显示。

图 4-181 【测量体】对话框

提示： 需要将角色更改为高级角色才能在
【分析】功能选项卡中选择【测量体】、【曲线分析】
等命令。

使用【测量体】命令时的注意事项如下。

1）对于实体，只能执行三维实体分析，
不能选择面或其他非实体。

2）选择所有要分析的实体后，UG NX 将
计算质量属性，并使用该值来计算其他属性。

3）如果选择多个实体，则 UG NX 将为
所有选定的实体生成单一的测量值，各自进
行计算。

在 UG NX 12.0.2 版本中，点、长度、距
离、角度等属性的测量全部集中到【分析】
功能选项卡|【测量】组|【测量】命令中，
测量时根据需要选择被测对象即可，如
图 4-182 所示。质量属性的测量可以使用【分
析】功能选项卡|【测量】组|【装配重量管
理】命令。

图 4-182　【测量】对话框

4.13.2　模型的分析

1. 曲线分析

【曲线分析】命令用于分析曲线或边的形
状，可动态显示曲线或边上的曲率梳、曲率
峰值点或曲率拐点。执行【菜单】|【分析】|【曲线】|【曲线分析】命令，或者执行【分
析】功能选项卡|【曲线形状】组|【曲线分
析】命令，在弹出的【曲线分析】对话
框中设置相关参数，选择曲线或边即可，效
果如图 4-183 所示。

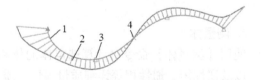

图 4-183　曲线分析
1—曲线　2—曲率梳　3—峰值点　4—拐点

2. 截面分析

用于分析曲面或小平面体的形状和质
量。执行【菜单】|【分析】|【形状】|【截面
分析】命令，或者执行【分析】功能选项卡|【面形状】组|【截面分析】命令，弹出
图 4-184 所示的【截面分析】对话框，在工作区选择面即可。可以在每个截面上显示曲率
梳、拐点、峰值点和标签。截面分析对于检测面上的拐点、变化和缺陷非常有用。

3. 反射分析

用于模拟曲面上的反射光，以分析其美学和拓扑质量并检测缺陷。执行【菜单】|【分
析】|【形状】|【反射命令】，或者执行【分析】功能选项卡|【面形状】组|【反射分析】
命令，弹出图 4-185 所示的【反射分析】对话框。其中提供了相关选项，用于指定要应

用的反射类型，效果如图 4-186 和图 4-187 所示。

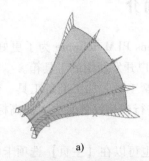

a)

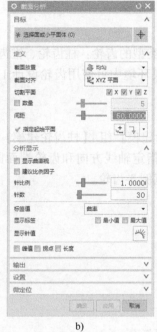

b)

图 4-184 【截面分析】对话框　　　　　　**图 4-185** 【反射分析】对话框

a) 直线图像

b) 场景图像

c) 文件中的图像

图 4-186 不同反射类型的效果

a) 黑线

b) 黑白线

c) 彩色线

图 4-187 不同反射图像的效果

4.14 GC 工具箱简介

NX GC 工具箱是 NX 中国工具箱的一部分，是 Siemens PLM Software 为了更好地满足我国国家标准的要求，缩短 UG NX 导入周期，专为我国用户开发使用的工具箱。

NX GC 工具箱包含标准化工具、齿轮建模工具、弹簧工具、加工准备工具、建模工具、尺寸快速格式化工具等。使用 GC 工具箱可以使用户在进行产品设计时大大提高标准化程度和工作效率。

GC 工具箱中的工具在【菜单】|【GC 工具箱】中，也可以在【主页】选项卡中找到。

4.14.1 齿轮建模工具

齿轮建模工具箱提供的齿轮建模工具可以生成以下类型的齿轮：柱齿轮、锥齿轮。

GC 工具箱提供了齿轮设计、齿轮简化画法。在建模环境中可使用齿轮设计工具，在制图环境中可使用齿轮简化画法工具。

1. 齿轮设计

如图 4-188 所示，利用【主页】功能选项卡|【齿轮建模】组|【柱齿轮建模】命令或者【锥齿轮建模】命令，按照向导提示，输入齿轮参数，指定轴线方向和齿轮端面圆心位置，即可完成齿轮主体的创建，建模过程见本章 4.15.3 节范例 3-齿轮。

图 4-188 齿轮建模-GC 工具箱库

其中锥齿轮的参数较多，可以先单击图 4-189a 所示的【圆锥齿轮参数】对话框中的【Default Value】按钮，大部分参数选用默认值，修改其中的【大端模数】、【牙数】、【齿宽】和【节锥角】等参数。其中【节锥角】的值，可单击左侧的【参数估计】按钮，输入【轴交角】和【配合齿轮齿数】等参数自动获取，输入图 4-189b 所示的配合齿轮参数，Shaft Angle（轴交角）为 90，Match Gear Number of Teeth（配合齿轮齿数）为 30，可得【节锥角】约为 33.69°。

2. 齿轮简化

在国标图样中，使用【齿轮简化】命令可以将制图中齿轮零件的表达方式改为符合国标要求的简化画法。主要可实现以下功能：

1）根据齿轮三维模型自动提供齿轮在图样上的简化画法。

2）根据齿轮类型、视图类型及齿轮与视图的方位自动判断简化画法。

3）可对简化后的视图进行部分关键尺寸的自动标注。

4）编辑功能可使齿轮简化视图根据齿轮三维模型的改变而更新。

a)【圆锥齿轮参数】对话框   b) 配合齿轮参数

图 4-189 锥齿轮参数设置

使用齿轮简化画法，要先在【应用模块】功能选项卡|【设计】组中启用【制图】应用模块，创建齿轮视图后，执行【主页】功能选项卡|【制图工具-GC 工具箱】|【齿轮简化】命令，弹出图 4-190 所示的【齿轮简化】对话框。先选择对话框齿轮列表中的齿轮，再在工程图中选择需要简化的齿轮视图，创建齿轮简化画法，软件自动完成分度圆和齿顶圆尺寸的标注，效果如图 4-191 所示。

图 4-190 【齿轮简化】对话框

4.14.2 弹簧工具

弹簧工具可生成圆柱压缩弹簧、圆柱拉伸弹簧和碟簧，以及删除弹簧的操作。用户可以按照弹簧的参数或设计条件进行相应的选择，自动生成弹簧模型。

GC 工具箱提供了弹簧设计、弹簧删除、弹簧简化画法等工具。在建模环境中可使用弹簧设计工具、删除弹簧工具，如图 4-192 所示；在制图环境中可使用弹簧简化画法工具。

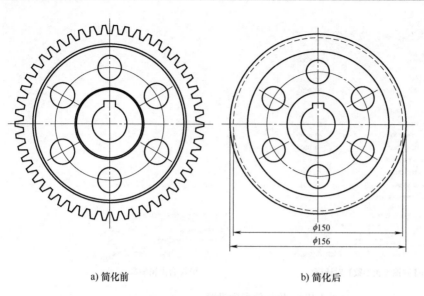

a) 简化前　　　　　　　b) 简化后

图 4-191　齿轮简化效果

弹簧工具 - GC工具箱

✓ 🔧 圆柱压缩弹簧
✓ 🔧 圆柱拉伸弹簧
✓ 🔧 碟簧
✓ 🔧 删除弹簧

重置组

图 4-192　弹簧
工具-GC 工具箱库

1. 弹簧设计

弹簧设计分为两种模式：【输入参数】和【设计向导】。如果选择【输入参数】模式，工具将不再进入【初始条件】、【弹簧材料】与【许用压力】等对话框，而直接进入【弹簧参数输入】对话框进行参数输入。

执行【主页】功能选项卡|【弹簧建模】组|【圆柱压缩弹簧】命令，弹出图 4-193 所示的【圆柱压缩弹簧】对话框。

（1）输入参数　先指定弹簧中心轴线及底面中心点，再指定弹簧的旋向，输入【中间直径】、【钢丝直径】、【自由高度】、【有效圈数】、【支承圈数】等参数，即可完成弹簧的创建。结果如图 4-194 所示。

图 4-193　【圆柱压缩弹簧】输入弹簧参数对话框　　　　　　**图 4-194**　弹簧

（2）设计向导　根据设计向导创建弹簧的方法需要输入【最大载荷】、【最小载荷】、

【工作行程】、【安装高度】、【弹簧中径】等参数，创建过程与【输入参数】方式类似。

2. 弹簧参数的修改

如果要编辑弹簧参数，可在【部件导航器】中找到弹簧特征组，右键单击弹簧特征组，在弹出的快捷菜单中选择【编辑参数】或者【可回滚编辑】选项，输入新的参数值即可。

3. 弹簧的变形

通过弹簧工具创建的弹簧在装配过程中，完成装配约束后，会弹出图 4-195 所示的【弹簧长度参数设置】对话框，设置的长度值必须为最小长度和最大长度之间的值。

弹簧作为组件装配到装配体中之后，根据需要也可以修改其长度。

（1）装配环境下　在图形窗口中，右键单击弹簧组件，在弹出的快捷菜单中选择【编辑参数】或者【可回滚编辑】选项；或者在【部件导航器】中，双击模型历史记录下的【弹簧】，或者右键单击模型历史记录下的【弹簧】，在弹出的快捷菜单中选择【编辑参数】或者【可回滚编辑】选项，都会弹出【弹簧长度参数设置】对话框，输入新的值即可修改弹簧长度。

（2）在【装配导航器】窗口中　通过右键单击弹簧组件，在弹出的快捷菜单中选择【变形】，在弹出的如图 4-196 所示的【变形组件】对话框中单击【编辑】按钮 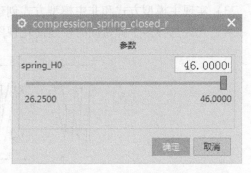，即可弹出图 4-195 所示

图 4-195 【弹簧长度参数设置】对话框

的【弹簧长度参数设置】对话框，输入新的值即可修改弹簧长度。若添加弹簧组件时，未重新设置弹簧长度，在弹出的对话框中可单击【创建】按钮 ，重新设置弹簧长度。

4. 删除弹簧

由于创建弹簧时生成了表达式，特征组等，手动删除不能彻底删除，导致再生成弹簧失败，而使用【删除弹簧】命令可以将工作部件中的弹簧彻底删除。

执行【主页】功能选项卡 |【弹簧工具-GC 工具箱】|【删除弹簧】命令，在弹出的如图 4-197 所示的【删除弹簧】对话框中将列出当前工作部件中所包含的全部可删除的弹簧，无论该弹簧是以何种方式创建的，都将在对话框中列出，并且允许使用<Ctrl>/<Shift>进行多选操作。在选择要删除的弹簧后，单击【应用】或【确定】按钮即可完成删除操作。

图 4-196 【变形组件】对话框

图 4-197 【删除弹簧】对话框

5. 弹簧简化画法

使用【弹簧简化画法】命令，要先在【应用模块】功能选项卡|【设计】组中启用【制图】应用模块。执行【主页】功能选项卡|【制图工具-GC工具箱】|【弹簧简化画法】命令，创建弹簧简化画法工程图，需要注意的是：执行命令前要隐藏基准坐标系、基准平面、基准面。

使用【弹簧简化画法】命令可以将制图中弹簧的表达方式改为符合国家标准要求的简化视图，主要可实现以下功能：

1）根据弹簧三维模型自动提供弹簧在图样上的简化画法。

2）可对简化后的视图进行部分关键尺寸的自动标注。

3）实现主模型方式和非主模型方式创建弹簧的简化视图。

4）允许选择多个弹簧同时创建简化视图，效果如图4-198所示。

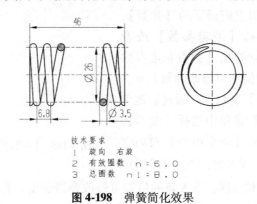

图4-198 弹簧简化效果

4.15　零件设计范例

4.15.1　范例1-阶梯轴

该阶梯轴为减速器输出轴，建模过程中，使用的主要命令有：草图工具中的【轮廓】、特征工具中的【旋转】、【拉伸】、【基准平面】等。

扫码看视频

1. 阶梯轴主体

1）在 *YC-ZC* 平面上创建草图。使用【直接草图】|【轮廓】命令，以坐标原点为起点，向上、向右依次绘制阶梯轴截面轮廓，尺寸如图4-199所示，绘制完成后退出草图。绘制轮廓时，其中的轴向尺寸可在绘图窗口文本框中直接输入长度，径向尺寸可在轮廓绘制完成后通过【快速尺寸】命令设定。

2）在【部件导航器】中单击鼠标左键选择新建的草图特征曲线，执行【主页】功能选项卡|【特征】组|【旋转】命令创建轴，在弹出的图4-200所示的【旋转】对话框中，旋转轴选择 *Y* 轴，或者截面曲线中与 *Y* 轴重合的中心线，开始角度为0°，结束角度为360°。

2. 键槽

1）执行【主页】功能选项卡|【特征】组|【基准平面】命令，创建键槽的基准平面，基准平面的类型选择【点和方向】。指定点：选择旋转草图中键槽所在轴段左侧轴肩处竖线

的上端点。指定矢量：选择 ZC 方向，如图 4-201 所示。

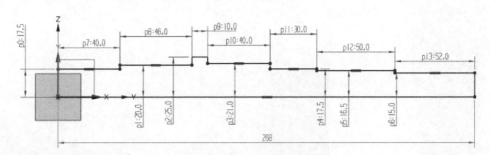

图 4-199 阶梯轴截面尺寸

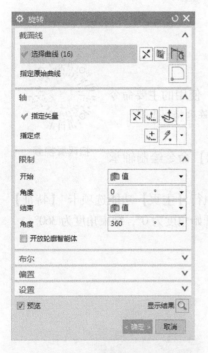

图 4-200 【旋转】对话框

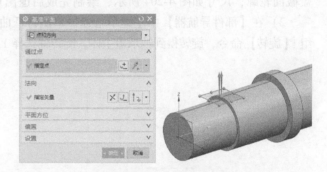

图 4-201 创建基准平面

2）在创建的基准平面上绘制键槽草图。执行【直接草图】|【矩形】命令绘制矩形，并将两短边转换为参考，以两短边中点为圆心画圆，使其与长边相切。执行【直接草图】|【修剪】命令，修剪位于矩形内部的半圆，得到尺寸如图 4-202a 所示的轮廓，绘制完成后退出草图。在【部件导航器】中左键单击，选择键槽草图特征曲线，执行【主页】功能选项卡|【特征】组|【拉伸】命令，沿-ZC方向拉伸，开始距离为0，结束距离为4，并与轴求差，即得键槽。另一键槽的绘制方法类似，键槽尺寸如图 4-202b 所示。

3. 边倒圆和倒斜角

执行【主页】功能选项卡|【特征】组|【倒斜角】命令，在轴的两端等位置的外棱倒 $C1$ 的斜角；执行【主页】功能选项卡|【特征】组|【边倒圆】命令，在轴环两侧等位置的内角倒 $R1$ 的圆角。结果如图 4-203 所示。

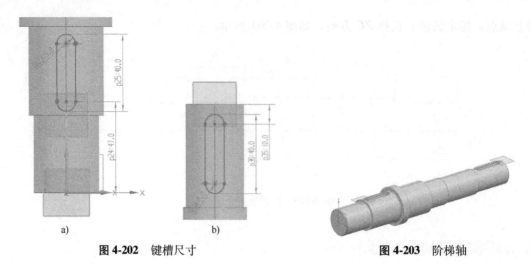

图 4-202　键槽尺寸

图 4-203　阶梯轴

4.15.2　范例2-轴承盖

该轴承盖为减速器输出轴输出端的轴承盖。建模过程中，使用的主要命令有：草图工具中的【轮廓】、特征工具中的【旋转】、【孔】、【阵列特征】等。

扫码看视频

1. 轴承盖主体

1）在 *YC-ZC* 平面创建草图。使用【直接草图】|【轮廓】命令绘制轴承盖截面轮廓，尺寸如图 4-204 所示，绘制完成后退出草图。

2）在【部件导航器】中左键单击选择草图特征曲线，执行【主页】功能选项卡|【特征】组|【旋转】命令，旋转得到轴承盖主体。旋转轴选择 *Y* 轴，开始角度为0°，结束角度为360°。

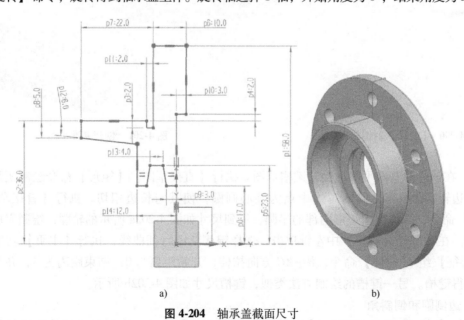

图 4-204　轴承盖截面尺寸

2. 均布螺钉间隙孔

1）执行【主页】功能选项卡|【特征】组|【孔】命令，弹出如图 4-205a 所示的【孔】

对话框。在端盖端面上创建孔，孔类型为【螺钉间隙孔】，指定点位于 Z 轴上，距 Y 轴的距离为 47，【成形】为【简单孔】，【螺丝规格】为 M8，【深度限制】为【贯通体】。

2）执行【主页】功能选项卡│【特征】组│【阵列特征】命令，弹出如图 4-205b 所示的【阵列特征】对话框。设置相关参数，【布局】为【圆形】，【角度方向】中的【间距】选择【数量和跨距】，【数量】为 6，【跨角】为 360，参数设置完成后，单击【确定】按钮可创建其他孔，结果如图 4-204b 所示。

提示：【角度方向】中的【间距】也可以选择【数量和节距】，【数量】为 6，【节距角】为 60。

a)【孔】对话框

b)【阵列特征】对话框

图 4-205 【孔】对话框及其【阵列特征】对话框

4.15.3 范例 3-齿轮

建模过程中使用的主要命令有：【柱齿轮建模】、【孔】、【阵列特征】等。

1. 齿轮轮齿

1）利用【主页】功能选项卡│【齿轮】组│【柱齿轮建模】工具，按照

扫码看视频

向导提示，在【渐开线圆柱齿轮建模】对话框中选择【创建齿轮】，单击【确定】按钮，如图 4-206 所示；在弹出的【渐开线圆柱齿轮类型】对话框中选择【直齿轮】、【外啮合齿轮】、【滚齿】，单击【确定】按钮，如图 4-207 所示。

图 4-206　【渐开线圆柱齿轮建模】对话框　　　　图 4-207　【渐开线圆柱齿轮类型】对话框

2）在弹出的【渐开线圆柱齿轮参数】对话框中设置：【名称】为 Gear_3_50（命名最好能标明齿轮的模数、齿数等主要参数）；【模数】为 3；【牙数】即齿数为 50；【齿宽】为 30；【压力角】为标准值 20°，单击【确定】按钮，如图 4-208 所示。

图 4-208　【渐开线圆柱齿轮参数】对话框

3）在弹出的【矢量】对话框中设置齿轮的轴线方向，【矢量类型】选择默认的【自动判断的矢量】，然后在绘图窗口中选择基准坐标系的 Y 轴，也可以直接在【矢量类型】下拉列表框中选择【Y 轴】，单击【确定】按钮；在弹出的【点】对话框中选择齿轮端面的圆心位置，默认为坐标原点，如图 4-209 所示，单击【确定】按钮，即可完成齿轮的创建。

2. 轴孔及键槽

1）在 XC-ZC 平面即齿轮左侧端面上创建草图。执行【直接草图】|【圆】命令绘制圆，圆心为坐标原点，直径为 30；执行【直接草图】|【矩形】命令绘制矩形，矩形要与圆相交，键槽宽为 10，键槽顶面至 X 轴的距离为 18.3；执行【直接草图】|【修剪】命令，修剪圆与

a)【矢量】对话框   b)【点】对话框

图 4-209 【矢量】和【点】对话框

矩形相交部分，得到尺寸如图 4-210 所示的轮廓，绘制完成后退出草图。

2）在【部件导航器】中左键单击选择草图特征曲线，执行【主页】功能选项卡│【特征】组│【拉伸】命令，沿 *YC* 方向拉伸，【限制】中的【结束】类型为【贯通】，并与齿轮求差。

3. 辐板及板孔

1）在 *XC-ZC* 平面即齿轮左侧端面上创建草图。执行【直接草图】│【圆】命令绘制两个圆，圆心为坐标原点，直径分别为 55 和 125，绘制完成后退出草图。

2）在【部件导航器】中左键单击选择草图特征曲线，执行【主页】功能选项卡│【特征】组│【拉伸】命令，沿 *YC* 方向拉伸，开始距离为 0，结束距离为 10，并与齿轮求差。执行【主页】功能选项卡│【特征】组│【拉伸】命令，沿 *YC* 方向拉伸，开始距离为 20，结束距离为 30，并与齿轮求差；或者执行【主页】功能选项卡│【特征】组│【更多】│【关联复制库】│【镜像特征】命令创建另一侧的环形凹槽。

3）执行【主页】功能选项卡│【特征】组│【孔】命令，在辐板平面上创建孔，孔类型为【常规孔】，指定点位于 *Z* 轴上，距 *Y* 轴的距离为 45，【成形】为【简单孔】，直径为 20，【深度限制】为【贯通体】；执行【主页】功能选项卡│【特征】组│【阵列特征】命令，创建其他孔。【布局】为【圆形】，角度方向间距为【数量和跨距】，【数量】为 6，【跨角】为 360。

4）执行【主页】功能选项卡│【特征】组│【拔模】命令，分别创建轮缘内表面和轮毂外表面的拔模，类型选择【边】，角度为 6°，【脱模方向】分别为-*YC* 方向和 *YC* 方向，【固定边】选择各自端面处的轮缘内表面棱边和轮毂外表面棱边。

5）执行【主页】功能选项卡│【特征】组│【边倒圆】命令，对辐板与轮缘及轮毂之间的棱边倒圆，半径为 3。

完成后的结果如图 4-211 所示。

4.15.4 范例 4-叉架

叉架结构左右对称，各部分厚度不同，但侧面投影都在一个平面内，侧面轮廓可在一个草图中绘制，选择不同部位的截面轮廓拉伸，可

扫码看视频

得不同部位的实体。

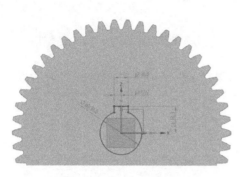

图 4-210　轴孔及键槽尺寸

图 4-211　孔板式齿轮

建模过程中使用的主要命令有:【拉伸】、【孔】、【阵列特征】等。

1. 主体

1) 在 *YC-ZC* 平面上创建叉架侧面轮廓草图。执行【直接草图】|【圆】命令,绘制三个圆心为坐标原点的圆,直径分别为 30、33、50;执行【直接草图】|【矩形】命令,绘制矩形,长为 110,宽为 15,矩形下面的短边距 *X* 轴的距离为 210;执行【直接草图】|【直线】命令,绘制两条与直径为 50 的圆相切的竖直直线及一条起点在直径为 50 的圆上的竖直直线;执行【直接草图】|【圆弧】命令,绘制三条圆弧。起点分别为三条直线的下端点并与直线相切,半径为 70 的圆弧,终点为矩形右上角的端点;半径为 80 的圆弧,终点在矩形右侧长边上;半径为 120 的圆弧,终点在矩形右侧长边上,圆心距 *X* 轴的距离为 50。叉架截面尺寸如图 4-212 所示。

2) 执行【主页】功能选项卡|【特征】组|【拉伸】命令,依次选择不同部分的截面轮廓拉伸。

① 左侧固定板:选择草图左侧矩形的四条边,【限制】中的【结束】类型选择对称值,【距离】为 40。

② 上侧肋板:依次选择左侧矩形的右侧长边,半径为 70 的圆弧,左侧直线,直径为 50 的圆,中间直线和半径为 80 的圆弧。选择曲线时,【曲线规则】选择【单条曲线】和【在相交处停止】选项,【限制】中的【结束】类型选择对称值,【距离】为 25,并与左侧固定板合并。

③ 下侧肋板:依次选择左侧矩形的右侧长边,半径为 80 的圆弧,中间直线,直径为 50 的圆,右侧直线和半径为 120 的圆弧。选择曲线时,【曲线规则】选择【单条曲线】和【在相交处停止】选项,【限制】中的【结束】类型选择对称值,【距离】为 6,并与已创建的实体合并。

④ 轴承座:选择直径为 30 和 50 的圆,【限制】中的【结束】类型选择对称值,【距离】为 40,并与已创建的实体合并;选择直径为 33 的圆,【限制】中的【结束】类型选择对称值,【距离】为 20,并与已创建的实体求差。选择直径为 33 的圆时,可以先在【左侧部件导航器】中的拉伸特征上单击右键,选择隐藏,选择完成后再重新显示。

2. 螺钉间隙孔

执行【主页】功能选项卡|【特征】组|【孔】命令,在叉架固定板表面创建 M8 的螺钉

间隙孔。孔类型为【螺钉间隙孔】，指定点位置距固定板侧面的距离为15，【深度限制】为【贯通体】。其他三个螺钉间隙孔可通过【阵列特征】创建。执行【主页】功能选项卡|【特征】组|【阵列特征】命令，【布局】为【线性】，【方向1】沿*Y*轴方向，【间距】选择【数量和间隔】，【数量】为2，【节距】为50；【方向2】为*Z*轴方向，【间距】选择【数量和间隔】，【数量】为2，【节距】为65。

3. 边倒圆和倒斜角

执行【主页】功能选项卡|【特征】组|【边倒圆】命令，对固定板的四个角倒*R*15的圆角，肋板与固定板间的棱边倒*R*10的圆角，其余圆角为*R*3。执行【主页】功能选项卡|【倒斜角】命令，对直径为30的孔的两端棱边倒*C*1的斜角。完成后的结果如图4-213所示。

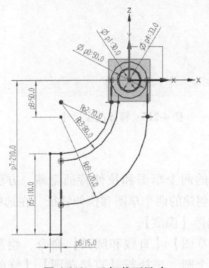

图 4-212　叉架截面尺寸

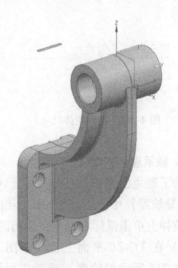

图 4-213　叉架

4.15.5　范例5-箱体

为了方便建模过程中选择坐标轴、坐标平面作为镜像、阵列的基准，可以使基准坐标系的*Y*轴与箱体中间轴轴线重合，*XC-ZC*平面为箱体左右对称面。

扫码看视频

该箱体为减速器箱体，建模过程中使用的主要命令有【基准平面】、【筋板】、【孔】、【镜像特征】、【阵列特征】等。

1. 箱体主体

1）在*YC-ZC*平面上新建草图。执行【直接草图】|【矩形】命令和【修剪】命令，创建尺寸如图4-214所示的轮廓。绘制完成后退出草图。

在【部件导航器】中左键单击，选择草图特征曲线，执行【主页】功能选项卡|【特征】组|【拉伸】命令，创建箱体的主体部分。为了使基准坐标系*Y*轴与箱体中间轴轴线重合，拉伸开始和结束距离分别为-160、270。

2）在*XC-ZC*平面上新建草图。执行【直接草图】|【矩形】命令，绘制尺寸如图4-215所示的矩形。绘制完成后退出草图。

在【部件导航器】中左键单击，选择草图特征曲线，执行【主页】功能选项卡|【特征】组|【拉伸】命令，沿-ZC方向拉伸，开始距离为0，结束距离为12，并与箱体的主体部分合并。

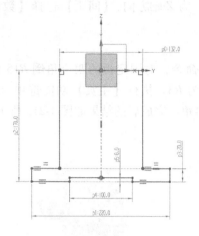

图 4-214　箱体主体尺寸

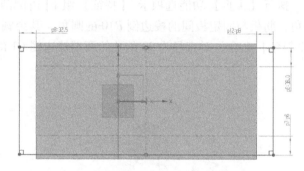

图 4-215　箱体凸缘尺寸

2. 轴承座及内腔

为了避免已完成的实体干扰，可先把已完成的两个草图和拉伸特征隐藏。方法是在【部件导航器】中使用<Ctrl+MB1>组合键选中刚才创建的两个草图和拉伸特征，在选中的草图和拉伸上单击鼠标右键并在弹出的快捷菜单中选择【隐藏】。

1) 在 XC-ZC 平面上创建草图。执行【直接草图】|【直线和圆弧】命令，绘制尺寸如图 4-216 所示的轮廓，或者先画两条直线、三个圆，再执行【直接草图】|【修剪】命令修剪得到轮廓，长的水平线与 X 轴重合，三个圆弧的圆心在 X 轴上，绘制完成后退出草图。

重新显示已隐藏的草图和拉伸特征，方法与隐藏类似。在【部件导航器】中单击鼠标左键，选择上文完成的草图特征曲线，执行【主页】功能选项卡|【特征】组|【拉伸】命令，沿 YC 方向拉伸，选择【限制】|【结束】|【对称值】，【距离】为 210/2，即 105，并与箱体的主体部分合并。

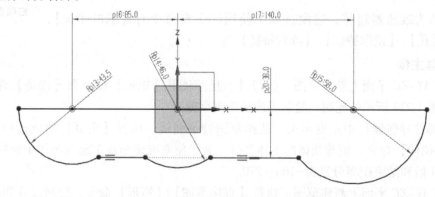

图 4-216　轴承座尺寸

2）在 *XC-YC* 平面上创建草图。执行【直接草图】|【矩形】命令绘制四个矩形，执行【直接草图】|【几何约束】命令，使各边等长，对应边共线，上方两个矩形的上边及下方两个矩形的下边分别与箱体凸缘棱边共线，尺寸如图 4-217 所示。绘制完成后退出草图。在【部件导航器】中左键单击，选择完成的四个矩形草图特征曲线，沿 *-ZC* 方向拉伸，开始距离为 0，结束距离为 38，并与箱体的主体部分合并。

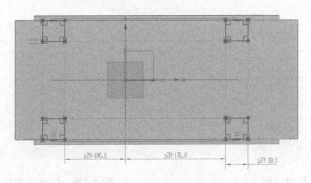

图 4-217　轴承座四周凸台尺寸

3）在 *XC-ZC* 平面上创建草图。执行【直接草图】|【圆】命令画三个圆。三个圆的圆心分别与已完成的轴承座外轮廓的圆心重合，尺寸如图 4-218 所示，绘制完成后退出草图。在【部件导航器】中左键单击，选择完成的三个圆草图特征曲线，执行【主页】功能选项卡|【特征】组|【拉伸】命令，沿 *YC* 方向拉伸，选择【限制】|【结束】|【对称值】，【距离】为 210/2，即 105，并与箱体的主体部分求差。

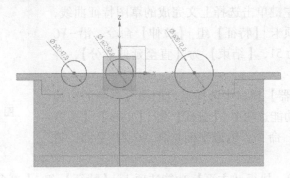

图 4-218　轴承座孔尺寸

4）执行【主页】功能选项卡|【特征】组|【拔模】命令，对两侧轴承座分别拔模，在如图 4-219 所示的【拔模】对话框中，类型选择【边】，【角度 1】为 3°，【脱模方向】分别为 *-YC* 方向和 *YC* 方向，【固定边】选择由三段圆弧和两条直线组成的轴承座下边缘。

5）在 *XC-YC* 平面上创建草图，执行【主页】功能选项卡|【特征】组|【矩形】命令绘制矩形，尺寸如图 4-220 所示，绘制完成后退出草图。在【部件导航器】中左键单击选择完成的矩形草图特征曲线，执行【主页】功能选项卡|【特征】组|【拉伸】命令，沿 *-ZC* 方向拉伸，开始距离为 0，结束距离为 155，选择【从起始限制】方式拔模，角度值为 0.8，并与箱体的主体部分求差。

图 4-219 【拔模】对话框

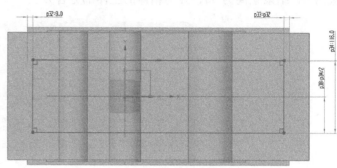

图 4-220 箱体内腔尺寸

3. 吊耳

1）在 *XC-ZC* 平面上新建草图。执行【直接草图】|【轮廓】命令，绘制尺寸如图 4-221 所示的轮廓。轮廓可以箱体凸缘右下角为起点，沿顺时针方向依次绘制，注意左侧圆弧的终点在箱体主体的棱边上并与棱边相切，绘制完成后退出草图。在【部件导航器】中左键单击选择上文完成的草图特征曲线，执行【主页】功能选项卡|【特征】组|【拉伸】命令，沿 *-XC* 方向拉伸，起始距离为 51，【结束】为【直至延伸部分】，并与箱体的主体部分合并。

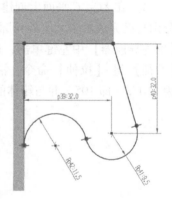

图 4-221 吊耳尺寸

2）在【部件导航器】窗口中选择完成的吊耳部分的拉伸特征，执行【主页】功能选项卡|【特征】组|【更多】|【关联复制库】|【镜像特征】命令，镜像平面选择 *XC-ZC* 平面，得到另一侧的吊耳。

选择吊耳及其镜像，执行【主页】功能选项卡|【特征】组|【更多】|【关联复制库】|【镜像特征】命令，指定平面时，选择【新平面】，在【平面】对话框中类型选择【二等分】，以平行于轴承座轴线的箱体两侧面为第一、第二平面，创建的新平面为镜像平面，得到另一侧的两个吊耳，如图 4-222 所示。

4. 油尺孔及放油螺塞孔

（1）油尺孔　油尺从外向内斜插入箱体，油尺孔平面与箱体侧面成 45°夹角。

1）先创建油尺孔平面所在的基准平面。在平行于轴承座轴线的箱体侧面上创建草图，执行【直接草图】|【直线】命令画一直线，距箱体顶面的距离为 50。执行【主页】功能选项卡|【特征】组|【基准平面】命令创建基准平面。类型为【成一角度】，【平面参考】选择 *YC-ZC* 平面或者平行于轴承座轴线的箱体侧面，【通过轴】选择创建的直线，角度值为 45°。

a)【镜像特征】对话框   b)【平面】对话框

图 4-222 镜像特征

2) 在【部件导航器】中选择创建的基准平面，新建草图，创建油尺孔轮廓。可先执行【直接草图】|【矩形】命令绘制一矩形，使矩形的一条边与之前创建基准平面的直线重合，将对边转换为参考，以对边的中点为圆心画圆，使圆与两侧边相切，修剪矩形内的半圆，尺寸如图 4-223 所示，绘制完成后退出草图。在【部件导航器】中左键单击选择上文完成的草图特征曲线，执行【主页】功能选项卡|【特征】组|【拉伸】命令，方向为默认方向的相反方向，即斜下方，开始距离为0，【结束】为【直至下一个】，并与箱体的主体部分合并，如图 4-224a 所示。

3) 执行【主页】功能选项卡|【特征】组|【孔】命令，创建沉头孔。位置指定点为油尺孔平面上的圆弧中心，【成形】为【沉头】，【沉头直径】为18，【沉头深度】为1，【直径】为12，【深度限制】为【直至下一个】，如图 4-224b 所示。

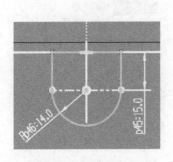

图 4-223 油尺孔尺寸   a)【拉伸】对话框   b)【孔】对话框

图 4-224 【拉伸】和【孔】对话框

（2）放油螺塞孔　在创建放油螺塞孔之前，可对箱体内壁各棱边进行边倒圆，半径为3。

在箱体侧面上新建草图，执行【直接草图】|【圆】命令绘制圆，圆心位于 *ZC* 轴上，距箱体中间底面的距离为18，绘制完成后退出草图，如图 4-225 所示。在【部件导航器】中左键单击，选择完成的圆草图特征曲线，执行【主页】功能选项卡|【特征】组|【拉伸】命令，沿 *XC* 方向拉伸，起始距离为0，结束距离为6，并与箱体的主体部分合并。

执行【主页】功能选项卡|【特征】组|【孔】命令，创建放油螺塞的螺纹孔，孔类型为【螺纹孔】，位置指定点选择放油螺塞凸台的圆心，【设置】选项里的标准选择【Metric Fine】，螺纹尺寸为 M20×1.5，【深度限制】为【全长】，深度为17。

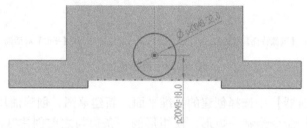

图 4-225　放油螺塞孔凸台尺寸

5. 筋板

执行【主页】功能选项卡|【特征】组|【更多】|【设计特征库】|【筋板】命令，创建轴承座下方的加强筋。在弹出图 4-226 所示的【筋板】对话框中，【目标】默认为箱体主体，截面可新建曲线。单击【绘制截面】按钮🔲，在弹出的【创建草图】对话框中，选择 *YC-ZC* 平面作为中间轴承座下方的筋板的草图，单击【确定】按钮进入草图环境后，执行【直接草图】|【直线】命令绘制竖直直线，直线下端点在底座的棱边上，直线长度不必与上方的轴承座相交，【筋板】会沿直线方向延伸并与轴承座相交，尺寸如图 4-227 所示，绘制完成后退出草图。【厚度】设置为6。单击【确定】按钮，完成筋板的创建。

图 4-226　【筋板】对话框

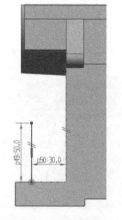

图 4-227　筋板草图尺寸

其他两个轴承座下方的筋板，需要先执行【主页】功能选项卡｜【特征】组｜【基准平面】命令，创建通过各自圆心的基准平面，基准平面的类型为【点和方向】，法向矢量方向为 XC 方向。如图 4-228a 所示。在各自基准平面上新建草图，执行【直接草图】｜【直线】命令绘制直线，直线起点可选择已创建筋板外侧棱边的下端点，如图 4-228b 所示，长度值为 50，绘制完成后退出草图。【厚度】设置为 6。单击【确定】按钮，完成筋板的创建。

另一侧的筋板可以利用【镜像特征】命令创建，镜像平面选择 XC-ZC 平面。

a)【基准平面】对话框

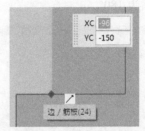

b)直线起点

图 4-228 创建基准平面及草图尺寸

6. 箱体上的其他孔

（1）底座沉头孔 执行【主页】功能选项卡｜【特征】组｜【孔】命令，创建底座沉头孔。在图 4-229a 所示的【孔】对话框中，参数设置如下。类型为【螺钉间隙孔】，指定点位于底座上表面，距底座长边一侧的距离为 21，短边一侧的距离为 30，【成形】为【沉头】，【螺丝规格】为 M12，【等尺寸配对】选择【Custom】，即自定义沉头直径和深度，沉头孔直径为 36，深度为 2，【深度限制】为【贯通体】。

底座上的其他五个沉头孔可通过阵列特征创建。执行【主页】功能选项卡｜【特征】组｜【阵列特征】命令，参数设置如图 4-229b 所示。【布局】为线性，【方向 1】为 X 轴方向，【间距】选择【数量和间隔】，【数量】为 3，【节距】为 185。【方向 2】为 Y 轴方向，【间距】选择【数量和间隔】，【数量】为 2，【节距】为 178。

（2）箱体、箱盖连接螺栓孔 执行【主页】功能选项卡｜【特征】组｜【孔】命令，在箱体顶面凸缘上表面创建输入轴轴承座上 M12 的螺钉间隙孔。孔类型为【螺钉间隙孔】，指定点距 X 轴的距离为 84，距 Y 轴的距离为 128.5，深度为 50。输入轴轴承座周围其他三个螺钉间隙孔可通过【阵列特征】命令创建。执行【主页】功能选项卡｜【特征】组｜【阵列特征】命令，【布局】为【线性】，【方向 1】为 X 轴方向，【间距】选择【数量和间隔】，【数量】为 2，【节距】为 84.75，【方向 2】为 Y 轴方向，【间距】选择【数量和间隔】，【数量】为 2，【节距】为 168。

执行【主页】功能选项卡｜【特征】组｜【孔】命令，在箱体顶面凸缘上表面创建输出

轴轴承座上 M12 的螺钉间隙孔。孔类型为【螺钉间隙孔】，指定点距 X 轴的距离为 84，距 Y 轴的距离为 64，深度为 50。输出轴轴承座周围其他三个螺钉间隙孔可通过【阵列特征】命令创建。执行【主页】功能选项卡|【特征】组|【阵列特征】命令，【布局】为【线性】，【方向 1】为 X 轴方向，【间距】选择【数量和间隔】，【数量】为 2，【节距】为 134，【方向 2】为 Y 轴方向，【间距】选择【数量和间隔】，【数量】为 2，【节距】为 168。

执行【主页】功能选项卡|【特征】组|【孔】命令，在箱体顶面凸缘上表面创建箱体顶面凸缘固定螺钉间隙孔。孔类型为【螺钉间隙孔】，指定点距 X 轴的距离为 25，距 Y 轴的距离为 176，【螺丝规格】为 M10，【深度限制】为【贯通体】。另一侧的凸缘固定螺钉间隙孔可通过【阵列特征】创建。执行【主页】功能选项卡|【基准轴】命令创建一基准轴。如图 4-230 所示，基准轴的类型为【点和方向】，指定点的坐标为（55，0，0），指定矢量为 ZC 方向。执行【主页】功能选项卡|【特征】组|【阵列特征】命令，【布局】为【圆形】，旋转轴指定矢量为创建的基准轴，角度方向的【间距】选择【数量和间隔】，【数量】为 2，【节距角】为 180°。

a)【孔】对话框　　b)【阵列特征】对话框

图 4-229　底座沉头孔的创建

图 4-230　创建基准轴

（3）轴承座端面上固定轴承盖的螺纹孔　执行【主页】功能选项卡|【特征】组|【孔】命令，在轴承座端面上创建 M8 的螺纹孔。为了均匀分布箱体轴承座上固定轴承盖的螺纹孔，指定点时绘制截面图，需要执行【直接草图】|【直线】命令画一条连接轴承孔中心与螺纹孔中心的直线，直线与水平轴之间的夹角为 30°，分布圆半径即所画直线长度为 33.5。螺纹孔位置尺寸如图 4-231 所示，螺纹深度为 12，螺纹底孔深度为 16。

输入轴轴承座端面上其他两个固定轴承盖螺纹孔的创建可通过【阵列特征】创建。执行【主页】功能选项卡|【阵列特征】命令，参数设置如图 4-232 所示。【布局】为【圆

形】，旋转轴指定矢量为–YC方向，指定点为输入轴轴承座孔端面处的圆心，角度方向的【间距】选择【数量和间隔】，【数量】为3，【节距角】为60°。

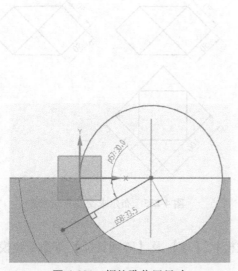

图4-231 螺纹孔位置尺寸

图4-232 孔的阵列

其他两轴轴承座端面上固定轴承盖的螺纹孔的创建过程与输入轴轴承座端面上固定轴承盖的螺纹孔的创建过程类似，中间轴轴承座端面上固定轴承盖的螺纹孔分布圆半径为36，输出轴轴承座端面上固定轴承盖的螺纹孔分布圆半径为47。

（4）定位销孔 两个定位销孔可通过执行【主页】功能选项卡 |【特征】组 |【孔】命令创建，孔类型为【常规孔】，指定点位于箱体顶面凸缘上表面，距 X 轴的距离为40，距 Y 轴的距离分别为176和286，直径为8，【深度限制】为【贯通体】。

7. 边倒圆

执行【主页】功能选项卡 |【特征】组 |【边倒圆】命令，设定边倒圆的半径，选定需要边倒圆的棱边，相同半径的边倒圆选择边时可以一起选择。

箱体顶面凸缘四个角的边倒圆半径为30，箱体底座四个角的边倒圆半径为20，输入轴、输出轴轴承座外侧凸台处四个角的边倒圆半径为15，油尺孔与箱体之间的边倒圆半径为10，其他铸造圆角的半径为2，需要选择的线条很多，要注意按顺序选择，不能漏选。

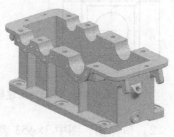

所有特征创建完成后，按键盘上的<Ctrl+W>组合键，左键单击对应项目后面的"–"符号，隐藏草图、坐标系、基准轴、基准平面，结果如图4-233所示。

图4-233 箱体

习　题

1. 根据三视图创建三维模型。

1）如图 4-234 所示，利用布尔求交操作建模。

2）如图 4-235 所示，利用布尔求交操作及布尔求差操作建模。

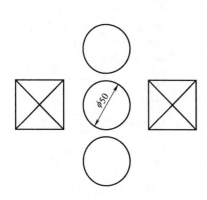

图 4-234　布尔求交

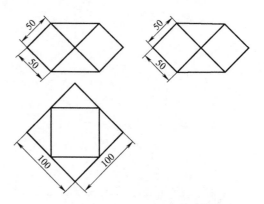

图 4-235　布尔求交及布尔求差

3）如图 4-236 所示，利用【拉伸】、【拔模】、【球】及【阵列特征】等命令建模。

2. 根据工程图创建三维模型。

1）牵引座，基本尺寸如图 4-237 所示。

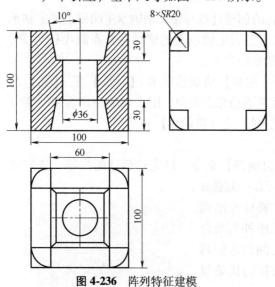

图 4-236　阵列特征建模

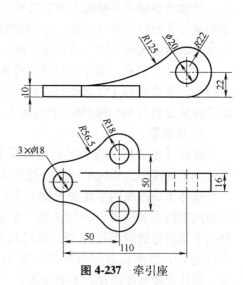

图 4-237　牵引座

2）阶梯轴，图中 3×φ53 表示槽宽 3mm，槽底部的直径为 53mm，如图 4-238 所示。

3）球头连杆，基本尺寸如图 4-239 所示。

4）电动机壳，基本尺寸如图 4-240 所示。

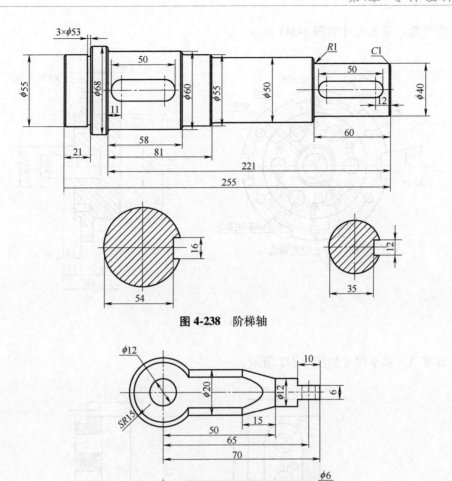

图 4-238 阶梯轴

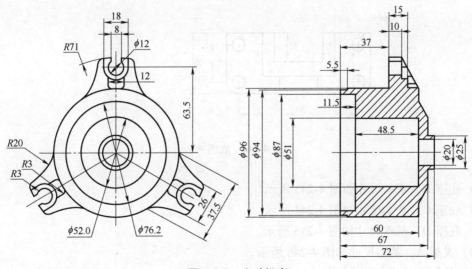

图 4-239 球头连杆

图 4-240 电动机壳

5）法兰盘，基本尺寸如图 4-241 所示。

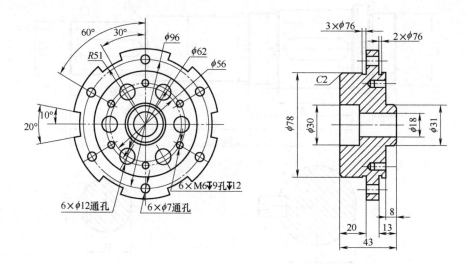

图 4-241　法兰盘

6）底座 A，基本尺寸如图 4-242 所示。

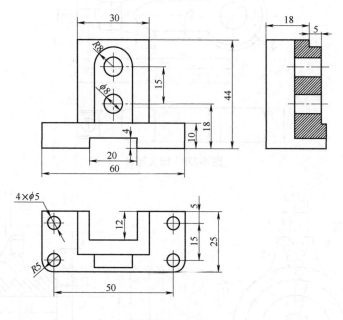

图 4-242　底座 A

7）底座 B，基本尺寸如图 4-243 所示。

8）底座 C，基本尺寸如图 4-244 所示。

9）底座 D，基本尺寸如图 4-245 所示。

10）叉架 A，基本尺寸如图 4-246 所示。

11）叉架 B，基本尺寸如图 4-247 所示。

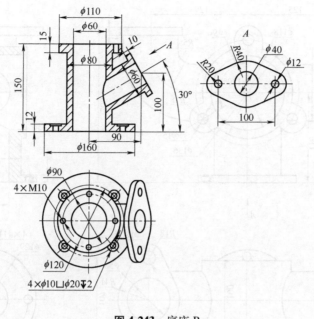

图 4-243 底座 B

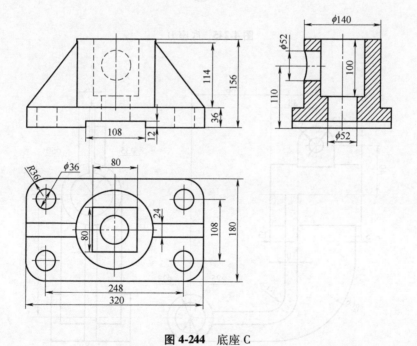

图 4-244 底座 C

12）壳体，基本尺寸如图 4-248 所示。

13）泵体，基本尺寸如图 4-249 所示。

3. 利用测量工具测量如图 4-250 所示减速器的无参数化模型中的各非标准件的尺寸，手绘草图，并创建参数化的三维模型。测量零件尺寸时，可将零件实体复制粘贴到新的部件文

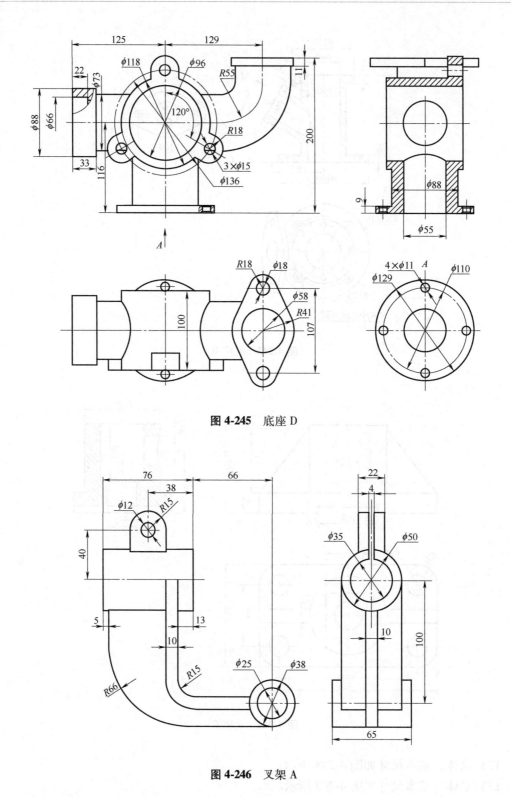

图 4-245　底座 D

图 4-246　叉架 A

件中，避免其他零件的遮挡影响。创建新的部件时应注意文件命名。其中输出轴、输出轴输

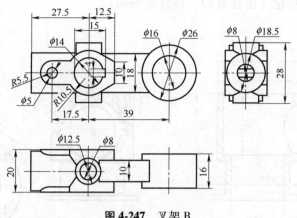

图 4-247 叉架 B

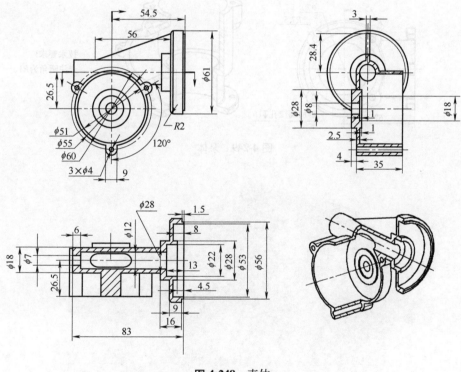

图 4-248 壳体

出端轴承盖、箱体，已在 4.15 节零件设计范例中创建。

1）减速器箱盖。

2）输入轴端盖、中间轴盲盖、输出轴盲盖及其垫片。

3）观察窗盖及其垫片，透气塞及油尺。

4）减速器输入轴（输入轴上齿轮的齿数为 18，模数为 2.5mm）；减速器中间轴及其套筒；输出轴套筒。

5）减速器一级传动的从动齿轮即中间轴上的大齿轮（齿数为 50，模数为 2.5mm），减速器二级传动的主动齿轮即中间轴上的小齿轮（齿数为 18，模数为 4mm），二级传动的从动齿轮即输出轴上的大齿轮（齿数为 52，模数为 4mm）。

6）各轴上的键。

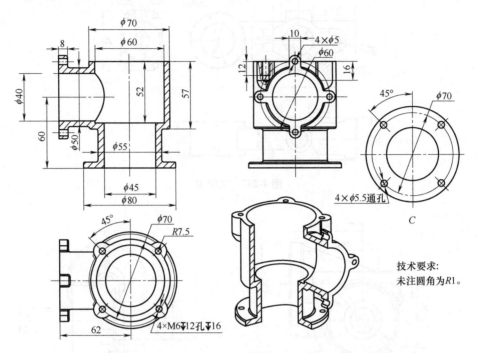

图 4-249 泵体

技术要求:
未注圆角为R1。

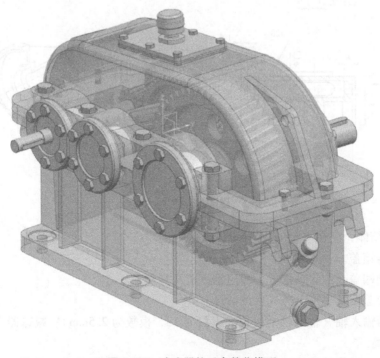

图 4-250 减速器的无参数化模型

5

第5章

曲面造型设计

本章要点

● 一般曲面创建：通过点生成面、通过极点生成面、有界平面、网格曲面、桥接曲面

● 曲面的偏置、曲面的复制、曲面的修剪、曲面的延伸、曲面的缝合

● 曲面的实体化：加厚、缝合

● 扫掠：扫掠、变化扫掠

5.1 曲面设计概述

曲面是一条曲线在给定的条件下，在空间连续运动的轨迹。在进行产品设计时，对于形状比较规则的零件，利用实体特征的造型方式，就基本能满足造型的需要。但对于形状复杂的零件，只利用实体特征的造型方法就难以完成，需要结合曲面造型来完成零件的模型制作。

通常，定义曲面特征可以采用点、线、片体或实体的边界和表面。根据其创建方法的不同，曲面可以分为很多类型，常见的有以下几种。

（1）基于点的曲面　主要有通过点、从极点、四点曲面等类型。

（2）基于曲线的曲面　主要有直纹曲面、通过曲线组、艺术曲面、通过曲线网格、扫描和截面体等类型。

（3）基于片体的曲面　主要有延伸片体、桥接片体、增厚片体、面圆角、软圆角、偏置面等类型。

5.2 一般曲面创建

5.2.1 通过点生成面

通过创建或从文件中读取的矩形阵列点创建曲面。通过点生成面命令可以很好地控制曲

面的形状。但是如果选择的点中带有异常点，则创建的曲面可能会出现扭曲等现象，因此空间点质量好坏是构建面的关键。

执行【菜单】|【曲面】|【通过点】命令◈，弹出图 5-1 所示的【通过点】对话框。操作步骤如下。

1）选择补片类型。补片类型是指生成的自由曲面是由单个片体组成还是多个片体组成，有以下两种类型。

①【单个】：创建仅由一个补片组成的曲面。

②【多个】：创建由单补片矩形阵列组成的曲面。

补片类型一般情况下尽量选择【多个】选项，因为多个片体能更好地与所有指定的点阵吻合，而【单个】选项在创建较复杂曲面时容易失真。

2）如果选择的是【多个】补片类型，要选择一种【沿……向封闭】的方法来封闭片体，有以下四种类型。

①【两者皆否】：片体以指定的点开始和结束。

②【行】：点/极点的第一列变成最后一列。

③【列】：点/极点的第一行变成最后一行。

④【两者皆是】：在两个方向（行和列）上封闭片体。

3）如果选择的是【多个】补片类型，要输入行及列的阶次值。需要注意的是，行数至少要比阶次大 1。例如，行阶次为 4，行数就必须大于或等于 5。如果选择的是【单个】补片类型，则不需要指定阶次。单击【确定】按钮，弹出如图 5-2 所示的【过点】对话框。

图 5-1 【通过点】对话框

图 5-2 【过点】对话框

4）选择【过点】指定方法。如【全部成链】，弹出如图 5-3 所示的【指定点】对话框。

5）依次选择由 5 个点组成的每条链的起点和终点，UG NX 会自动选中起点和终点之间的点，如图 5-4 所示。

图 5-3 【指定点】对话框

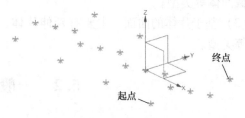

图 5-4 选择点

6）当指定的行数大于曲面行阶次时，弹出如图 5-5 所示的【过点】对话框，单击【所有指定的点】按钮，结束操作，结果如图 5-6 所示。

图 5-5 指定所有的点

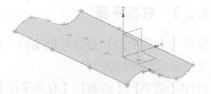

图 5-6 通过点生成面

5.2.2 通过极点生成面

【从极点】是指用定义曲面极点的矩形阵列点创建曲面，创建的曲面以指定的点作为极点，矩形点阵的指定可以通过点构造器在模型中选取或者创建，也可以事先创建一个点阵文件，通过指定点阵文件来创建曲面。

执行【菜单】|【曲面】|【从极点】命令 ，弹出图 5-7 所示的【从极点】对话框，单击【确定】按钮，弹出图 5-8 所示的【点】对话框。

按顺序选择同一条链上的点后，单击【点】对话框中的【确定】按钮，弹出如图 5-9所示的【指定点】对话框，单击【是】按钮，重新弹出【点】对话框，继续选择，直到所有的点都选择完成，在【指定点】对话框上单击【确定】按钮，即可生成图 5-10 所示的曲面。

图 5-7 【从极点】对话框

图 5-8 【点】对话框

图 5-9 【指定点】对话框

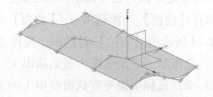

图 5-10 通过极点生成面

当指定创建点或极点时，应该用有近似相同顺序的行选择它们。否则，可能会得到不需要的结果。

提示：通过点和通过极点生成的面，在【部件导航器】中都显示为"体"。

5.2.3 有界平面

使用【有界平面】命令可创建由一组端点相连的平面曲线封闭的平面片体。曲线必须共面且能形成封闭形状。

执行【菜单】|【曲面】|【有界平面】命令📧，或者执行【曲面】功能选项卡|【曲面】组|【更多】|【曲面库】|【有界平面】命令，弹出图 5-11 所示的【有界平面】对话框。

要创建一个有界平面，必须建立其边界，并且在必要时还要定义所有的内部边界（孔）。可以通过选择不断开的一连串边界曲线或边来指定平面，定义边界时，可以逐条选择组成边界的单条曲线来定义边界，如图 5-12 所示。

在由选定曲线或边定界的区域内有不连续的孔，如果不希望这些孔包括在有界平面中，可将这些孔选定为内边界。可创建有孔的有界平面，与抽取面功能类似，如图 5-13 所示。

图 5-11 【有界平面】对话框　　　**图 5-12** 有界平面　　　**图 5-13** 有孔的有界平面

5.2.4 网格曲面

利用曲线构造曲面在工程上应用非常广泛。当原始输入数据是若干截面上的点时，一般先将其生成样条曲线，再构造曲面。此类曲面至少需要两条曲线，并且生成的曲面与曲线之间具有关联性，即对曲线进行编辑后曲面也将随之变化。利用曲线构建曲面骨架进而获得曲面是最常用的曲面构造方法，主要适用于大面积的曲面构造。

1. 直纹

使用【直纹】命令可在两个截面之间创建体，其中直纹形状是截面之间的线性过渡。截面可以由单个或多个对象组成，且每个对象可以是曲线、实体边或面的边。

直纹面是指严格通过两条截面线串而生成的直纹片体或实体，主要表现为在两个截面之间创建线性过渡的曲面。其中，第一根截面线可以是直线、光滑的曲线，也可以是点。而每条曲线可以是单段，也可以由多段组成。

执行【曲面】功能选项卡|【曲面】组|【更多网格】|【曲面库】|【直纹】命令🔲，弹出图 5-14 所示的【直纹】对话框，操作步骤如下：

1）选择第一条曲线作为截面线串 1，在第一条曲线上，会出现一个方向箭头。

2）单击鼠标中键完成截面线串 1 的选择或单击【截面线串 2】选择按钮🔲，选择第二条曲线作为截面线串 2，在第二条曲线上，也会出现一个方向箭头。如图 5-15 所示。

3）根据输入曲线的类型，选择需要的对齐方式。有两种对齐方式，分别介绍如下。

①【参数】：用于将截面线串要通过的点以相等的参数间隔隔开。此时创建的曲面在等分的间隔点处对齐。若整个截面线串上包含直线，则用【等弧长】的方式间隔点；若包含

曲线，则用【等角度】的方式间隔点。

②【根据点】：用于不同形状的截面线串的对齐，特别是当截面线串有尖角时，应该采用【点对齐】方式。例如，当出现三角形截面和长方形截面时，由于边数不同，需采用【点对齐】方式，否则可能导致后续操作错误。

4）单击【确定】或【应用】按钮，结束操作。

提示： 第二条曲线的箭头方向应与第一条线的箭头方向一致，否则会导致曲面扭曲，如图5-16所示。

图5-14　【直纹】对话框

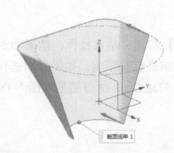

图5-15　选择曲面截面线串

图5-16　扭曲的曲面

2. 通过曲线组

构造复杂曲面时，先输入多个点，然后构成一系列样条曲线，再通过曲线构造曲面，这种方法构造的曲面通过每一条曲线。【通过曲线组】命令可通过一系列轮廓曲线（大致在同一方向）建立曲面或实体。轮廓曲线又称截面线串。截面线串可以是曲线、实体边界或实体表面等几何体。其生成特征与截面线串相关联，当截面线串编辑修改后，特征会自动更新。通过曲线组创建曲面与直纹面的创建方法相似，区别在于直纹面只使用两条截面线串，并且两条线串之间总是相连的，而通过曲线组创建曲面最多允许使用150条截面线串。

执行【菜单】|【插入】|【网格曲面】|【通过曲线组】命令，或者执行【曲面】功能选项卡|【曲面】组|【通过曲线组】命令，弹出如图5-17所示的【通过曲线组】对话框，操作步骤如下：

图5-17　【通过曲线组】对话框

1）依次选择每一条曲线，每选完一个曲线串，单击鼠标中键，该曲线一端会出现箭头，各曲线箭头方向应当一致，完成所有曲线选择。可根据需要更改曲线方向。

2）设置连续性选项。连续性选项用于约束所构建的曲面的起始端和终止端，约束方式各有三种：【G0（位置）】、【G1（相切）】和【G2（曲率）】。

①【G0（位置）】：产生的曲面与指定面为点连续，无约束。

②【G1（相切）】：产生的曲面与指定面为相切连续。

③【G2（曲率）】：产生的曲面与指定面为曲率连续。

3）设置对齐方式。【通过曲线组】命令构造曲面的对齐方式有如下七种可供选择。

①【参数】：沿定义曲线将要通过的点以相等的参数隔开。

②【圆弧长】：沿定义曲线将要通过的点以相等的弧长隔开。

③【根据点】：将不同外形的截面线串上的指定点对齐。

④【距离】：在指定矢量方向上将点沿每条曲线以相等的距离隔开。

⑤【角度】：在指定轴线周围将点沿每条曲线以相等的角度隔开。

⑥【脊线】：将点放在选定曲线与垂直于输入曲线的平面的相交处。

⑦【根据分段】：与参数对齐方法相似，只是沿每条曲线段等距隔开等参数曲线，而不是按相同的圆弧长参数间隔隔开。

4）设置输出曲面选项。

5）单击【确定】或【应用】按钮，结束操作，结果如图 5-18a 所示。

选择曲线的起始位置对最终结果也有影响，如果分别选择如图 5-18b 所示的三个位置作为截面曲线的起始点（方向箭头的起点），所得结果如图 5-18b 所示。

a) 起始位置位于同一侧　　　　　　　b) 起始位置位于不同侧

图 5-18 不同起始位置

3. 艺术曲面

【艺术曲面】命令与【通过曲线网格】命令在一起，都位于【曲面】功能选项卡|【曲面】组中。使用【艺术曲面】命令可创建优化后用于光顺性的片体。艺术曲面将根据截面线串网络或者截面线串网络和最多三条引导线串生成扫掠或放样曲面。

艺术曲面的截面（主要）曲线串定义曲面的曲线轮廓，最多可由 5000 条曲线、实体边或面边组成。它们不必光顺，但必须是连续的（G0）。

艺术曲面的引导（交叉）曲线串控制曲面在 V 向的方位和比例。引导线串最多可由 5000 条曲线和/或实体边组成，所有曲线/边必须光顺且为相切连续（G1）。

执行【菜单】|【插入】|【网格曲面】|【艺术曲面】命令 ◈，或者执行【曲面】功能选项卡|【曲面】组|【艺术曲面】命令，弹出如图 5-19 所示的【艺术曲面】对话框。

（1）【截面（主要）曲线】和【引导（交叉）曲线】选项组

1）【选择曲线】：指定曲面的截面线串和引导线串。

2）【反向】按钮：使截面线串或引导线串的方向相反。【截面（主要）曲线】选项组或【引导（交叉）曲线】选项组中的所有线串必须都指向同一个方向以产生尽可能最光顺的曲面。

3)【指定原始曲线】：更改所选闭环曲线的原始曲线。

4)【添加新集】按钮：将当前线串添加到模型中并为另一个集合在列表中创建条目。仅当已在图形窗口中选定线串时，此按钮才呈活动状态。

（2）【连续性】选项组 在新曲面的起始和/或终止处选择约束面，并指定连续性。

（3）【输出曲面选项】选项组

1）对齐。

①【参数】：沿线串将等参数曲线通过的点以相等的参数间隔隔开。根据曲率情况，参数值会有所不同；曲率越紧密，间隔越小。UG NX 使用每条曲线的全长。

图 5-19 【艺术曲面】对话框

②【弧长】：沿定义曲线将等参数曲线通过的点以相等的圆弧长度间隔隔开。UG NX 使用每条曲线的全长。

③【根据点】：用于编辑、添加和删除曲面截面之间的对齐点。软件在曲面的每个尖角处显示一行对齐点手柄，并自动激活指定对齐点和过渡控制选项。

2）重置，仅可用于【根据点】选项。撤销所有更改并将原始手柄恢复到其原来的位置。

3）过渡控制，仅可用于【根据点】选项。将最适合用户需要的曲面形状的截面添加到截面过渡类型。在曲面不包含引导（交叉）线串时以下选项可用。

①【垂直于终止截面】：使新曲面在起始截面和终止截面处垂直于剖切平面。

②【垂直于所有截面】：使新曲面在每个截面处垂直于剖切平面。

当曲面包含一条截面线串和多条引导线串，或包含多条截面线串和一条引导线串时，以下选项可用：

①【三次】：按照三次分布使新曲面从一个截面过渡到下一个截面。片体是单个面。

②【线性和圆角】：按照线性分布使新曲面从一个截面过渡到下一个截面。但是，曲面形状将创建从一个段到下一个段的圆角，这样，连续的段仍是相切连续（G1）。

（4）交换线串 仅当曲面同时包括截面线串和引导线串时才可用，用于交换引导线串和截面线串。在多数情况下，这会改变曲面的形状。

（5）【设置】选项组

1）体类型：指定片体或实体用于艺术曲面特征。

2）沿边界曲线拆分输出：在每个边界曲线端点处拆分曲面，忽略内部曲线端点。

3）截面线串和引导线串重新构建：通过重新定义截面线串和引导线串的次数和结点来构造高质量曲面。

4）公差：用于控制重新构建曲面相对于输入曲线的精度。

在图形窗口，选择截面曲线/引导曲线时，要注意使截面曲线/引导曲线的箭头方向一致，可在靠近同一侧端点的位置单击鼠标左键，选择曲线，选中曲线后，单击鼠标中键确认，继续选择一下条曲线。对于多段曲线，【曲线规则】可选择【相连曲线】或【相切曲线】等，必要时选中【在相交处停止】选项，如图 5-20 所示，结果如图 5-21 所示。

4. 通过曲线网格

【通过曲线网格】命令使用成组的主曲线和交叉曲线来创建双三次曲面。其中主曲线是一组同方向的截面线串，而交叉曲线是另一组大致垂直于主曲线的截面线串。通常把第一组曲线线串称为主曲线，把第二组曲线线串称为交叉曲线。

图 5-20 曲线规则

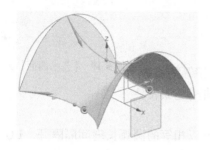

a) 仅选择三条截面（主要）曲线

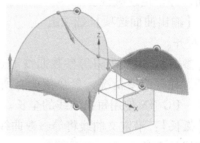

b) 选择两条引导（交叉）曲线

图 5-21 创建艺术曲面

由于是两个方向的曲线，构造的曲面不能保证完全过两个方向的曲线，因此用户可以强调以哪个方向为主，曲面将通过主方向的曲线，而另一个方向的曲线则不一定落在曲面上，可能存在一定的误差。要求如下：

1）每组曲线都必须相邻。

2）多组主曲线必须大致保持平行，且多组交叉曲线也必须大致保持平行。

3）可以使用点而非曲线作为第一个或最后一个主曲线。

执行【菜单】|【插入】|【网格曲面】|【通过曲线网格】命令 ，或者执行【曲面】功能选项卡|【曲面】组|【通过曲线网格】命令，弹出如图 5-22 所示的【通过曲线网格】对话框。

（1）【主曲线】选项组　用于选择包含曲线、边或点的主截面集。必须以连续顺序选择这些集，即从一侧到另一侧，且它们必须方向相同。

1）必须至少选择两个主集。

2）只能为第一个与最后一个集选择点。

（2）【交叉曲线】选项组　用于选择包含曲线或边的横截面集。如果所有选定的主截面都是闭环，则可以为第一组和最后一组横截面选择相同的曲线，以创建封闭体。

（3）【连续性】选项组　用于在第一主截面和/或最后主截面，以及第一横截面与最后横截面处选择约束面，并指

图 5-22 【通过曲线网格】对话框

定连续性。

【全部应用】选项，可将相同的连续性设置应用于第一个及最后一个截面。

1）【G0（位置）】：位置连续公差，距离公差的默认值。

2）【G1（相切）】：相切连续公差，角度公差的默认值。

3）【G2（曲率）】：曲率连续公差，默认值为相对公差的 0.1 或 10%。

（4）脊线　仅当第一个与最后一个主截面是平面时可用。用于选择脊线来控制横截面的参数化。脊线通过强制 U 参数线垂直于该脊线，可以提高曲面的光顺度。脊线必须满足下述条件：

1）足够长，以便同所有横截面相交。

2）垂直于第一个与最后一个主截面。

3）不垂直于横截面。

（5）【输出曲面选项】选项组

1）着重：通过【着重】下拉列表框指定生成的体通过主线串或交叉线串，或者这两个线串的平均线串。此选项只在主线串对和交叉线串对不相交时才适用，有以下三种类型。

①【两者皆是】：主曲线和交叉曲线有同等效果，软件计算主曲线与交叉曲线之间的平均值。

②【主线串】：主曲线发挥更多的作用，曲面与主曲线相匹配。

③【交叉线串】：交叉曲线发挥更多的作用，曲面与交叉曲线相匹配。

2）构造：用于指定创建曲面的构造方法，选项有：

①【正常】：使用标准步骤建立曲线网格曲面。和其他的构造选项相比，使用该选项将以更多数目的补片来创建体或曲面。

②【样条点】：使用输入曲线的点及这些点的相切值来创建曲面。

③【简单】：建立尽可能简单的曲线网格曲面，从而减少曲率的突然更改。

（6）【设置】选项组

1）体类型：用于为【通过曲线网格】命令创建的特征指定片体或实体。要获取实体，截面线串必须形成闭环。

2）重新构建：仅当【输出曲面选项】选项组中的【构造】设置为【法向】时才可用。通过重新定义主截面与横截面的次数和/或段数，构造高质量的曲面。

3）公差：指定相交与连续选项的公差值，以控制有关输入曲线及重新构建曲面的精度。

利用【通过曲线网格】命令创建曲面的操作过程如图 5-23 所示，选择主曲线和交叉曲线时，可单击展开列表。

1）选择主曲线。选择一条主曲线后，单击鼠标中键，该曲线一端出现箭头；依次选择其他的主曲线，注意每条主曲线的箭头方向应一致。

2）选择交叉曲线。在【交叉曲线】选项组中单击【添加新集】按钮，选择另一方向的曲线为交叉曲线，每选择完一条交叉曲线后，需单击鼠标中键，然后再选择其他交叉曲线。

3）根据需要设置连续性有关选项。【第一交叉线串】和【最后交叉线串】分别选择【G1（相切）】选项，与通过拉伸工具获得的片体相切，如图 5-24 所示。

4）其他选项为默认设置。

5）单击【确定】或【应用】按钮，结束操作。

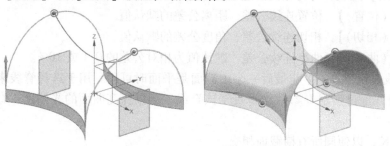

a) 两条主曲线　　　　　　　　　　　　　b) 三条交叉曲线

图 5-23　通过曲线网格

图 5-24　连续性设置

5.2.5　桥接曲面

使用【桥接】命令可创建片体以连接两个面。可以执行以下操作：

1）在桥接和定义曲面之间指定相切或曲率连续性。

2）指定每条边的相切幅值。

3）选择曲面的流向。

4）将曲面边限制为所选边的某个百分比。

5）将定义边偏置到所选曲面边上。

执行【菜单】|【插入】|【细节特征】|【桥接】命令 ，或者执行【曲面】功能选项卡|【曲面】组|【圆角库】|【桥接】命令，弹出如图 5-25 所示的【桥接曲面】对话框，选择两条边，结果如图 5-26 所示。

图 5-25　【桥接曲面】对话框

图 5-26　桥接曲面

5.2.6 曲面的特性分析

使用【曲面连续性】命令可分析曲面偏差。曲面连续性分析决定了选定边之间或选定边与选定面之间连续性的各种变化，并以梳状图形式显示结果。可以分析位置连续性、相切连续性、曲率连续性或加速度连续性。

曲面连续性分析是一个永久分析对象，显示在【部件导航器】中其分析节点下。可从分析对象创建一个模板，以通过相同的输入来快速创建高亮线以重用于其他部件。

在如图 5-27 所示的连续性曲率梳中，有曲率梳显示的边和橙色高亮显示的边，用于边到边连续性分析，最大值也会显示。

执行【菜单】|【分析】|【曲面连续性】命令，或者执行【分析】功能选项卡|【关系】组|【曲面连续性】命令，弹出如图 5-28 所示的【曲面连续性】对话框，可以使用框选法选择边或者面。

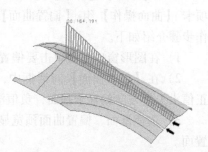

图 5-27 曲面连续性分析

1. 类型

（1）【边到边】 用于选择两组边（包含一条或多条边），这两组边通常处于两个不同的面上。在边之间进行连续性测量。

（2）【边到面】 用于选择边和面。连续性在一组边和面之间进行测量。

（3）【多面】 用于选择多个面。连续性在这些面的公共边之间进行测量。

2. 连续性检查

（1）【G0（位置）】 检查两个选定对象集是否位置连续。

（2）【G1（相切）】 检查两个选定对象集是否相切连续。

（3）【G2（曲率）】 检查两个选定对象集是否曲率连续。

（4）【G3（流）】 检查两个选定对象集在曲率变化时是否连续。

3. 分析显示

可以增大采样距离以减小针密度。

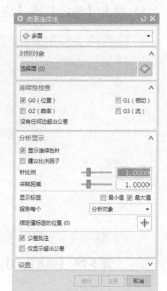

图 5-28 【曲面连续性】对话框

（1）【公差批注】 如果在公差范围内，将以绿色高亮显示评估的边，如果超出公差范围则以红色显示。

（2）【仅显示超出公差】 隐藏偏差在指定公差范围内的所有边的偏差针梳。

5.3 曲面的偏置

曲面偏置用于在曲面上建立等距面，系统通过法向投影方式建立偏置面，输入的距离称为偏置距离，偏置所选择的曲面称为基面。使用【偏置曲面】命令时，可以定义多个面集，每个面集均有不同的偏置值。

1. 偏置曲面

使用【偏置曲面】命令可创建一个或多个现有面的偏置面，结果是与选择的面具有偏置关系的新体（一个或多个）。

执行【菜单】|【插入】|【偏置/缩放】|【偏置曲面】命令 ，或者执行【曲面】功能选项卡|【曲面操作】组|【偏置曲面】命令，弹出如图 5-29 所示的【偏置曲面】对话框，操作步骤介绍如下。

1）在图形窗口左键单击要偏置的面，结果如图 5-30 所示。

2）在【偏置曲面】对话框中，通过在【偏置 1】文本框中输入一个值来指定偏置值。正值沿矢量方向偏置于基面，负值沿相反方向偏置。

3）选择基面，偏置曲面预览显示垂直于选定曲面的方向矢量，拖动箭头能实时拖动偏置面。

4）如果希望指定其他面集，可单击【添加新集】按钮 （或单击鼠标中键），确认当前选择，并选择下一个面集的面。添加的新集可在【添加新集】按钮下面的列表中查看。

5）单击【确定】或【应用】按钮，结束操作。

图 5-29 【偏置曲面】对话框

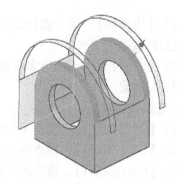

图 5-30 选择要偏置的面

2. 偏置面

使用【偏置面】命令可沿面的法向偏置一个或多个面。如果体的拓扑不更改，则可以根据正的或负的距离来偏置面。可以将单个偏置面特征添加到多个体中。

【偏置面】命令可用于：

1）添加或移除选定面的加工余量。

2）将间隙添加到腔、平板和孔等部件特征的选定面。

3）在完成布尔操作之前，移除重叠的几何体。

提示：【加厚】命令与【偏置面】命令相似。可以通过【加厚】命令来使用布尔选项，但只能通过【偏置面】命令来添加料或除去料。

执行【菜单】|【插入】|【偏转/缩放】|【偏置面】命令 ，或者执行【主页】功能选项

卡|【特征】组|【更多】|【偏转/缩放库】|【偏置面】命令，弹出如图 5-31 所示的【偏置面】对话框。

1）在图形窗口中，选择要偏置的一个或多个面。

2）在【偏置】选项组的【偏置】文本框中指定值。

3）单击【确定】或【应用】按钮以创建偏置面特征，结果如图 5-32 所示。

图 5-31 【偏置面】对话框

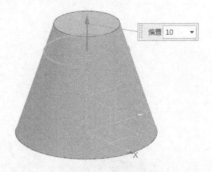

图 5-32 偏置面

3. 偏置凸起

【偏置凸起】命令可在片体曲面上生成相对简单的线性凸起。要创建偏置凸起，需要在片体（而不是实体）上创建，并且片体的表面上存在点或曲线。偏置凸起特征与凸起特征的区别是偏置特征只能对片体进行操作，并且生成的凸起几何体为片体。

执行【菜单】|【插入】|【设计特征】|【偏置凸起】命令，或者选择【主页】功能选项卡|【特征】组|【更多】|【设计特征库】|【偏置凸起】命令，弹出如图 5-33 所示的【偏置凸起】对话框。创建偏置凸起特征的步骤如下。

图 5-33 【偏置凸起】对话框

1）在【中心类型】下拉列表框中选择类型，有【曲线】和【点】两种类型。以选择【曲线】类型为例。

2）选择要在其上创建凸起的片体。

3）选择要遵循的轨迹，即曲面上的曲线。曲面上的曲线可直接绘制，也可以通过【投影】、【相交】等命令创建。

4）输入偏置和宽度参数。

5）单击【确定】或者【应用】按钮，完成操作，结果如图 5-34 和图 5-35 所示。

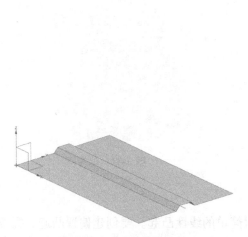

图 5-34　平面的偏置凸起

图 5-35　曲面的偏置凸起

5.4　曲面的复制

1. 曲面的直接复制

使用【复制面】命令可从体中复制一组面。复制的面集形成片体，可以将其粘贴到相同的体或不同的体上。

执行【菜单】|【插入】|【同步建模】|【重用】|【复制面】命令🗐，或者执行【主页】功能选项卡|【同步建模】组|【更多】|【重用库】|【复制面】命令，弹出如图 5-36 所示的【复制面】对话框。单击鼠标左键选择需要的面，在【变换】选项组【运动】类型选项中选择【距离-角度】，指定矢量及距离值。

2. 曲面的抽取复制

使用【抽取几何特征】命令可以通过从现有对象中抽取几何特征来创建关联或非关联的体、点、曲线或基准。

1）执行【插入】|【关联复制】|【抽取几何特征】命令🗐，或者【曲面】功能选项卡|【曲面操作】组|【抽取几何特征】命令，弹出如图 5-37 所示的【抽取几何特征】对话框。

2）在【抽取几何特征】对话框的抽取几何元素类型中，选择【面】。

3）在图形窗口中，左击需要选择的曲面。

4）单击【确定】或【应用】按钮创建抽取的曲面。

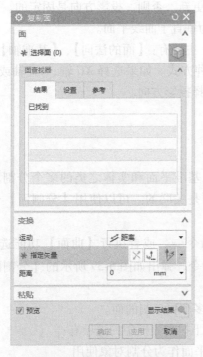

图 5-36 【复制面】对话框

图 5-37 【抽取几何特征】对话框

5.5 曲面的修剪

1. 修剪片体

【修剪片体】命令可通过投影边界轮廓线修剪片体。系统根据指定的投影方向，将一边界投影到目标片体上，剪切出相应的轮廓形状。修剪得到的结果是关联性的修剪片体。

执行【菜单】|【插入】|【修剪】|【修剪片体】命令，或者执行【曲面】功能选项卡|【曲面操作】组|【修剪片体】命令，弹出如图 5-38 所示的【修剪片体】对话框，操作步骤介绍如下。

1）选择要修剪的目标片体。用于选择目标片体的光标位置，同时也指定了一个用于指定区域的区域点。

2）选择边界对象。该对象可以是面、边、曲线和基准平面。

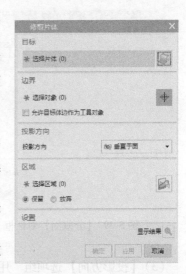

图 5-38 【修剪片体】对话框

3）选择投影方向。确定边界的投影方向，用来决定修剪部分在投影方向上反映在曲面上的大小。有三种投影方向，分别为：【垂直于面】、【垂直于曲线平面】和【沿矢量】，分别介绍如下：

①【垂直于面】：用于定义投影方向或将沿着面法向压印的曲线或边。如果定义投影方

向的对象发生更改，则得到的修剪的曲面体会随之更新。否则，投影方向是固定的。

②【垂直于曲线平面】：用于将投影方向定义为垂直于曲线平面。

③【沿矢量】：用于将投影方向定义为沿矢量。主要有：【面的法向】、【基准轴】、【ZC 轴】、【XC 轴】、【YC 轴】以及【矢量构成】等几种方式。如果选择 XC 轴、YC 轴或 ZC 轴作为投影方向，则更改工作坐标系时，应该重新选择投影方向。

4）指定要保持或舍弃的区域。

5）单击【确定】或【应用】按钮，结束操作。

2. 分割面

通过【分割面】命令，可使用曲线、边、面、基准平面和实体之类的多个分割对象作为工具来分割某个现有体的一个或多个面，这些面是关联的。可以使用【分割面】命令在部件、图样、模具或冲模的模型上创建分型边。

执行【菜单】|【插入】|【修剪】|【分割面】命令 ，或者执行【曲面】功能选项卡|【曲面操作】组|【更多】|【修剪库】|【分割面】命令，弹出如图 5-39 所示的【分割面】对话框。

（1）【要分割的面】选项组　用于选择一个或多个要分割的面。

（2）【分割对象】选项组　其中【工具选项】下拉列表框中的选项有：

1）【对象】：可以选择曲线、边缘、面或基准平面作为分割对象使用。

2）【两点定直线】：用于指定起始点和结束点以定义分割所选面上的直线。

3）【在面上偏置曲线】：用于选择所选面上或与所选面相邻的连接的曲线或边缘，并通过偏置值分割底层面，如图 5-40 所示。

4）【等参数曲线】：用于通过指定点并使用该点在面上创建等参数曲线分割面。

图 5-39　【分割面】对话框

图 5-40　通过偏置曲线分割面

（3）【投影方向】选项组　用于指定一个方向，以将所选对象投影到正在分割的曲面上。

1）【垂直于面】：使分割对象的投影方向垂直于要分割的一个或多个所选面。

2）【垂直于曲线平面】：将共面的曲线或边选作分割对象时，使投影方向垂直于曲线所在的平面。如果选定的一组曲线或边不在同一平面上，投影方向会自动设置为【垂直于面】。

3)【沿矢量】：指定用于分割面操作的投影矢量。可以使用指定矢量，并可单击矢量构造器或使用选项列表来指定方向。

（4）【设置】选项组

1)【隐藏分割对象】：在执行【分割面】命令操作后隐藏分割对象。

2)【不要对面上的曲线进行投影】：控制位于面内并且被选为分割对象的任何曲线的投影。选定该选项时，分割对象位于面内的部分不会投影到任何其他要进行分割的选定面上。未选定该选项时，分割曲线会投影到所有要分割的面上。

3)【扩展分割对象以与面边缘相交】：投射分割对象线串，以使不与所选面的边相交的线串与该边相交。

5.6 曲面的延伸

使用【延伸】命令在曲面边或拐角处创建延伸曲面片体。基于【边】的延伸曲面有两种定义方法：【相切】和【圆弧】。基于【拐角】的延伸曲面使用原始曲面指定的 U 和 V 的百分比来确定延伸曲面的大小。

图 5-41 【延伸曲面】
对话框

执行【菜单】|【插入】|【弯曲曲面】|【延伸】命令，或者执行【曲面】功能选项卡|【曲面操作】组|【更多】|【弯边曲面库】|【延伸曲面】命令，弹出如图 5-41 所示的【延伸曲面】对话框。

（1）类型 指定新延伸曲面片体的创建位置。

1)【边】：用于在要延伸面的指定边上创建延伸曲面特征。一次只能延伸一条边。必须选择与指定的边接近的面。使用【要延伸的边】选项组中的【选择边】选项进行选择。可以指定延伸曲面的长度值或边长百分比。

2)【拐角】：用于在指定的面拐角处创建延伸曲面特征。必须选择与指定的拐角接近的面。使用【要延伸的拐角】选项组中的【选择拐角】选项进行选择。可以指定 U 和 V 方向上延伸曲面的长度作为百分比。

（2）延伸

1）延伸方法：当类型设置为【边】时可用，结果如图 5-42 所示。

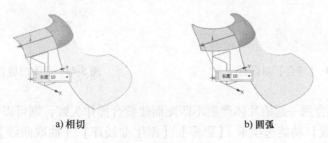

a) 相切   b) 圆弧

图 5-42 延伸方法

①【相切】：用于创建与指定的边相切的延伸曲面特征。

②【圆弧】：用于在曲面的边上创建一个圆形延伸，该延伸遵循选定边的曲率半径。

2）延伸距离：当类型设置为【边】时可用。

①【按长度】：用于指定部件单位中延伸曲面的长度。

②【按百分比】：用于指定延伸曲面的长度作为选定边的百分比。

3）延伸长度：当类型设置为【拐角】时可用。设置 U 和 V 方向上的拐角延伸曲面的长度。这些长度值是边长的百分比。

（3）设置公差　用于设置基本曲面和延伸曲面之间的最大允许距离，其默认值由距离公差建模首选项设置。

5.7　曲面的缝合

使用【缝合】命令可将两个或更多片体连接成单个新片体。

1）执行【菜单】|【插入】|【组合】|【缝合】命令，或者【曲面】功能选项卡|【曲面操作】组|【缝合】命令，弹出如图 5-43 所示的【缝合】对话框。

2）在【缝合】对话框中，从类型列表中选择【片体】。

3）如果不处于活动状态，可单击【目标】选项组中的【选择片体】，然后在图形窗口中选择一个目标片体。

4）如果不处于活动状态，可单击【工具】选项组中的【选择片体】，然后在图形窗口中选择一个或多个要缝合到目标体的片体。片体面应与目标体重合。

5）（可选）可以执行以下操作：选中【预览】复选框，单击【显示结果】按钮；在【设置】选项组中，如果当前公差设置太小，无法创建特征，可为公差输入一个新值。

6）单击【确定】或【应用】按钮创建缝合特征。缝合后的片体颜色与目标片体的颜色一致，如图 5-44 所示。

图 5-43　【缝合】对话框

图 5-44　曲面的缝合

如果因为要缝合到一起的片体严重不匹配而使缝合操作失败，则可以尝试以下操作：

1）使用【曲线】功能选项卡|【更多】|【派生曲线库】|【抽取曲线】命令，将片体的基本曲面转换为 B 样条曲面。

2）使用【曲面】功能选项卡|【编辑曲面】组|【更改边】命令，可匹配已转换片体的边。

3）再次把片体缝合到一起。

如果缝合操作仍失败，可将片体或体之间的距离与缝合公差进行比较（使用【分析】功能选项卡|【测量】组|【测量距离】命令来检查距离）。如果缝合公差小于片体或体之间的距离，可尝试加大缝合公差。

5.8 曲面的实体化

1. 开放曲面的加厚

使用【曲面】功能选项卡|【曲面操作】组|【加厚】命令 可将一个或多个相连面或片体偏置为实体。加厚效果是通过将选定面沿着其法向进行偏置然后创建侧壁而生成的。

在如图 5-45 所示的【加厚】对话框中，选择要加厚的面和片体，所有选定对象必须相互连接。为加厚特征设置一个或两个偏置。正偏置值应用于加厚方向，由显示的箭头表示，负偏置值应用在减厚方向上。允许在加厚操作期间修复裂口，可以选中【设置】选项组中的【改善裂口拓扑以启用加厚】选项。

2. 封闭曲面的缝合

使用【曲面】功能选项卡|【曲面操作】组|【缝合】命令可将两个或更多片体连接成单个新片体。如果该组片体包围一定的体积，则创建一个实体。选定片体的任何缝隙都不能大于指定公差，否则将获得一个片体。

图 5-45 【加厚】对话框

1）执行【菜单】|【插入】|【组合】|【缝合】命令 ，或者【曲面】功能选项卡|【曲面操作】组|【缝合】命令，弹出如图 5-43 所示的【缝合】对话框。

2）在【缝合】对话框中，从类型列表中选择【片体】。

3）为目标体选择一个片体。

4）选择一个或多个要缝合到目标体的片体，片体面应与目标体重合。

5）单击【确定】或【应用】按钮创建缝合特征。

5.9 扫 掠

5.9.1 扫掠

【扫掠】命令通过将曲线轮廓沿一条、两条或三条引导线串且穿过空间中的一条路径进行扫掠，来创建实体或片体。该命令非常适用于当引导线串由脊线或一个螺旋线组成时，通过扫掠来创建一个特征。

使用【扫掠】命令可通过沿一条、两条或三条引导线串扫掠一个或多个截面，来创建实体或片体。可以：

1）通过沿引导曲线对齐截面线串，可以控制扫掠体的形状。

2）控制截面沿引导线串扫掠时的方位。

3）缩放扫掠体。

4）使用脊线串使曲面上的等参数曲线变得均匀。

引导线串控制扫掠方向上体的方位和比例。引导线串可以由一个对象或多个对象组成，并且每个对象既可以是曲线、实体边，也可以是实体面。每条引导线串的所有对象都必须是光顺且连续的。

如果所有的引导线串形成了闭环，则可以将第一个截面线串重新选择为最后的截面线串。

执行【菜单】|【插入】|【扫掠】|【扫掠】命令，或者执行【主页】功能选项卡|【特征】组|【更多】|【扫掠】|【扫掠】命令，弹出如图5-46所示的【扫掠】对话框。

1. 扫掠的主要设置内容

（1）【截面】选项组

1）【选择曲线】：可以选择多达150条截面线串。

2）【指定原始曲线】：用于更改闭环中的原始曲线。

3）【添加新集】：将当前选择添加到截面组的列表框中，并创建新的空截面。还可以在选择截面时，通过按鼠标中键来添加新集。

图5-46 【扫掠】对话框

（2）【引导线】选项组　用于选择多达三条线串来引导扫掠操作。

1）一条引导线：将一条引导线用于简单的平移扫掠。使用【方位】及【缩放】选项，可以沿扫掠引导线控制截面线串的方位及比例。

2）两条引导线：要沿扫掠引导线定向截面时，使用两条引导线。使用两条引导线时，截面线串沿第二条引导线进行定向。可以使用【缩放】选项来缩放截面。

3）三条引导线：要剪切独立轴上的体时，可使用三条引导线。使用三条引导线时，第一条与第二条引导线用于定义体的方位与缩放。第三条引导线用于剪切该体。

提示：选择多条引导线时，选择完一条引导线后，需按鼠标中键确认。

（3）【脊线】选项组　使用脊线可以控制截面线串的方位，并避免在引导线上不均匀分布参数导致的变形。当脊线串处于截面线串的法向时，该线串状态最佳。

2. 【截面选项】选项组的设置内容

该选项组的设置内容很多，分别介绍如下：

（1）【截面位置】　选择单个截面时可用。截面在引导对象的中间时，下面选项可以更改生成的扫掠特征。

1）【沿引导线任何位置】：可以沿引导线在截面的两侧进行扫掠。

2）【引导线末端】：可以沿引导线从截面开始仅在一个方向进行扫掠。

（2）【插值】　选择多个截面时可用。确定截面之间曲面过渡的形状，如图5-47所示。

1）【线性】：可以按线性分布使曲面从一个截面过渡到下一个截面。软件将在每一对截面线串之间创建单独的面。

2)【三次】：可以按三次分布使曲面从一个截面过渡到下一个截面。软件将在所有截面线串之间创建单个面。

3)【倒圆】：使曲面从一个截面过渡到下一个截面，以使连续的段是 G1 连续的。软件将在所有截面线串之间创建单个面。

a) 线性   b) 三次   c) 倒圆

图 5-47 【插值】选项

（3）【对齐】 在定义曲线之间定义等参数曲线的对齐，选项有：

1)【参数】：可以沿定义曲线将等参数曲线所通过的点以相等的参数间隔隔开。软件使用每条曲线的全长。

2)【弧长】：可以沿定义曲线将等参数曲线将要通过的点以相等的弧长间隔隔开。软件使用每条曲线的全长。

3)【根据点】：可以对齐不同形状截面线串之间的点。如果截面线串包含了尖角，则建议使用【根据点】选项来保留它们。

（4）定向方法 使用单个引导线串时可用。在截面沿引导线移动时控制该截面的方向，选项有：

1)【固定】：可在截面线串沿引导线移动时保持固定的方向，结果是平行的或平移的简单扫掠，如图 5-48a 所示。

2)【面的法向】：可以将基准坐标系的第二个轴与一个或多个面（沿引导线的每一点指定公共基线）的法向矢量对齐。这样可以约束截面线串以保持和基本面或面的一致关系。

3)【矢量方向】：可以将基准坐标系的第二根轴与在引导线串长度上指定的矢量对齐。矢量方向是非关联的，如果【方向】选择【矢量】，并稍后更改该矢量方向，则扫掠特征不更改到新方向，如图 5-48b 所示。

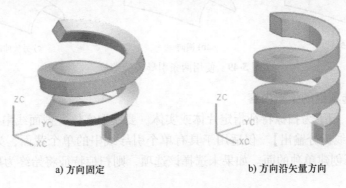

a) 方向固定   b) 方向沿矢量方向

图 5-48 方向对扫掠结果的影响

注意：创建普通螺纹（三角形螺纹）、矩形螺纹时，一般都要指定矢量方向。

4)【另一曲线】：使用通过连接引导线上相应的点和其他曲线（就好像在它们之间构造了直纹片体）获取的基准坐标系的第二根轴，来定向截面。

5)【一个点】：与【另一曲线】选项相似，不同之处在于获取第二根轴的方法是通过引导线串和点之间的三面直纹片体的等价物。

6)【强制方向】：用于在截面线串沿引导线串扫掠时通过矢量来固定剖切平面的方向。

7)【角度规律】：角度规律仅可用于一个截面线串的扫掠。用于通过规律子函数来定义方向的控制规律。旋转角度规律的方向控制的最大转数为 100，角度为 36000°。

（5）【缩放方法】　在截面沿引导线进行扫掠时，可以增大或减小该截面的大小。

1）在使用一条引导线时，以下选项可用：

①【恒定】：可以指定沿整条引导线保持恒定的比例因子。

②【倒圆功能】：在指定的起始与终止比例因子之间允许线性或三次缩放，这些比例因子对应于引导线串的起点与终点。

③【另一曲线】：类似于【定向方法】选项组中的【另一曲线】方法。该缩放方法以引导线串和其他曲线或实体边之间的画线长度上任意给定点的比例为基础。

④【一个点】：和【另一曲线】选项相同，但使用的是点而不是曲线。当用户同时还使用方向控制的相同点构建一个三面扫掠体时，可选择此方法。

⑤【面积规律】：通过规律子函数来控制扫掠体的横截面积。

⑥【周长规律】：类似于【面积规律】选项，不同之处在于用户可以控制扫掠体的横截面周长，而不是它的面积。

2）在使用两条引导线时，以下选项可用（图 5-49）：

①【均匀】：可在横向和竖直两个方向缩放截面线串。

②【横向】：仅在横向上缩放截面线串。

③【另一曲线】：使用曲线作为缩放引导以控制扫掠曲面的高度。该缩放方法无法控制曲面方向。使用该方法可以避免在使用三条引导线创建扫掠曲面时出现曲面变形问题。

　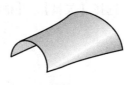　

a) 均匀　　　　　　　　　b) 横向　　　　　　　　　c) 另一曲线

图 5-49　使用两条引导线的缩放

3. 【设置】选项组的设置内容

（1）体类型　用于为扫掠特征指定片体或实体。要获取实体，截面线串必须形成闭环。

（2）【沿引导线拆分输出】　仅适用于具有单个引导线串的单个截面，为与引导线串的段匹配的扫掠特征创建单独的面。如果未选择该选项，则扫掠特征将始终为单个面，而不管段数如何。

（3）【保留形状】　仅当【对齐】设置为【参数】或【根据点】时才可用。通过【强制公差】值为 0.0 来保持尖角。清除该选项时，软件会将截面中的所有曲线都逼近为单个样条，并对该逼近样条进行扫掠。

(4)【重新构建】　所有重新构建选项都可用于截面线串及引导线串。单击【设置】选项组中的【引导线】或【截面】选项卡，可以分别为引导线或线串选择重新构建选项。

1)【无】：可以关闭重新构建。

2)【次数和公差】：使用指定的次数重新构建曲面。可插入段以达到指定的公差。指定的次数在 U 和 V 向有效。提高曲线次数，可降低不必要拐点和曲率突变的可能性。软件按需插入结点，以实现 G0、G1 和 G2 的公差设置。

3)【自动拟合】：可以在所需公差内创建尽可能光顺的曲面。指定最高次数与最大段数。软件尝试重新构建曲面而不会一直添加段，直至最高次数。如果该曲面超出公差范围，软件会一直添加段，直至指定的最大段数为止。如果该曲面仍然超出公差范围，软件会创建该曲面并显示一条出错消息。

在以下情况下，【截面】选项卡不可用：在【截面】选项组中选中【保留形状】复选框时；在【截面】选项组中的【对齐】选项设置为弧长时。

通过重新定义截面或引导曲线的次数和/或段数可构造高质量的曲面。尽管这些线串可以表示所需的形状，但如果它们的结点放置不合适，或是线串之间存在次数差异，则输出曲面可能比所需的更为复杂，或等参数线可能过度弯曲。这会使高亮显示不正确，并妨碍曲面之间的连续性。

(5)【公差】　指定输入几何体与得到的体之间的最大距离。

5.9.2　变化扫掠

使用【变化扫掠】命令，可通过沿路径扫掠横截面（截面的形状沿该路径变化）来创建体。变化扫掠的截面线必须是使用【基于路径】选项创建的草图曲线，创建草图时的路径就是变化扫掠的路径。在使用【变化扫掠】命令之前一般要先创建变化扫掠的路径曲线和基于路径的截面曲线。变化扫掠可以执行以下操作：

1)扫掠重合、相切或垂直于其他曲线和面的面。

2)添加辅助截面以在特定的位置改变尺寸。

3)将体延伸到路径的长度以外或是限制它。

4)创建多个体。

5)控制拟合截面数，并将曲线重新投影到每个拟合截面。

6)沿引导线轨迹重播截面。

【变化扫掠】命令的使用方法如下：

1)执行【菜单】|【插入】|【扫掠】|【变化扫掠】命令，或者执行【主页】功能选项卡|【特征】组|【更多】|【扫掠】组|【变化扫掠】命令，弹出如图 5-50 所示的【变化扫掠】对话框。

2)在【变化扫掠】对话框的【截面线】选项组中，单击【绘制截面】按钮，弹出如图 5-51 所示的【创建草图】对话框。

3)使用【通用】工具条中的【曲线规则】|【单条曲线】和【相切曲线】在图形窗口中选择边，以定义路径。在【弧长百分比】文本框中输入"0"，使草图平面位于所选路径的开始处，单击【平面方位】选项组中的反向按钮。草图方向如图 5-52 所示。单击【确定】按钮进入草图环境。

4）使用草图工具绘制矩形截面，并相对于路径上的自动生成的点进行定位，尺寸如图 5-53 所示，单击鼠标中键完成草图。

图 5-50 【变化扫掠】对话框

图 5-51 【创建草图】对话框

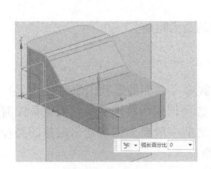

图 5-52 基于【曲线规则】|【相切曲线】选择边

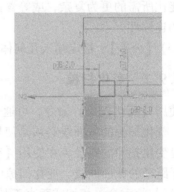

图 5-53 矩形截面

5）在【变化扫掠】对话框中，从【布尔】下拉列表中选择【合并】，单击【确定】按钮创建特征，如图 5-54 所示。【设置】选项组中选中【尽可能合并面】复选框，可以消除特征表面的光顺边。

提示：在【辅助截面】中添加新集，修改新截面尺寸，可实现截面尺寸变化的扫掠效果。

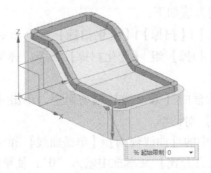

图 5-54 用【变化扫掠】命令创建的凸缘

5.10 曲面设计综合范例

5.10.1 范例1-五角星

建模过程中，使用的主要命令有：草图工具中的【多边形】、曲线工具中的【直线】、曲面工具中的【有界平面】和【缝合】等。

扫码看视频

1. 框架线条

1）在 *XC-YC* 平面上创建草图。利用【直接草图】|【多边形】命令绘制底面正五边形，中心点指定为坐标原点，内切圆半径为80，【旋转】为270°，并将正五边形的边转换为参考。使用【直接草图】|【轮廓】命令连接正五边形的各个顶点，如图5-55所示。

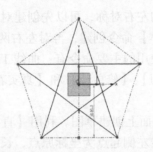

图5-55 绘制正五边形

2）利用【曲线】功能选项卡|【曲线】组|【点】命令创建顶点，【参考】为【绝对坐标系】，坐标值为（0，0，30）。

3）利用【曲线】功能选项卡|【曲线】组|【直线】命令绘制直线，依次连接顶点与 *XC-YC* 平面草图中五角星的各个端点。绘制直线时，开启【捕捉点】选项中的【端点】和【交点】选项，关闭【点在曲线上】选项，可以准确地选择点。结果如图5-56所示。

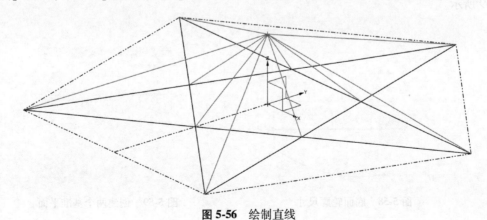

图5-56 绘制直线

2. 有界平面

可利用【曲面】功能选项卡|【更多】|【曲面库】|【有界平面】命令创建五角星的各个

斜面和底面。创建各个斜面时，依次选择一条长直线和与之相邻的短直线，以及能与这两条直线构成三角形的 XC-YC 平面草图中的五角星的一条边。创建底面的五角星平面时，按顺时针或者逆时针方向依次选择 XC-YC 平面草图中组成五角星外轮廓的 10 条直线，【曲线规则】选择【单条曲线】和【在相交处停止】选项。结果如图 5-57 所示。

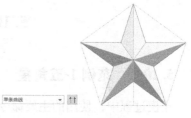

图 5-57　有界平面

3. 缝合

利用【曲面】功能选项卡 |【曲面操作】组 |【缝合】命令创建五角星实体，目标片体为其中的任一个面，工具片体为其余的其他面。可以新建截面，检验缝合后的模型是否为实体。

5.10.2　范例 2-机油桶

由于机油桶结构左右对称，可以先创建对称平面左侧部分，右侧部分可以利用【镜像几何体】命令创建，再对左右两侧实体求和。

建模过程中，使用的主要命令有：曲线工具中的【偏置曲线】、曲面工具中的【通过曲线组】、【修剪体】和【真实着色】等。

扫码看视频

1. 机油桶主体

1）在 XC-YC 平面上创建草图。利用【直接草图】 |【直线】命令绘制机油桶底面对称面上的直线，水平直线左侧起点为坐标原点，长 250；利用【直接草图】 |【圆弧】命令绘制机油桶底面外轮廓圆弧，绘制圆弧时，【圆弧方法】选择【中心和端点】 定圆弧。左侧圆弧的圆心在 X 轴上，起点为坐标原点，半径为 230，右侧圆弧的圆心在 X 轴上，起点为水平直线的终点，半径为 375，底部的圆弧半径为 300，圆心坐标为（70，203），起点、终点分别为左右两段圆弧的终点。尺寸如图 5-58 所示。

2）利用【主页】功能选项卡 |【特征】组 |【基准平面】命令创建两个基准平面，类型为【按某一距离】，【平面参考】为 XC-YC 平面，【距离】为 125，【平面的数量】为 2，如图 5-59 所示。

图 5-58　底面轮廓尺寸

图 5-59　创建两个基准平面

3）分别在两个基准平面上创建草图。利用【直接草图】 |【偏置曲线】命令创建曲线。要偏置的曲线选择 XC-YC 平面上草图中的三段圆弧，【曲线规则】选择【单条曲线】选项，

偏置距离分别为 5 和 25（中间基准平面上的偏置距离为 5，顶端基准平面上的偏置距离为 25），利用【直接草图】|【直线】命令连接偏置后的左右两段圆弧位于 *X* 轴上的两个端点，使草图形成封闭轮廓，如图 5-60 所示。

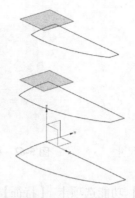

图 5-60 两个基准平面上的曲线

4）利用【曲面】功能选项卡|【曲面】组|【通过曲线组】命令创建机油桶主体。截面曲线共三条，依次选取 *XC-YC* 平面上的草图曲线、中间基准平面上的草图曲线、顶端基准平面上的草图曲线。选择曲线时，【曲线规则】选择【相连曲线】选项，还要注意曲线组的方向，可以左键单击每组曲线中的长圆弧的左侧作为起始方向，选择每一组曲线后都要按鼠标中键确认。【对齐】选项组需要选中【保留形状】复选框。

5）利用【主页】功能选项卡|【特征】组|【边倒圆】命令对长圆弧左右两侧的棱边边倒圆，半径分别为 55 和 32。

2. 油桶把手

1）在 *XC-ZC* 平面内创建草图。利用【直接草图】|【圆弧】命令创建一条圆弧，圆弧半径为 433，圆心坐标为（5，-178），圆弧左侧起点在 *Z* 轴上，右侧终点距 *X* 轴的距离为 160，如图 5-61 所示。

退出草图后，利用【主页】功能选项卡|【特征】组|【拉伸】命令，沿-*YC* 方向拉伸，开始距离为 0，结束距离为 80，得一片体。利用【主页】功能选项卡|【特征】组|【修剪体】命令，修剪机油桶主体，【目标】为机油桶主体，【工具】为拉伸获得的片体，完成后隐藏片体。

2）在 *XC-ZC* 平面内创建草图。利用【直接草图】|【圆弧】命令创建一条圆弧，圆弧半径为 295，圆心坐标为（390，315）；利用【直接草图】|【直线】命令，分别以圆弧的两个端点为起点绘制水平线和竖直线，修剪后得封闭轮廓，水平线长为 180，竖直线长为 230。如图 5-62 所示。

完成后退出草图，利用【主页】功能选项卡|【特征】组|【拉伸】命令，沿-*YC* 方向拉伸，开始距离为 20，结束距离为 80，并与机油桶主体求差。

3）利用【主页】功能选项卡|【特征】组|【边倒圆】命令，对把手外侧平行于 *Y* 轴的棱边边倒圆，半径为 140。利用【曲线】功能选项卡|【派生曲线】组|【偏置曲线】命令偏置曲线，曲线为拉伸获得的把手周围的棱边，偏置距离为 20，【曲线规则】选择【相切曲线】选项。选择创建的偏置曲线，沿 *YC* 方向拉伸，开始距离为 0，【结束】为【直至下一

个】，并与机油桶主体求差。结果如图 5-63 所示。

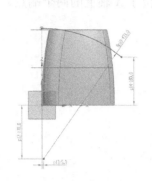

图 5-61　修剪片体曲线尺寸

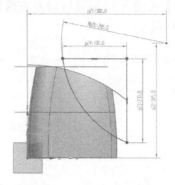

图 5-62　把手部分轮廓尺寸

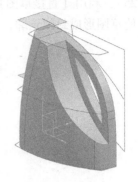

图 5-63　创建把手

4）利用【主页】功能选项卡 | 【特征】组 | 【边倒圆】命令创建边倒圆，机油桶外侧棱边处的半径为 15，把手外侧棱边处的半径为 10，把手内侧棱边处的半径为 5，注意边倒圆时 XC-ZC 平面上的所有棱边都不能选。

5）利用【主页】功能选项卡 | 【特征】组 | 【更多】 | 【关联复制库】 | 【镜像几何体】命令，获得右侧实体。要镜像的几何体为创建的机油桶的左侧部分，镜像平面为 XC-ZC 平面。利用【主页】功能选项卡 | 【特征】组 | 【合并】命令，将左右两侧的实体合并，【目标体】选择左侧实体，【工具体】选择右侧实体。

3. 机油桶螺纹口

1）在机油桶主体顶面上创建草图。利用【直接草图】 | 【圆】命令创建圆，直径为 45，圆心在 X 轴上，距 Y 轴的距离为 63。

完成后退出草图，利用【主页】功能选项卡 | 【特征】组 | 【拉伸】命令，沿 ZC 方向拉伸，开始距离为-5，结束距离为 25，并与机油桶主体求和。利用【主页】功能选项卡 | 【特征】组 | 【边倒圆】命令对机油桶螺纹口与机油桶主体连接处的棱边边倒圆，半径为 5。

2）利用【主页】功能选项卡 | 【特征】组 | 【抽壳】命令，对机油桶主体抽壳，鼠标左键单击机油桶螺纹口顶面，类型选择【移除面，然后抽壳】，【要穿透的面】选择机油桶螺纹口的顶面，厚度为 2。

3）执行【主页】功能选项卡 | 【特征】组 | 【更多】 | 【设计特征库】 | 【螺纹刀】命令，弹出如图 5-64 所示的【螺纹切削】对话框。鼠标左键单击机油桶螺纹口外圆表面，创建机油桶螺纹口处的螺纹，【螺纹类型】选择【详细】，【长度】修改为 22，【螺距】修改为 6，其他为默认值。

4. 机油桶表面的文字

1）执行【曲线】功能选项卡 | 【曲线】组 | 【文本】命令，弹出如图 5-65 所示的【文本】对话框。类型选择【面上】，选择机油桶的侧面；【面上的位置】选择侧面下边缘曲线；输入"机油"二字；尺寸设置中，偏置值为 30，长度值为 70，高度值为 18，设置完成后，单击【确定】按钮。

2）执行【曲面】功能选项卡 | 【曲面操作】组 | 【偏置曲面】命令，弹出【偏置曲面】对话框。选择机油桶的侧面，偏置距离为 0.5，选择曲面时，【面规则】选择【单个面】。

etc.

3）执行【主页】功能选项卡|【特征】组|【拉伸】命令，弹出【拉伸】对话框，选择文本曲线，开始距离为-1，结束距离为2，并与机油桶求和。

图5-64 【螺纹切削】对话框

图5-65 【文本】对话框

4）执行【曲面】功能选项卡|【曲面操作】组|【修剪体】命令，弹出【修剪体】对话框。【目标】选择偏置曲面外侧的文字，【工具】选择偏置曲面，即可得到与机油桶侧面距离相等的凸起文字。

隐藏偏置曲面后的机油桶，结果如图5-66所示。

5. 机油桶的着色渲染

按<Ctrl+W>组合键，鼠标单击对应条目后面的"-"，隐藏草图、曲线、坐标系、基准平面，并设置【渲染样式】为【着色】，如图5-67所示。利用【视图】功能选项卡|【真实着色】命令启用真实着色相关命令。利用【视图】功能选项卡【真实着色设置】|【真实着色编辑器】命令，在图形窗口中利用<CTRL+A>组合键或鼠标左键框选所有特征，在弹出的【真实着色编辑器】对话框中选择【特定于对象的材料】中的一种颜色即可。渲染效果如图5-68所示。

5.10.3 范例3-心形曲面

建模过程中使用的主要命令有：曲线工具中的【艺术样条】、曲面工具中的【通过曲线网格】、【镜像特征】和【缝合】等。

扫码看视频

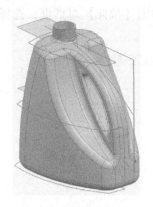

图 5-66　渲染前的效果

图 5-67　渲染样式

图 5-68　渲染效果

1. 创建曲线

1）在 *XC-YC* 平面上创建草图，利用【直接草图】|【圆弧】命令绘制心形边缘轮廓。轮廓由 7 段相切圆弧组成，左右对称，左右两段长圆弧的半径为 160，其圆心的连线长度为 70，距 *X* 轴的距离为 20；底部心底部分两段圆弧的圆心在 *X* 轴上，起点为左右两段长圆弧连心线的中点，左右两段半径为 100 的短圆弧的圆心在 *X* 轴上，顶部心尖部分半径为 35 的圆弧的圆心在 *Y* 轴上，尺寸如图 5-69 所示。

2）利用【曲线】功能选项卡|【曲线】组|【直线】命令，分别以左右两段长圆弧的端点和底部心底部分两段圆弧的中点为起点，沿 *ZC* 方向，绘制距离为-10 的 6 条直线。利用【主页】功能选项卡|【特征】组|【基准平面】命令分别过两直线创建如图 5-70 所示的三个基准平面。

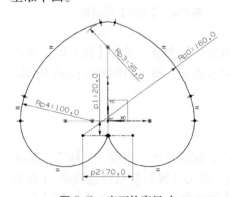

图 5-69　底面轮廓尺寸

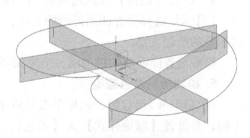

图 5-70　创建基准平面

3）在平行于 *XC-ZC* 平面的基准平面上创建草图。利用【直接草图】|【点】命令创建一个位于 *Z* 轴上的点，距 *X* 轴的距离为 35。

4）利用【曲线】功能选项卡|【曲线】组|【艺术样条】命令，过左侧长圆弧的端点、第 3）步创建的点、右侧长圆弧的端点创建样条曲线。执行【曲线】功能选项卡|【曲线】组|【点】命令，弹出如图 5-71 所示的【点】对话框。分别创建样条曲线与左右两基准平面的交点，类型选择【交点】，【曲线、曲面或平面】选择基准平面，【要相交的曲线】选择上文创建的样条曲线。

利用【曲线】功能选项卡│【曲线】组│【艺术样条】命令，过左侧心底圆弧中点、上文创建的左交点、顶部心尖圆弧左侧端点，创建左侧样条曲线，过右侧心底圆弧中点、上文创建的右交点、顶部心尖圆弧右侧端点，创建右侧样条曲线。结果如图 5-72 所示。

图 5-71 【点】对话框

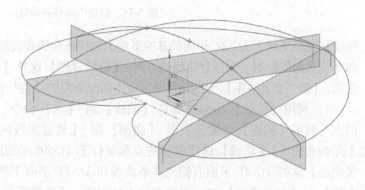

图 5-72 创建顶面左右两条样条曲线

2. 创建曲面

1）利用【曲面】功能选项卡│【曲面】组│【通过曲线网格】命令，创建心形上半部中间部分通过曲线网格的曲面，【主曲线】选择心尖部分圆弧和平行于 *XC-ZC* 平面的基准平面上的样条曲线，【交叉曲线】选择左右两条样条曲线，选择【主曲线】和【交叉曲线】时，要注意曲线的方向，【曲线规则】选择【单条曲线】和【在相交处停止】选项，结果如图 5-73 所示。

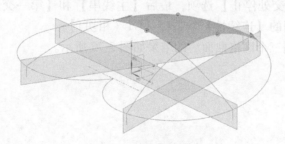

图 5-73 顶面中间曲面

2）利用【曲线】功能选项卡│【派生曲线】组│【相交曲线】命令，创建顶面中间曲面和 *YC-ZC* 平面的相交曲线。【第一组】面选择顶面中间曲面，【第二组】面选择 *YC-ZC* 平面。利用【曲线】功能选项卡│【曲线】组│【艺术样条】命令创建通过创建的相交曲线的端点和过左右两段长圆弧圆心连线中点的样条曲线。样条曲线与相交曲线间的连续类型选择【G1（相切）】。结果如图 5-74 所示。

3）利用【曲面】功能选项卡│【曲面】组│【通过曲线网格】命令，创建心形下半部中间部分通过曲线网格的曲面。【主曲线】选择上文创建的中间样条曲线和右侧样条曲线，【交叉

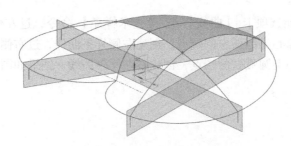

图 5-74 创建中间样条曲线

曲线】选择平行于 *XC-ZC* 平面的基准平面上的样条曲线和底部右侧心底圆弧，选择【主曲线】和【交叉曲线】时，要注意曲线的方向。【曲线规则】选择【单条曲线】和【在相交处停止】选项，【第一交叉线串】与已创建的顶面中间曲面间的【连续性】选择【G1（相切）】。

4）利用【曲线】功能选项卡|【曲线】组|【点】命令，创建通过顶部心尖圆弧右端点的点。利用【曲面】功能选项卡|【曲面】组|【通过曲线网格】命令，创建心形上半部右上角的曲面。【主曲线】选择创建的点和平行于 *XC-ZC* 平面的基准平面上的样条曲线，【交叉曲线】选择 *YC-ZC* 平面右侧的样条曲线和 *XC-YC* 平面上草图中的右侧长圆弧，选择【主曲线】和【交叉曲线】时，要注意曲线的方向。【曲线规则】选择【单条曲线】和【在相交处停止】选项，【第一交叉线串】与已创建的顶部中间曲面间的【连续性】选择【G1（相切）】。

5）利用【曲线】功能选项卡|【曲线】组|【点】命令，创建通过底部右侧心底圆弧中点的点。利用【曲面】功能选项卡|【曲面】组|【通过曲线网格】命令，创建心形下半部右下角通过曲线网格的曲面。【主曲线】选择创建的点和平行于 *XC-ZC* 平面的基准平面上的样条曲线，【交叉曲线】选择 *YC-ZC* 平面右侧的样条曲线和 *XC-YC* 平面上草图中右侧底部的心底圆弧，选择【主曲线】和【交叉曲线】时，要注意曲线的方向。【曲线规则】选择【单条曲线】和【在相交处停止】选项，最后【主线串】和【第一交叉线串】与各自相连的通过曲线网格曲面间的【连续性】均选择【G1（相切）】。

完成中间曲面右侧三个网格曲面后的结果如图 5-75 所示。

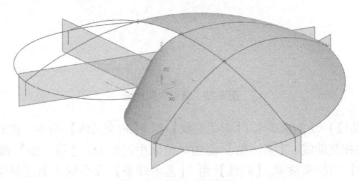

图 5-75 通过曲线网格

6）利用【主页】功能选项卡|【特征】组|【更多】|【关联复制库】|【镜像特征】命令，创建三个上文创建的网格曲面的镜像曲面，镜像平面为 *YC-ZC* 平面。利用【主页】功能选项卡|【特征】组|【更多】|【关联复制库】|【镜像特征】命令，创建 *XC-YC* 平面上方

所有曲面的镜像曲面，镜像平面为 *XC-YC* 平面。结果如图 5-76 所示。

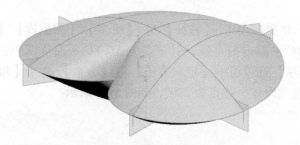

图 5-76 镜像生成所有曲面

3. 创建心形实体

利用【曲面】功能选项卡|【曲面操作】组|【缝合】命令创建心形实体，目标片体为上文创建的任一片体，工具片体为剩余的所有片体，可得心形实体。

5.10.4 范例 4-莫比乌斯环

建模过程中，使用的主要命令有：按规律变化的【扫掠】、【阵列特征】和【加厚】等。

扫码看视频

1. 创建截面曲线

在 *XC-ZC* 平面上创建草图，利用【直接草图】|【直线】命令绘制竖直的截面曲线，直线长 50，距 *Z* 轴的距离为 100，上端点距 *X* 轴的距离为 25，尺寸如图 5-77 所示。

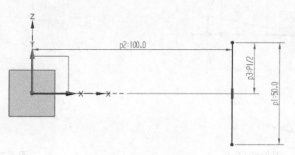

图 5-77 截面曲线尺寸

2. 创建引导线

在 *XC-YC* 平面上创建草图。利用【直接草图】|【圆弧】命令绘制扫掠引导线，即圆心为坐标原点的一段圆弧，圆弧半径为 100，起点在 *X* 轴上方，终点在 *X* 轴下方，距离分别为 0 和 0.001（草图中显示为 0.0）。

利用【直接草图】|【直线】命令绘制一条直线，直线与 *X* 轴共线，长度为 30，利用【直接草图】|【圆】命令绘制一个圆，圆心为直线的中心，直线端点在圆上，利用【修剪】命令修剪圆，保留 *X* 轴下方的部分，添加尺寸约束，圆心到 *Y* 轴的距离为 100，这条直线和半圆弧用于创建环面末端的半圆孔。

利用【直接草图】|【直线】命令绘制一条起点为坐标原点的直线，终点在圆弧上，与 *X* 轴的夹角值需要输入 360/16.5/2，结果显示为 10.9，直线与圆弧的交点为莫比乌斯环面上

孔的圆心。尺寸如图 5-78 所示。后续操作过程中,【曲线规则】要选择【单条曲线】。

3. 创建扭曲环面

1)利用【主页】功能选项卡|【特征】组|【更多】|【扫掠库】|【扫掠】命令创建环面,截面曲线为 *XC-ZC* 平面内的直线,引导线为 *XC-YC* 平面草图中过坐标原点的半径为 100 的圆弧,【截面选项】选项组中【定向方法】的【方向】选择【角度规律】,【规律类型】选择【线性】,起点为 0°,终点为 270°,如图 5-79 所示。

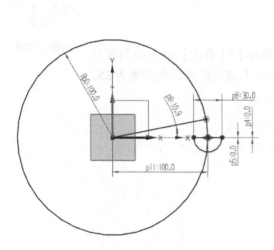

图 5-78 引导线尺寸

图 5-79 扫掠参数

2)利用【主页】功能选项卡|【特征】组|【更多】|【设计特征库】|【球】命令创建环面上的孔,球心为 *XC-YC* 平面上的草图中直线与圆弧的交点,直径为 30,并与环面求差,如图 5-80a 所示。

3)利用【主页】功能选项卡|【特征】组|【阵列特征】命令创建环面上的其余孔。要形成阵列的特征为第 2)步创建的球。选择球时,可以在【部件导航器】中左键单击球特征,旋转轴为 *Z* 轴,角度方向的【间距】选择【数量和间隔】,【数量】为 16,【节距角】为 360/16.5,如图 5-80b 所示。

4)利用【主页】功能选项卡|【特征】组|【旋转】命令创建环面上末端的半圆孔,【截面线】选择 *XC-YC* 平面上的半圆弧和与之相连的直线,旋转轴选择 *X* 轴,开始角度为 −90°,结束角度为 90°,并与环面求差。创建的半环面如图 5-81 所示。

a)【球】对话框

b)【阵列特征】对话框

图 5-80　【球】和【阵列特征】对话框

4. 创建莫比乌斯环

1）执行【主页】功能选项卡|【特征】组|【更多】|【关联复制库】|【镜像几何体】命令，要镜像的几何体为前文创建的环面，镜像平面为 *XC-YC* 平面。

2）执行【主页】功能选项卡|【特征】组|【更多】|【关联复制库】|【镜像几何体】命令，要镜像的几何体为前文创建的镜像环面，镜像平面为 *XC-ZC* 平面，隐藏第一次创建的镜像几何体，即可获得如图 5-82 所示的片体。

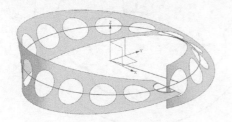

图 5-81　半环面

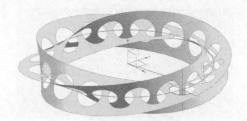

图 5-82　莫比乌斯环

3）利用【曲面】功能选项卡|【曲面操作】组|【加厚】命令，创建实体莫比乌斯环。【偏置 1】的值为−1，【偏置 2】的值为 1。需要注意的是：【设置】选项组中可根据需要选中【改善裂口拓扑以启用加厚】选项，参数设置如图 5-83 所示。

5.10.5　范例 5-花瓣碗

建模过程中，使用的主要命令有：草图工具中的【镜像曲线】、【交点】、基于路径的【草图】、【变化扫掠】和【抽壳】等。

扫码看视频

1. 创建引导曲线

1）在 *XC-YC* 平面上创建草图，利用【直接草图】|【直线】命令绘制两

条起点为坐标原点，长度为70，夹角为30°，位于 Y 轴左右两侧的等长直线，并将两直线转换为参考。利用【直接草图】|【圆弧】命令绘制一条起点、终点分别为两直线终点的圆弧，半径为20，圆弧中心位于 Y 轴上。

2）利用【直接草图】|【镜像曲线】命令，将圆弧依次向左向右做镜像，中心线分别为左右两条直线。利用【直接草图】|【圆角】命令，创建左右两段镜像圆弧与原来圆弧之间的过渡圆角，半径为5，将左右两段圆弧及左侧的过渡圆角转换为参考。

3）利用【直接草图】|【阵列曲线】命令创建花瓣碗的碗口引导线，要阵列的曲线为中间的圆弧及右侧的过渡圆角，【旋转点】为坐标原点，【布局】为【圆形】，角度方向【间距】为【数量和跨距】，【数量】为12，【跨角】为360°，如图 5-84 所示。

4）利用【直接草图】|【圆】命令，绘制半径为200，圆心为坐标原点的圆，即碗底引导线，完成后退出草图，结果如图 5-85 所示。碗底引导线也可以在碗底平面创建。

图 5-83　加厚参数

图 5-84　阵列特征参数

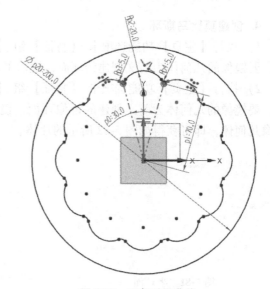

图 5-85　两条引导曲线

2. 创建截面曲线

1）执行【主页】功能选项卡|【直接草图】|【草图】命令，创建基于路径的草图。在弹出的如图 5-86a 所示的【创建草图】对话框中，【草图类型】选择【基于路径】，【路径】选择 XC-YC 平面草图中直径为200的圆，【弧长百分比】为0，【草图方向】和【平面方位】根据需要设置为反向，使草图 X 轴与基准坐标系的 X 轴方向一致，Y 轴与基准坐标系的 Z 轴方向一致。

2）利用【直接草图】|【更多曲线】|【交点】命令，创建曲线与草图平面的交点，弹出如图 5-86b 所示的【交点】对话框。【要相交的曲线】选择 XC-YC 平面草图中绘制的碗口

引导线，选择曲线时，【曲线规则】选择【相切曲线】，以保证选择整条引导线。

a)【创建草图】对话框　　　　　　b)【交点】对话框

图 5-86 创建截面曲线

提示： 这里的交点一定要用【交点】命令创建。

3) 利用【直接草图】|【直线】命令绘制直线，并转换为参考。起点在 Z 轴上，长度为 25，距 X 轴的距离为 70。利用【直接草图】|【圆弧】命令绘制圆弧，起点为利用【交点】命令创建的交点，终点为直线的右侧端点，圆弧半径为 86，尺寸如图 5-87 所示。

3. 创建花瓣碗实体

1) 利用【主页】功能选项卡|【特征】组|【更多】|【扫掠库】|【变化扫掠】命令创建花瓣碗实体，【截面线】选择基于路径创建的草图中的圆弧，选项设置如图 5-88 所示。

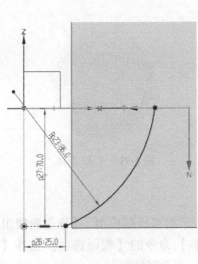

图 5-87 截面曲线

图 5-88 【变化扫掠】对话框

2) 利用【主页】功能选项卡|【特征】组|【抽壳】命令对实体抽壳，抽壳的类型为

【移除面，然后抽壳】，【要穿透的面】选择碗的顶面，【厚度】为2。

3）利用【主页】功能选项卡 | 【特征】组 | 【拉伸】命令创建碗底的圈足，【截面线】选择碗底平面的外圆轮廓，开始距离为0，结束距离为3，偏置设置为【两侧】，【开始】为-3，【结束】为0，并与花瓣碗主体求和。利用【主页】功能选项卡 | 【特征】组 | 【边倒圆】命令为碗底圈足与主体之间的棱边倒圆，半径为1。结果如图5-89所示。

完成后，按键盘上的<Ctrl+W>组合键，隐藏草图、坐标系等。

可设置花瓣碗的颜色和透明度。执行【视图】功能选项卡 | 【可视化】组 | 【编辑对象显示】命令，在弹出的【编辑对象显示】对话框中，【颜色】为默认颜色，【着色显示】设置30%的【透明度】，可用<Ctrl+A>组合键或鼠标左键框选所有特征。

为了分析曲面的连续性，可执行【分析】功能选项卡 | 【面形状】组 | 【反射】命令，在弹出的【反射分析】对话框中，目标选择所有面，可用<Ctrl+A>组合键或鼠标左键框选所有特征。

图 5-89　花瓣碗

习　题

1. 利用【有界平面】、【镜像特征】等命令创建以下模型。

1）如图5-90所示的车标。

2）如图5-91所示的正12面体，已知正12面体相邻两面之间的夹角为：$\arccos(-1/\sqrt{5}) \approx 116.56505°$。可先作相邻但非两两相邻的三个五边形面，其余面可利用【镜像特征】命令创建。

图 5-90　车标

图 5-91　正12面体

3）如图5-92所示的多棱体。

2. 利用【通过曲线组】等命令创建如图5-93所示的多棱瓶模型。【通过曲线组】命令的【对齐】选项选择【保留形状】，沿螺旋线【扫掠】命令的【截面选项】选择【保留形状】，【定向方法】中的【方向】选择【面的法向】，面为圆柱面。

3. 利用【通过曲线网格】、【修剪片体】等命令创建模型。

1）如图5-94所示雨伞曲面。

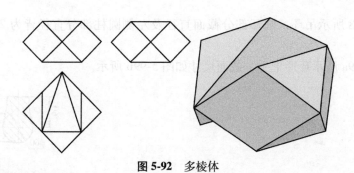

图 5-92　多棱体

图 5-93　多棱瓶

图 5-94　雨伞曲面

2）如图 5-95 所示渐变出风口。

3）如图 5-96 所示水龙头转动手柄，截面尺寸如图 5-97 所示。由 $R=200$ 的圆弧和投影到底面的椭圆曲线拉伸得到的两片体的相交线为把手侧面的棱线。

图 5-95　渐变出风口

图 5-96　水龙头转动手柄

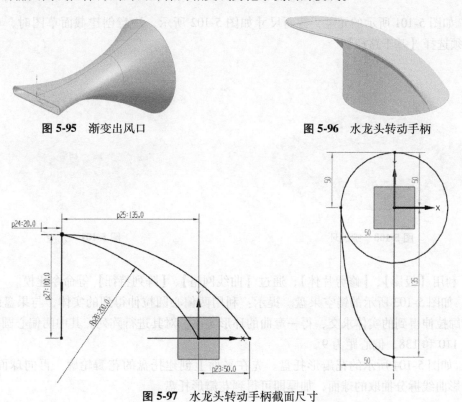

图 5-97　水龙头转动手柄截面尺寸

4) 如图 5-98 所示吊环，圆环部分截面直径及左侧圆柱部分直径皆为 20，中间部分截面直径为 25。

5) 如图 5-99a 所示环形把手，截面尺寸如图 5-99b 所示。

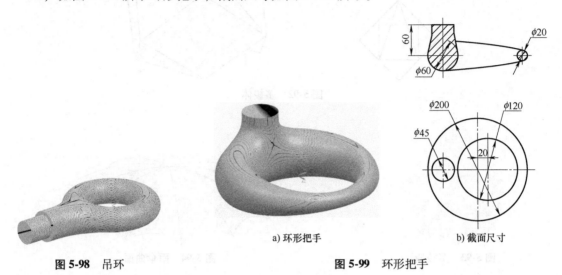

图 5-98 吊环	a) 环形把手	b) 截面尺寸
	图 5-99 环形把手	

4. 利用【管道】、【变化扫掠】等命令建模。

1) 如图 5-100 所示的螺旋环，共 8 条，沿脊线创建 5 圈螺旋线，螺距为脊线周长的 1/5。

2) 如图 5-101 所示的元宝，截面尺寸如图 5-102 所示，注意创建截面草图时，草图的类型必须选择【基于路径】。

图 5-100 螺旋环   图 5-101 元宝

5. 利用【投影】、【修剪片体】，通过【曲线网格】、【阵列特征】等命令建模。

1) 如图 5-103 所示的镂空果盘。提示：利用两偏心圆拉伸得到的实体，与果盘纵剖面实心轮廓拉伸得到的实体求交，得一弯曲的环形实体，对其进行阵列。其中两偏心圆的直径分别为 110 和 138，偏心距为 9。

2) 如图 5-104 所示的花瓣形托盘。先在平面上创建托盘的花瓣轮廓，再向球面投影，利用投影曲线拆分抽取的球面，加厚即可得到花瓣形托盘。

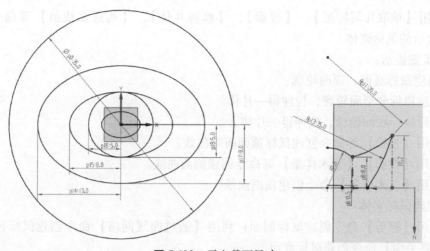

图 5-102 元宝截面尺寸

图 5-103 镂空果盘

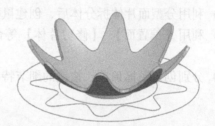

图 5-104 花瓣形托盘

3) 如图 5-105a 所示的塑料瓶，截面尺寸如图 5-105b 所示。瓶体侧面及底面的凹陷部分可用【投影】、【修剪片体】、【艺术样条】、【通过曲线网格】等命令创建。

a) 塑料瓶

b) 截面尺寸

图 5-105 塑料瓶

6. 利用【抽取几何特征】、【投影】、【修剪片体】、【通过曲线组】等命令创建如图 5-106 所示的鼠标壳体。

关键步骤提示：

1）创建鼠标底面、顶面轮廓：

① 创建鼠标分型面轮廓，拉伸得一片体。

② 创建鼠标底面轮廓，拉伸得一片体。

③ 利用【投影】等命令创建鼠标顶面前端曲线。

④ 利用【投影】、【艺术样条】等命令创建侧面曲线。

⑤ 利用【艺术样条】命令创建顶面曲线。

2）创建鼠标实体：

① 利用【修剪】命令创建鼠标侧面；利用【通过曲线网格】命令创建鼠标顶盖曲面，利用【有界平面】命令创建鼠标底面。

② 利用【缝合】命令可得鼠标实体。

3）利用分型面片体拆分体后，创建鼠标底座细节特征。

4）利用【偏置面】、【修剪片体】等命令创建片体，拆分得鼠标顶盖部分和鼠标按键部分。

5）分别创建鼠标顶盖、按键的细节特征。

图 5-106　鼠标

第6章

装 配 设 计

拓展视频

新中国第一台
水轮发电机组

> **本章要点**
>
> - 装配约束：接触对齐、同心、距离、固定、平行、垂直、中心、角度、其他约束
> - 装配建模方法、组件阵列和镜像、装配干涉检查
> - 编辑装配体中的部件
> - 爆炸视图、装配序列
> - WAVE 几何链接器

6.1 UG NX 12.0 装配模块概述

装配是机械产品设计和制造过程中的重要工艺流程。装配图是设计和生产中的重要技术文件之一。作为 UG NX 12.0 中集成的一个重要的应用模块——装配模块，可以模拟真实的装配操作，并可创建装配工程图。

利用装配模块可以进行如下操作：

1）在开始实际构造或模拟之前创建零件的数字表示。

2）测量装配中部件间的静态间隙、距离和角度。

3）设计部件以适合可用空间。

4）定义部件文件之间的各种类型的链接。

5）创建装配图纸，显示所有组件或只显示选定的组件。

6）创建布置以显示装配将组件安排在不同位置时的显示方式。

7）定义序列以显示装配或拆除部件所需的运动。

8）从下游应用模块中分离主模型几何体，如分析、制图、加工。

装配导航器可在层次结构树中显示装配结构、组件属性以及成员组件间的约束。可以使用【装配导航器】进行如下操作：

1）查看显示部件的装配结构，控制组件的显示顺序。

2）将命令应用于特定组件。

3）通过将节点拖到不同的父项对结构进行编辑。

4）选择已加载的可见组件节点，可高亮显示图形窗口中的对应几何体。

6.1.1 装配界面

启动 UG NX 12.0 后，有以下几种方法进入装配模块界面。

1）通过新建装配文件进入：执行软件窗口上方带状工具条功能选项卡名称左侧的【文件】|【新建】命令，或者执行【菜单】|【文件】|【新建】命令，或者单击【主页】功能选项卡|【标准】组|【新建】命令，或者按键盘上的<Ctrl+N>组合键，均能弹出【新建】对话框。在对话框中的【模板】功能选项卡中选择【装配】，然后输入文件名和文件路径，单击【确定】按钮，进入装配模块。

2）如果已有装配文件，则可以双击打开该文件，直接进入装配环境。

3）在建模环境中进入：在建模环境中选择【应用模块】功能选项卡|【设计】组|【装配】应用模块，或者选择软件窗口上方带状工具条功能选项卡名称左侧的【文件】|【装配】选项，也可以调出【装配】功能选项卡，同样可以进入装配环境进行关联设计，如图6-1所示。

图 6-1 通过【应用模块】功能选项卡进入装配环境

6.1.2 UG NX 装配的基本概念

（1）装配　是把单个零部件通过约束组装成具有一定功能产品的过程。在 UG NX 中，一个装配就是一个包含组件的部件文件。

（2）子装配　是指在高一级装配中被当作组件调用的装配部件。子装配是一个相对概念，任何一个装配部件都可以在更高级的装配中被用作子装配。

（3）装配部件　是指由零件和子装配构成的部件。在 UG 中任何一个 *.prt 格式文件都可以作为装配部件。各部件的实际几何数据并不存储在装配部件文件中，而是仍然存储在相应的部件文件（即零件文件）中。

（4）组件　是指装配部件文件指向下属部件的几何体及特征，具有特定的位置和方位。每个组件都有一个指向组件主模型几何体的指针，它记录了部件的颜色、名称、图层和配对条件等诸多信息。组件可以是单个零件，也可以是子装配部件。

（5）组件部件　含有组件实际几何体的文件称为组件部件。

（6）组件成员　是指组件部件中的几何对象，并在装配中显示，也称为组件几何体。

（7）显示部件　是指在当前图形窗口里显示的部件。

（8）工作部件　是指用户正在创建或编辑的部件，可以是显示部件，也可以是显示的装配部件里的任何组件部件。当显示单个部件时，工作部件就是显示部件。

（9）装载的部件　是指当前打开并在内存里的任何部件。任何时候都可以同时装载多个部件，这些部件可以是显示装载（如用【装配导航器】中的【打开】选项打开），也可以是隐藏装载（如正在由其他的加载装配部件使用）。

（10）上下文设计　是指在装配环境中对装配部件的创建设计和编辑，即可以参照其他零部件进行某些零件的设计和编辑，也称为现场编辑。

（11）配对条件　可用来确定零部件之间相互位置关系和方位，配对是通过约束来实现的，而配对条件可以由一个组件相对于另一个或多个组件位置关系构成。

（12）部件属性和组件属性　在【装配导航器】中选择部件或组件名称，单击右键选择【属性】选项，打开【属性】对话框，即可在各功能选项卡中查看或修改属性信息。右击【装配导航器】中的装配名称，在弹出的快捷菜单中选择【属性】选项，弹出【显示部件属性】对话框；右击【装配导航器】中的组件，在弹出的快捷菜单中选择【属性】选项，将打开【组件属性】对话框。

6.1.3　装配导航器

【装配导航器】在一个分离窗口中显示各部件的装配结构，可提供便捷的组件操控方法。装配结构用类似于树形结构的图形来表示，其中每个组件在装配树上显示为一个节点。

1.【装配导航器】显示模式

进行装配操作，首先需要进入装配界面。在装配环境中，单击资源栏左侧的【装配导航器】按钮，弹出如图6-2所示的【装配导航器】对话框。

为方便用户使用，【装配导航器】设有两种显示模式，即浮动模式和固定模式。在固定模式下，【装配导航器】以窗口显示，双击资源栏左侧的【装配导航器】按钮，可使【装配导航器】转换为浮动模式。单击【装配导航器】窗口右上角的【关闭】按钮，【装配导航器】可返回固定模式。

2.【装配导航器】中的图标按钮

在装配树中，使用不同的图标按钮来表示子装配和组件。当组件处于不同的状态时，对应的图标按钮也不同。下面结合图6-2所示的各图标按钮进行说明。

（1）　完整的装配或子装配。

（2）　单击该图标按钮，折叠装配或子装配，不显示该装配或子装配的所属部件。

（3）　单击该图标按钮，展开装配或子装配，显示该装配或子装配的所属部件。

（4）　完全加载的部件。

（5）　部件或装配处于显示状态。

（6）　当前部件或装配处于关闭状态。

3. 窗口右键操作

UG NX 12.0【装配导航器】窗口的右键操作有两种方式，即在组件上右击和在空白区域右击。

（1）组件右键操作　将鼠标定位在装配树的节点处右击，弹出如图6-3所示的快捷菜单。

该菜单中的选项随组件和过滤模式的不同而不同，同时还与组件的状态有关，通过菜单中的选项可以对所选的组件进行各种操作。例如，选择组件名称并选择【设为工作部件】选项，或者双击组件名称，则该组件将转换为当前工作部件，其他组件都是非工作部件，以灰色方式显示。

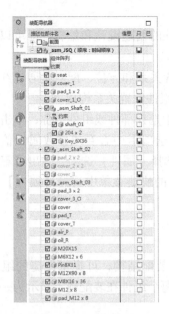

图 6-2　装配导航器

图 6-3　组件右键快捷菜单

（2）空白区域右键操作　在【装配导航器】中的任意空白区域中右击，弹出如图 6-4 所示的快捷菜单。该菜单中的选项与【装配导航器】工具条上的按钮是一一对应的。选择指定选项，可执行相应的操作。部分选项介绍如下。

提示：空白区域指的是【装配导航器】中最后一个组件的下方空白区域，而不是绘图窗口的空白区域。

1）【包含被抑制的组件】：显示被抑制的组件。

2）【WAVE 模式】：以 WAVE 模式显示【装配导航器】，包括导航器中快捷菜单上的附加选项。选择该选项时，允许在组件间建立几何链接。

3）【查找工作部件】：用来在装配中查找部件。

4）【全部折叠】：折叠各级子装配，仅显示第一级组件。

5）【展开所有组件】：打开下级装配。

6）【展开至选定的】：将选择的项目展开。

7）【展开至可见的】：使每个装配的组件的节点在装配结构树中都能看到。

8）【展开至工作的】：展开节点到工作组件。

9）【展开至加载的】：将所有已加载的组件节点展开。

10）【全部打包】：将同一级装配中的所有组件用一个节点表示，其后的数字表示组件个数。

11）【全部解包】：在装配树中，将所有相同的组件展开，用不同的节点表示。

12）【导出至浏览器】：将组件的节点输出为网页文件，并在默认浏览器中打开。

6.1.4　引用集

在装配中，通过使用引用集可以过滤组件或子装配的数据，大大简化装配的图形显示，并且可以节省内存，提高计算机的运行速度。

1. 引用集的概念

引用集是零件或子装配中对象的命名集合，用于表示装配中几何体比完整实体简单的组件部件。使用【引用集】命令和选项可以过滤和控制较高级别装配中组件或子装配部件的显示。引用集有以下两种类型：

1）由软件管理的自动引用集。

2）用户定义的引用集。

管理出色的引用集策略可以实现：缩短加载时间，减少内存使用，图形显示更整齐。

引用集包含的数据有：零部件名称、原点、方向、几何体、坐标系、基准轴、基准平面和属性等。引用集一旦被创建，就可以单独装配到部件中，每个组件可以有多个不同的引用集。

2. 默认引用集

尽管组件可以有多个引用集，而且默认的引用集也不尽相同，但所有的组件都包含两个默认的引用集。执行【菜单】|【格式】|【引用集】命令，弹出如图6-5所示的【引用集】对话框。

（1）Entire Part（整个部件） 该默认引用集表示引用部件的全部几何数据。在添加部件到装配中时，如果不选择其他引用集，默认使用该引用集。

图6-4 空白区域右键快捷菜单　　　　　　**图6-5** 【引用集】对话框

（2）Empty（空的） 该默认引用集为空的引用集。空的引用集不含任何几何对象，当部件以空的引用集形式添加到装配中时，在装配中看不到该部件。

提示： 如果部件几何对象不需要在装配模型中显示，可将部件替换为空的引用集，以提高显示速度，如图6-6所示。

3. 创建引用集

部件的引用集既可以在部件中建立，也可以在装配中建立。首先应当使部件成为工作部件，才能在装配中建立某部件的引用集。此时会在【引用集】对话框中增加一个引用集名称。

在【引用集】对话框中单击【添加新的引用集】按钮，在【引用集】列表框中输入引用集的名称并按<Enter>键确认，然后单击【选择对象】按钮，在工作区域或者【装配导航器】中选择几何对象，即可建立一个用所选对象表达该部件的引用集，如图6-7所示。

图6-6 设置空的引用集

图6-7 添加新的引用集

4. 删除引用集

用于删除组件或子装配中已建立的引用集。在【引用集】对话框的列表框中选中需要删除的引用集后，单击移除按钮，即可将该引用集删除。

5. 设为当前引用集

可将高亮显示的引用集设置为当前的引用集，也称为替换引用集。可在【引用集】对话框的列表框中选择引用集的名称，然后单击【设为当前】按钮，则该引用集设置为当前引用集。

6. 编辑属性

用于对引用集的属性进行编辑操作。选中某一引用集并单击【属性】按钮，打开【引用集属性】对话框。在对话框中输入属性的名称和属性值，单击【应用】按钮，即可执行属性编辑操作。

6.2 装配约束

装配约束可通过定义两个组件之间的约束条件来确定组件在装配中的位置。根据装配体的自由度个数将装配约束分为完全约束和欠约束。本节介绍如何进行装配约束。

1. 接触对齐

在 UG NX 12.0 中，将【对齐】约束和【接触】约束合二为一，称为【接触对齐】约束。该约束可以约束两个组件，使其彼此接触或对齐，这是最常用的约束。该约束类型包含四种具体的约束方式。

执行【装配】功能选项卡|【组件位置】组|【装配约束】命令，在弹出的【装配约束】对话框中选择【接触对齐】约束，然后在【要约束的几何体】选项组的【方位】下拉列表框中选择接触或对齐的形式，如图6-8a所示，图6-8b所示为显示快捷方式时的样式。四种约束方式的操作及含义如下。

a) 下拉列表框　　　　　b) 快捷方式

图 6-8 【装配约束】对话框

（1）【首选接触】 系统默认的方式。根据选定的两个对象的几何特征，系统自动选择【接触】或【对齐】，当【接触】和【对齐】约束都可以时选择【接触】约束，如果想选择【对齐】约束，可单击【撤销上一个约束】按钮。

（2）【接触】 在装配组件和基准组件上分别选择一个表面，使其自动相互接触且法向矢量方向相反，经常用于两平面之间的【接触】约束。实例如图6-9所示，依次选择销台阶处的圆环平面和圆环的顶面，使其处于同一平面，并且法向矢量反向。

（3）【对齐】 【对齐】约束与【接触】约束相似，只是【对齐】约束是使两个面的法向矢量方向相同。实例如图6-10所示，依次选择销的底面和圆环的底面。

（4）【自动判断中心/轴】 对于选取的两旋转对象，系统将根据所选的参照自动判断，使用面的中心（而不是面本身）或轴作为约束完成中心或轴的对齐，【自动判断中心/轴】约束经常用于轴与孔之间的装配。实例如图6-11所示，依次选择销的外圆面和圆环的外圆面，也可以选择销和圆环的轴线，但不如选择外圆面方便。

提示：建立两个部件之间的装配约束时，其中一个部件作为基准件，另一个部件作为装配件；装配时基准件位置不变，装配件调整位置适应装配约束关系。

选择两个对象时，先选择装配件的几何对象，后选择基准件的几何对象。

2. 同心

【同心】约束是约束两条圆边或椭圆边，以使中心重合并使边的平面共面，即在装配组件上选择一个几何对象，并在基准组件中也选一个几何对象，使两个对象的几何中心重合。

在【装配约束】对话框中选择【同心】约束◎，在两个部件上各选择一个圆，系统自动将两个圆的圆心重合，而且所选的两个圆位于同一平面上，实例如图 6-12 所示。【同心】约束的效果与【接触/对齐】+【自动判断中心/轴】的效果类似。

图 6-9 【接触】约束   图 6-10 【对齐】约束

图 6-11 【自动判断中心/轴】   图 6-12 【同心】约束

3. 距离

【距离】约束是约束两个组件上所选定的对象之间的最小距离。

在【装配约束】对话框中选择【距离】约束，分别依次选择销台阶处的圆环平面和圆环的顶面，在屏显文本框中输入距离值，则系统会按照给定的距离约束两个部件的相对位置，单击【撤销上一个约束】按钮，会得另外一种备选解。实例如图 6-13 所示。

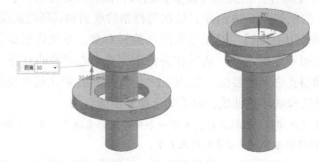

图 6-13 【距离】约束

提示： 在输入距离时数值可以是正数，也可以是负数。

4. 固定

【固定】约束是将对象固定在当前位置。添加第一个组件时会提示创建【固定】约束，如图 6-23 所示；也可以对已添加至装配中的组件添加【固定】约束。

在【装配约束】对话框中选择【固定】约束 ，在图形窗口单击需要添加【固定】约束的组件即可。

5. 平行

【平行】约束可以使装配组件和基准组件上几何对象的方向矢量平行。

如图 6-14 所示的模型，在【装配约束】对话框中选择【平行】约束 ，选择连杆的上顶面和底座的平行于转轴轴线的侧面，则系统会自动使两个几何对象的方向矢量相互平行，单击【撤销上一个约束】按钮 ，会得另外一种备选解。

6. 垂直

【垂直】约束可以使装配组件和基准组件上几何对象的方向矢量垂直。是【角度】约束的一种特殊形式，可单独设置，也可以按照【角度】约束设置。

如图 6-15 所示的模型，在【装配约束】对话框中选择【垂直】约束 ，选择连杆的上顶面和底座平行于转轴轴线的侧面，使两个几何对象的方向矢量相互垂直。

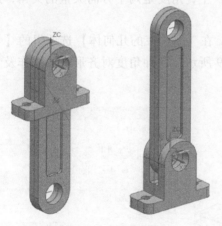

图 6-14 【平行】约束

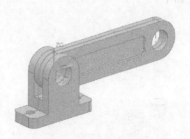

图 6-15 【垂直】约束

7. 中心

对于具有旋转体特征的组件，通过设置【中心】约束可以使装配件的几何对象与基准件的几何对象的中心重合，以限制组件在整个装配中的相对位置。

在【装配约束】对话框中选择【中心】约束 ，如图 6-16 所示。在【要约束的几何体】选项组的【子类型】下拉列表框中选择中心对齐的形式，有三种中心对齐形式，其操作及含义如下。

（1）【1 对 2】 将装配组件上的一个几何对象的中心与基准组件上的两个几何对象确定的中心对齐。实例如图 6-17 所示，T 型槽螺栓杆中心线与由 T 型槽左右侧面确定的中心对齐。

图 6-16 【中心】约束

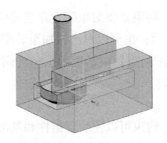

图 6-17 【中心】约束 |【1 对 2】

（2）【2 对 1】 将装配组件上选择的两个几何对象确定的中心和基准组件中的一个对象中心对齐，与【1 对 2】类似。

（3）【2 对 2】 将装配组件上选择的两个几何对象确定的中心和基准组件上选择的两个几何对象确定的中心对齐，单击【撤销上一个约束】按钮，会得到另外一种备选解。实例如图 6-18 所示，由 T 型槽螺栓头两侧面确定的中心与由 T 型槽左右侧面确定的中心对齐。

8. 角度

【角度】约束可以在两个具有方向矢量的对象间产生，角度是两个方向矢量的夹角，逆时针方向为正。

在【装配约束】对话框中选择【角度】约束，在【要约束的几何体】选项组的【子类型】下拉列表框中选择角度对齐的形式，如图 6-19 所示，两种角度对齐形式的操作及含义如下。

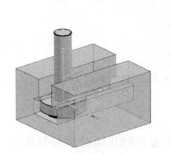

图 6-18 【中心】约束 |【2 对 2】

图 6-19 【角度】约束

（1）【3D 角】 在【子类型】下拉列表框中选择【3D 角】，然后在装配组件和基准组件中各选择一个对象，并设置两个对象之间的角度。单击【撤销上一个约束】按钮，会得到另外一种备选解。实例如图 6-20 所示。

（2）【方向角度】 选择三个对象时，首先选择一个对象作为方向角度的方向矢量，接着在两个部件上各选择一个几何对象，第二、三个对象必须通过该矢量；在【角度】选项

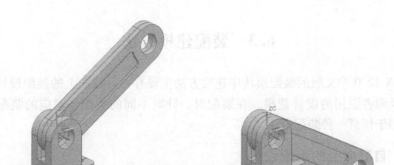

图6-20 【角度】结束|【3D角】

组的【角度】文本框中输入两者之间的夹角后，第二个对象绕矢量转动，第三个对象固定不动，如图6-21所示，第一个对象选择两个长方体接触的棱边，第二个对象选择左侧长方体底面的棱边或者内侧面，第三个对象选择右侧长方体底面的棱边或者内侧面。

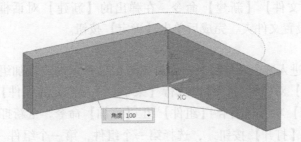

图6-21 【角度】约束|【方向角度】

这种约束方式首先需要在两条边（分别位于两个长方体上）之间创建【对齐】约束作为预约束，然后才可以使用该预约束在包含这两条边的面之间创建【方向角度】约束。如果不使用【对齐】约束，则不能创建【方向角度】约束。

注意：

1）当两个部件之间建立多个装配约束关系时，必须始终以同一部件作为装配件，另一部件作为基准件。

2）【方向角度】约束需要"源"几何体和"目标"几何体，而且还需要一个定义旋转轴的预约束。如果没有合适的预约束，则创建【方向角度】约束失败。为此，应尽可能地创建【3D角】约束，而不创建【方向角度】约束。

9. 其他约束

（1）【对齐/锁定】约束 可以对齐不同对象中的两个轴，同时防止绕公共轴旋转。通常，当需要将螺栓完全约束在孔中时，这可作为约束条件之一。

（2）【配合】约束 = 将对象固定在其当前位置。在需要隐含的静止对象时，【配合】约束会很有用。如果没有固定的节点，整个装配可以自由移动。

（3）【胶合】约束 将对象约束到一起，以使它们作为刚体移动。【胶合】约束只能应用于组件，或组件和装配级的几何体、边、线、面等对象不可选。

6.3　装配建模方法

在 UG NX 12.0 中文版的装配模块中建模方法主要有：自底向上的装配设计、自顶向下的装配设计及两者混用的设计建模。在装配时，针对不同的装配体对应的装配方法各不相同，不应局限于任意一种装配方法。

6.3.1　自底向上的装配设计

自底向上装配是指先设计好装配模块中所需要的部件几何模型，再将这些几何模型按照装配顺序依次通过装配约束进行定位，使其装配成所需要的部件或产品。

在实际的装配过程中，多数情况是利用已经创建好的零部件直接调入装配环境中，执行多个约束设置，从而准确定位各个组件在装配中的位置，完成整个装配。为方便管理复杂装配体组件，可创建并编辑引用集。

1. 新建装配文件

执行【菜单】|【文件】|【新建】命令，在弹出的【新建】对话框中，模板选择【装配】，输入文件名，设置文件夹，完成后单击【确定】按钮。

2. 添加组件

新建装配文件，进入装配环境后，会弹出如图 6-22 所示的【添加组件】对话框。

关闭【添加组件】对话框后，可以执行【菜单】|【装配】|【组件】|【添加组件】命令，或者执行【装配】功能选项卡|【组件】组|【添加】命令，重新打开对话框。

在对话框中单击【打开】按钮，选择第一个组件，第一个组件一般是底座等装配基础件。第一个组件一般不需要通过约束装配，选择【放置】选项组|【移动】，单击【确定】按钮，会弹出如图 6-23 所示的【创建固定约束】对话框，单击【是】按钮，即可完成第一个组件的添加。

图 6-22　【添加组件】对话框

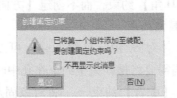

图 6-23　【创建固定约束】对话框

继续执行【装配】功能选项卡|【组件】组|【添加】命令，在弹出的如图 6-24 所示

的【添加组件】对话框中单击【打开】按钮，选择另一组件作为第二对象。【放置】选项组选择【约束】，弹出【约束类型】选项列表框，根据需要选择约束类型。单击【选择两个对象】（约束类型不同时也会显示【选择对象】），分别在预览窗口和图形窗口中选择约束对象。完成约束后，单击【确定】或【应用】按钮，即可实现这一组件的装配。

（1）选择部件 在【要放置的部件】选项组，可通过四种方式指定现有组件。

1）单击【选择部件】按钮，直接在图形窗口选取组件进行装配。

2）选择【已加载的部件】列表框中的组件进行装配。

3）选择【最近访问的部件】列表框中的组件进行装配。

4）单击【打开】按钮，在打开的【部件名】对话框中指定路径选择部件。

选中【保持选定】选项时，完成装配约束后，单击【应用】按钮，该组件仍处于选中状态，否则，需要重新选择组件。该选项可用于多重添加，如添加多个同型号的螺钉。

（2）【放置】选项组 该选项组用于指定组件在装配中的定位方式。有【移动】和【约束】两种定位操作选项可供选择。

1）【移动】：将组件添加到装配中后相对于指定的基点移动，并将其定位。选择该选项可打开【点】对话框，输入指定移动的基点，在图形窗口中进行移动定位操作。详细操作见6.4.3节移动组件。

2）【约束】：选择该方式时，系统将按约束条件确定组件在装配中的位置。约束的种类及操作在6.2节中已经做过详细的介绍。

图6-24 【添加组件】|【约束】

当选择约束选项并选择部件后，【添加组件】对话框【放置】组会出现以下两种选项：

①【约束类型】列表框：包括11种约束类型，分别为【接触对齐】、【同心】、【距离】、【固定】、【平行】、【垂直】、【对齐/锁定】、【配合】、【胶合】、【中心】、【角度】。

②【要约束的几何体】子选项组：该选项组中的【方位】下拉列表框含有具体的约束

形式，【选择两个对象】选项用于选取要约束的两个几何对象，【撤销上一个约束】按钮⊠是当发现约束不符合要求时，显示系统提供的另外一种备选解。

（3）【设置】选项组

1）在【设置】选项组中选中【预览】复选框，可以在图形窗口中预览要添加的组件，如果要添加的组件遮挡约束对象，可以取消选择【预览】复选框。选中【启用预览窗口】复选框，可以打开预览窗口，如图6-25所示。

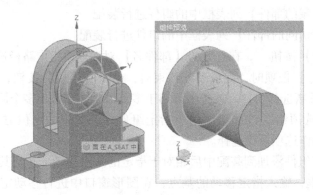

图6-25 预览窗口

2）【引用集】下拉列表框中包含：【模型】、【轻量化】、【整个部件】和【空】等选项。

3）【图层选项】下拉列表框中包含：【原先的】、【工作的】和【按指定的】三个选项。

引用集一般选择【整个部件】，图层选项一般选择【原始的】，对于需要使用基准轴的组件，如弹簧等，可以选择【工作的】。

添加约束时，一般先在预览窗口中的组件上选择约束对象，再在图形窗口中的组件上选择约束对象。预览窗口只在添加组件过程中出现。

注意：

1）在新建的装配文件中添加组件时，第一个组件必须以【绝对原点】进行装配定位，因为它没有其他零部件可以作为基础组件用于参照。后续组件可以选择其他约束方式来定位。

2）如果通过约束方式来定位，需要注意约束条件不能循环创建，即组件1→组件2→组件1进行约束。

6.3.2 自顶向下的装配设计

自顶向下的装配设计是指按照上下文设计的方法进行装配，即在装配过程中参照其他部件对当前工作部件进行设计。这种设计方法可以有效地提高设计效率，同时保证了部件之间的关联性，便于参数化设计。UG NX 12.0支持多种自顶向下的装配方式，其中最常用的方法有两种。

1. 第一种自顶向下的装配方法

这种方法是先建立装配关系，但不建立任何几何模型，然后把其中的组件作为工作部件，并在其中创建几何模型，即在上下文中进行设计，边设计边装配。其具体操作步骤如下。

1）创建一个新的装配文件。

2）执行【菜单】|【装配】|【组件】|【新建组件】命令 ![]，或执行【装配】功能选项

卡︱【组件】组︱【新建组件】命令，弹出与【新建文件】类似的【新组件文件】对话框。指定模型模板，输入文件名及文件保存路径后，单击【确定】按钮，弹出如图6-26所示的【新建组件】对话框。

3）如果单击【选择对象】按钮，可选取绘图窗口中的图形对象作为新建组件。但是自顶向下的装配设计只创建一个空的组件文件，所以不需要选择几何对象。

4）【设置】选项组包含三个下拉列表框、一个文本框和一个复选框，其含义和设置方法如下。

①【组件名】。用于指定组件名称，默认为组件的存盘文件名。如果新建多个组件，可以修改组件名，以便于区分。

②【引用集】。在该下拉列表框中可指定当前引用集的类型。如果此前已经创建了多个引用集，则该列表框包含【模型】、【仅整个部件】和【其他】三个选项。如果选择【其他】选项，可指定引用集的名称。

③【图层选项】。用于设置新建组件在装配部件中的安放图层。其中【工作】选项表示新组件放置于装配组件的工作层；【原始的】选项表示新组件保持原来的层位置；【按指定的】选项表示将新组件放置于装配组件的指定层。

④【组件原点】。用于指定组件原点采用的坐标系。其中【WCS】选项表示设置零件原点采用工作坐标系；【绝对】选项表示设置零件原点采用绝对坐标系。

⑤【删除原对象】。选中该复选框，则在装配中删除所选的几何模型对象。

5）单击【确定】按钮，完成新组件的建立。采用步骤2）~5），在装配文件中分别创建两个新的组件m_1和m_2。

6）在【装配导航器】中右击m_1组件打开快捷菜单，将m_1组件设为工作部件，进行编辑，如图6-27所示。

图6-26 【新建组件】对话框

图6-27 设置工作部件

7）再将m_2组件设为工作部件，进行上下文设计。

8）最后，执行【装配】功能选项卡︱【组件位置】组︱【装配约束】命令，进行约束定位。

2. 第二种自顶向下的装配方法

这种装配方法是指在装配模块中先创建几何模型，再建立组件，即建立装配关系把创建的组件加入装配模型中。与第一种装配方法的不同之处为：该装配方法打开一个不包含任何部件和组件的新文件，并且使用链接器将对象链接到当前装配环境中。其具体操作步骤如下。

（1）打开文件并新建组件　打开一个文件，该文件可以是一个无任何几何体和组件的新文件，也可以是一个含有几何体或装配部件的文件。然后创建一个新的组件，由于新组件不含任何几何对象，因此装配图形无任何变化。

（2）建立和编辑新组件几何对象　将新组件作为工作部件，然后在新组件中创建几何对象。最常用的创建方法有以下两种。

1）创建几何对象。如果不要求新组件与装配中其他组件间的尺寸关联，可以把新组件作为工作部件，直接在新组件中采用建模的方法建立和编辑几何对象。在图形窗口中左击指定组件后，单击【装配】工具条上的【设为工作部件】按钮，即可将该组件转换为工作部件。然后新建组件或添加现有组件，并将其定位到指定位置。

2）约束几何对象。如果要求新组件与装配中其他组件有几何配对性，则应在组件间建立链接关系。WAVE 技术是一种基于装配建模的相关性参数化设计技术，可以在不同部件之间建立参数间的相关性，实现部件之间的几何对象的相关复制。使用【WAVE 几何链接器】对话框建立组件间的链接关系：可以保持显示组件不变，把新组件作为工作部件。然后执行【装配】功能选项卡 |【常规】组 |【WAVE 几何链接器】命令，弹出如图 6-28 所示的对话框。

该对话框用于将其他组件中的点、线、面和体等链接到当前的工作组件中。在如图 6-29 所示的链接类型下拉列表框中包含了九种链接几何对象的类型，不同的类型对应不同的选项组。下面简要介绍这些类型的含义和操作方法。

图 6-28　【WAVE 几何链接器】对话框

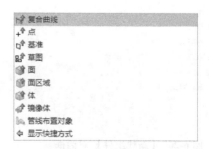

图 6-29　链接类型

①【复合曲线】：用于建立链接曲线。可从其他组件上选取线或边缘，单击【应用】按钮，则所选对象被链接到工作部件中。

②【点】：用于建立点。可从其他组件上选取一点，单击【应用】按钮，则所选点或由

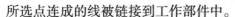

所选点连成的线被链接到工作部件中。

③【基准】：用于建立链接基准平面或基准轴。可从其他组件上选取基准面或轴，单击【应用】按钮，则所选对象被链接到工作部件中。

④【草图】：用于建立链接草图。可从其他组件上选取草图，单击【应用】按钮，则所选对象被链接到工作部件中。

⑤【面】：用于建立链接面。可从其他组件上选取一个或多个实体表面，单击【应用】按钮，则所选表面被链接到工作部件中。

注意：为检验链接效果，可在执行【面】链接操作后，执行【装配】功能选项卡|【常规】组|【部件间链接浏览器】命令，在打开的对话框中可浏览、编辑、断开所有已链接信息。

⑥【面区域】：用于建立链接区域。单击【选择种子面】按钮，从其他组件上选取种子面，再单击【选择边界面】按钮，指定各边界，然后单击【应用】按钮，则指定边界所包含的区域被链接到工作部件中。

⑦【体】：用于建立链接实体。可从其他组件上选取实体，单击【应用】按钮，则所选实体被链接到工作部件中。

⑧【镜像体】：用于建立链接镜像实体。单击【选择体】按钮，从其他组件上选取实体，再单击【选择镜像平面】按钮，指定镜像平面，然后单击【应用】按钮，则所选实体以所选的镜像平面镜像到工作部件中。

⑨【管线布置对象】：用于对布线对象建立链接。单击【选择管线布置对象】按钮，从其他组件上选取布线对象，单击【应用】按钮确认。

6.4　编　辑　组　件

在组件装配中为满足装配要求，常常需要删除、替换或移动现有组件，此时可以利用操作环境中提供的工具快速完成编辑组件操作任务。

6.4.1　删除组件

在图形窗口中右键单击要删除的对象，弹出如图 6-30 所示的快捷菜单和快捷工具条。选择快捷菜单中的【删除】选项，或者单击快捷工具条中的【删除】按钮×，即可将指定组件删除。在图形窗口中左键单击要删除的对象，也会弹出快捷工具条。对于已经约束过的组件，执行【删除组件】命令时，将打开如图 6-31 所示的【删除】对话框。单击【确定】按钮，可同时将与该组件相关的约束删除。

6.4.2　替换组件

在装配过程中，可选取指定的组件将其替换为新的组件。

执行【菜单】|【装配】|【组件】|【替换组件】命令，或者执行【装配】功能选项卡|【组件位置】组|【更多】|【组件库】|【替换组件】命令，也可以在要替换的组件上单击右键，在弹出的快捷菜单中选择【替换组件】选项，将弹出如图 6-32 所示的【替换组件】对话框。

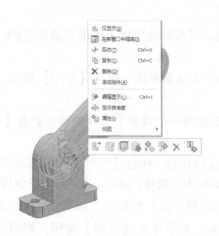

图 6-30　快捷菜单及快捷工具条　　　　**图 6-31　【删除】对话框**

单击对话框中【要替换的组件】选项组中的【选择组件】按钮，可在图形窗口中选取要替换的组件；也可以在【已加载的部件】和【未加载的部件】列表框中选择组件名称；或是单击【浏览】按钮，指定路径选择组件名称。然后展开【设置】选项组，该选项组中两个复选框的含义如下。

（1）【保持关系】　选中【保持关系】复选框，可在替换组件时保持装配关系。

（2）【替换装配中的所有事例】　选中【替换装配中的所有事例】复选框，则当前装配体中所有重复使用的组件都将被替换。

指定要替换的组件 a_rod. prt。在【替换组件】对话框中，单击【浏览】按钮，在弹出的【选择】对话框中选择 a_rod_N. prt 作为【替换部件】，单击【OK】按钮予以确认，则原来的 a_rod. prt 组件被 a_rod_N. prt 替换。

在新组件处于以下状况时会收到关于要替换的组件不是替换件修订版的提示信息。

1）不是从同一原始模板部件创建的。

2）如果未使用模板，则不是同一原始毛坯部件的派生部件。

图 6-32　【替换组件】对话框

6.4.3　移动组件

在装配设计时，有时依靠约束条件达不到装配要求，这时需要用到【移动组件】命令，可以采用手动编辑的方式将组件移动到指定位置。使用【移动组件】命令时，需要注意组件之间的装配约束关系。

执行【菜单】|【装配】|【组件位置】|【移动组件】命令，或者执行【装配】功能选项卡|【组件位置】组|【移动组件】命令，也可以在要移动的组件上单击右键，在弹出的快捷菜单中选择【移动】选项，或者单击快捷工具条中的【移动】按钮，弹出如图6-33所示的【移动组件】对话框。对话框中各选项设置如下。

（1）类型 在【运动类型】下拉列表框中含有移动组件的十种设置方式，如图6-34所示，含义如下。

图6-33 【移动组件】对话框

图6-34 移动类型

1）✏️【距离】：通过定义矢量方向和距离参数实现移动组件的目的。选择该方式后，选取待移动的组件，选取矢量方向，输入移动距离即可实现。

2）❌【角度】：用于沿着指定矢量按一定角度移动组件。选取点和该轴对应的矢量方向，使组件沿旋转轴执行旋转操作。

3）✏️【点到点】：用于将所选的组件从一个点移动到另一个点。选取起始点和终止点，将指定组件移动到终止点位置。

4）✏️【根据三点旋转】：用于在选择的两点之间旋转所选的组件。通过指定三个参考点并输入旋转角度，即可将组件在所选择的两点之间旋转指定的角度。

5）✏️【将轴与矢量对齐】：允许使用两个指定矢量和一个枢轴点来移动组件，用于在选择的两轴间旋转所选的组件。通过指定参考点、参考轴和目标轴的方向，并输入旋转角度，即可将组件在所选择的两轴间指定旋转角。

6）✏️【坐标系到坐标系】：采用移动坐标系的方式重新定位所选组件。打开【CSYS】对话框，指定参考坐标系和目标坐标系。

7）✏️【动态】：使用动态坐标系移动组件。选取待移动的对象，单击【移动方位】按钮，激活移动手柄，可通过移动或旋转移动手柄来动态移动组件。也可以单击【点构造器】按钮，在打开的【点构造器】对话框中指定点的坐标值从而移动组件。

8）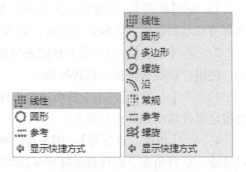【根据约束】：使用【根据约束】类型移动组件，对话框中将增加【约束】选项组，按照创建约束方式的方法移动组件。

9）【增量 XYZ】：允许用户根据 WCS 或绝对坐标系将组件移动指定的 *XC*、*YC* 和 *ZC* 距离。

10）【投影距离】：用于将组件沿着矢量移动，或者将组件移动一段距离，该距离是投影到运动矢量上的两个对象或点之间的投影距离。

（2）【复制】选项组　在该选项组的【模式】下拉列表中有【复制】、【不复制】和【手动复制】三种选项。

（3）【设置】选项组　该选项组用于设置移动组件是否仅移动组件或是否动态定位，如何检测碰撞动作等。

6.5　组件阵列和镜像

为提高装配的准确性和设计效率，在装配过程中，对于具有规律分布、对称分布的相同组件，可采用【组件阵列】或【组件镜像】命令一次获得多个特征，并且阵列或镜像的组件将按照原组件的约束关系进行定位。

6.5.1　创建组件阵列方式

在装配过程中，经常会遇到包含线性或圆周阵列的螺栓、销钉或螺钉定位组件，为实现快速而准确的装配，可使用【阵列组件】命令创建和编辑装配中组件的相关阵列。

使用【阵列组件】命令可创建组件副本，并将其放置在阵列结构中。多个组件可以使用一个组件阵列排列在一起。

在选中或清除【关联】复选框时都可以创建的关联阵列，如图 6-35 所示：

（1）【线性】　沿一个或两个线性方向排列组件。

（2）【圆形】　沿圆弧或圆排列组件。

（3）【参考】　使用现有阵列的成员创建并定位组件（如在阵列孔中放入螺栓）。

此外，还可以创建以下仅在【清除】关联复选框时才可用的非关联阵列有：

图 6-35　阵列布局类型

（1）【多边形】　沿多边形的边排列组件。

（2）【螺旋】　沿平面螺旋路径创建组件布局。

（3）【沿】　沿曲线链定义的路径创建组件。

（4）【螺旋】　沿螺旋路径创建组件。

（5）【常规】　在用户定义的位置创建一系列组件。

创建阵列组件后，该组件列在【装配导航器】的组件阵列文件夹中，并可在此处进行编辑。当装配包含现有组件阵列时，这些阵列还将列在组件阵列文件夹中，并可在该文件夹进行编辑。

1. 创建线性阵列

线性阵列用于创建一个二维组件阵列，即指定参照设置行数和列数创建阵列组件特征，也可创建正交或非正交组件阵列。具体操作如下。

1）根据约束条件装配好其中一个待阵列的组件，作为模板组件。

2）执行【菜单】|【装配】|【组件】|【创建阵列】命令 ，或者执行【装配】功能选项卡|【组件】组|【阵列组件】命令，弹出如图 6-36 所示的【阵列组件】对话框。在【阵列定义】选项组的【布局】下拉列表中，选择【线性】，在【设置】选项组中，确保选中【关联】复选框。

3）在图形窗口中左键单击选择阵列的组件，然后单击鼠标中键，结束组件选择。

4）在【阵列定义】选项组中，进行以下设置：

①【方向 1】子选项组：

• 从下拉列表中选择一个矢量类型，并根据需要指定矢量，一般选择对应的坐标轴即可。

• 从下拉列表中选择【间距】类型（数量和间隔、数量和跨距、节距和跨距），并输入所需值。

②【方向 2】子选项组：如果要指定第二方向，需要选中【使用方向 2】复选框，在【阵列定义】选项组中，进行以下设置：

• 从下拉列表中选择一个矢量类型，并根据需要指定矢量。

• 从下拉列表中选择【间距】类型（数量和间隔、数量和跨距、节距和跨距），并输入所需值。

5）完成以上设置后，结果如图 6-37 所示，单击【确定】按钮，即可完成线性阵列。

图 6-36 【阵列组件】|【线性】

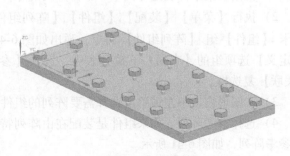

图 6-37 线性阵列

2. 创建圆形阵列

圆形阵列的定义方法与线性阵列基本相同，用于创建一个二维组件阵列，也可以创建正交或非正交的组件阵列。唯一的差别是指定阵列的方向不同，线性阵列是设置 X、Y 方向，而圆形阵列是设置阵列的中心轴。创建方法如下。

1）根据约束条件装配好其中一个待阵列的零件，作为模板组件。

2）执行【菜单】|【装配】|【组件】|【创建阵列】命令，或者执行【装配】功能选项卡|【组件】组|【阵列组件】命令，弹出如图 6-38 所示的【阵列组件】对话框，在【阵列定义】选项组的【布局】下拉列表中，选择【圆形】，在【设置】选项组中，确保选中【关联】复选框。

3）在图形窗口中左键单击选择一个或多个需要阵列的组件，然后单击鼠标中键，结束组件选择。

4）在【阵列定义】选项组中，进行以下设置：

①【旋转轴】子选项组：

• 从下拉列表中选择一个矢量类型，并根据需要指定矢量。

• 从下拉列表中选择一个点类型，并指定圆形阵列的中心点。

②【斜角方向】子选项组：从下拉列表中选择【间距】类型（数量和间隔、数量和跨距、节距和跨距），并输入所需值。

5）完成以上设置后，结果如图 6-39 所示，单击【确定】按钮，即可完成圆形阵列。

图 6-38 【阵列组件】|【圆形】

3. 创建参考阵列

参考阵列是指根据原组件的装配约束，以其零部件的实例特征作为参照来实现装配组件的阵列。UG NX 12.0 能判断实例特征的阵列类型，从而自动创建阵列。具体操作如下。

1）根据约束条件装配好其中一个待阵列的零件，作为模板组件。

2）执行【菜单】|【装配】|【组件】|【阵列组件】命令，或者执行【装配】功能选项卡|【组件】组|【阵列组件】命令，弹出如图 6-40 所示的【阵列组件】对话框。在【阵列定义】选项组的【布局】下拉列表中，选择【参考】，在【设置】选项组中，确保选中【关联】复选框。

3）在图形窗口中左键单击选择需要阵列的组件。

4）选择参考阵列。如果组件是装配在由阵列特征创建的特征对象中，则软件会自动选中参考阵列，如图 6-41 所示。

5）单击【确定】按钮，即可完成参考阵列操作。

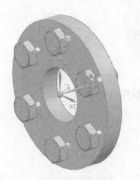  

图 6-39 圆形阵列   **图 6-40** 【阵列组件】|【参考】   **图 6-41** 参考阵列

6.5.2 编辑阵列方式

在装配环境中，创建组件阵列之后，可以根据需要进行编辑和删除等操作。

在【装配导航器】中的组件阵列文件夹下，右键单击组件阵列节点，弹出如图 6-42 所示的快捷菜单。单击【编辑】选项，会弹出与创建阵列时类似的【阵列组件】对话框，可以修改阵列组件的参数。

6.5.3 删除阵列

在【装配导航器】中的组件阵列文件夹下，右键单击组件阵列节点，在如图 6-42 所示

图 6-42 阵列节点快捷菜单

的快捷菜单中，选择【删除】选项，会弹出如图 6-43 所示的对话框。单击【是】按钮，会删除选定组件阵列和阵列的组件，但不会删除原始模板组件；单击【否】按钮，会删除选定组件阵列，但不会删除阵列的组件和原始模板组件，删除组件阵列后将无法再进行编辑组件阵列操作。

提示：原始模板组件，必须在删除组件阵列后，才能进行删除操作。

删除组件阵列后，在图形窗口中右键单击模板组件，在如图 6-44 所示的快捷菜单中选择【删除】选项，会出现如图 6-45 所示的对话框，单击【确定】按钮即可删除模板组件。

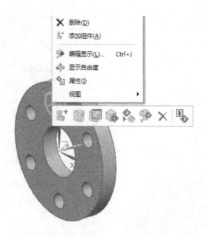

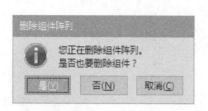

图 6-43 【删除组件阵列】对话框

图 6-44 删除模板组件的快捷菜单

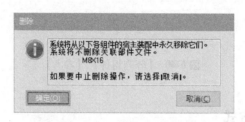

图 6-45 【删除】对话框

6.5.4 组件镜像

在装配过程中，对于沿基准面对称分布的组件，使用【镜像装配】命令可以一次获得多个特征，并且镜像的组件按照原组件的约束条件进行定位。具体操作方法如下。

1）执行【菜单】|【装配】|【组件】|【镜像装配】命令 ，或者执行【装配】功能选项卡|【组件】组|【镜像装配】命令，弹出如图 6-46 所示的【镜像装配向导】对话框的欢迎界面。

图 6-46 【镜像装配向导】对话框——欢迎界面

2）单击【下一步】按钮，在新对话框中选取需要镜像的一个或多个组件，如图 6-47 所示。

图 6-47 【镜像装配向导】对话框——选择组件

3）单击【下一步】按钮，弹出如图 6-48 所示的对话框，选取基准平面作为镜像平面。如果没有，则可以单击对话框中【选择现有平面或使用按钮创建一个平面】右侧的【创建基准平面】按钮，在弹出的【基准平面】对话框中创建一个基准平面作为镜像平面。

图 6-48 【镜像装配向导】对话框——选择或者创建基准平面

4）单击【下一步】按钮，在新弹出的对话框中选择命名策略，一般选默认值即可。如图 6-49 所示。

图 6-49 【镜像装配向导】对话框——命名策略

5）单击【下一步】按钮，在新弹出的对话框中选择镜像类型。在【组件】列表中选择一个组件，对话框底部的按钮会被激活，可为每个组件选择不同的镜像类型，如图 6-50 所示。

①【重用和重定位】：默认镜像类型。

②【关联镜像】：创建组件的关联相反端版本，并创建新部件。

③【非关联镜像】 ⬚：创建组件的非关联相反端版本，并创建新部件。

④【排除】 ☒：排除所选组件，即不参与镜像操作。

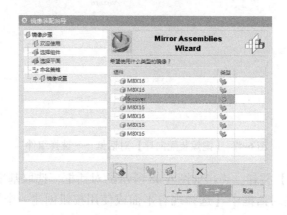

图6-50 【镜像装配向导】对话框——镜像设置

6）单击【下一步】按钮，会弹出新建部件文件的提示对话框，如图6-51所示。单击【确定】按钮，在新弹出的对话框中指定各个组件的多种定位方式。选择【定位】列表框中各列选项，系统将执行对应的定位操作。也可以多次单击【循环重定位解算方案】按钮 🔄，在几种镜像方案中进行切换，查看定位效果，如图6-52所示。如果镜像类型为【关联镜像】，则可单击【下一步】按钮，弹出如图6-53所示的对话框，可查看重命名新部件文件名，设置完成后单击【完成】按钮，结果如图6-54所示。

图6-51 新建部件文件的提示对话框

图6-52 【镜像装配向导】对话框——镜像检查

图6-53 【镜像装配向导】对话框——重命名新部件文件

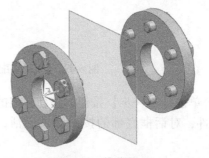

图6-54 镜像装配

由于本例中组件选择的镜像类型为【关联镜像】，因此，完成镜像装配后，会生成新的对应部件文件，修改镜像平面的位置时，镜像组件的位置也会随之变化。

6.6 装配干涉检查

1. 间隙分析

使用【装配间隙】相关命令可检查装配的选定组件中是否存在可能的干涉。此命令可报告以下类型的干涉：

（1）软干涉 对象之间的最小距离小于或等于安全区域。比此距离小的对象之间即使没有接触，也会报告为干涉。可为各对象、成对的对象或整个装配创建安全区域。

（2）接触干涉 对象之间有接触但不相交。

（3）硬干涉 对象彼此相交。

（4）包容干涉 一个对象完全包含在另一个对象内。

提示： 在【间隙浏览器】对话框中将硬干涉和包容干涉都显示为硬干涉。

间隙分析需要创建新的间隙集，或选择并激活现有的间隙集，过程如下。

1）可执行【菜单】|【分析】|【装配间隙】|【新建集】命令，或者执行【装配】功能选项卡|【间隙分析】组|【新建集】命令，弹出如图6-55所示的【间隙分析】对话框。创建间隙集时，在对话框中可做如下设置：

① 在【间隙集】选项组中，指定要检查组件还是检查体。

② 在【要分析的对象】选项组中，指定要进行间隙分析的组件对或体对。

③ 在【例外】选项组中，通过指定要排除在分析之外的对象，来生成要分析的对象组的子集。如果使用的规则排除了要保留的对象对，则可定义另一个例外，将保留的对象对包含在分析中。

④ 在【安全区域】选项组中，可定义软件用于判断各对对象之间是否相互干涉的距离准则。

⑤ 在【设置】选项组中，选中【执行分析】复选框，则软件将保存间隙集并对其执行间隙分析，会弹出如图6-56所示的【间隙浏览器】对话框，并显示活动的集。

2）也可以执行【装配】功能选项卡|【间隙分析】组|【更多】|【集】命令，在弹出的【设置间隙集】对话框中，选择要分析的集，并单击【确定】按钮，激活现有的间隙集。如果未创建间隙集，则会弹出【间隙分析】对话框，根据需要创建新的间隙集。

3）执行【装配】功能选项卡|【间隙分析】组|【执行分析】命令，会弹出【间隙浏

图6-55 【间隙分析】对话框

览器】对话框,对当前激活的间隙集进行分析。如果未创建间隙集,则会弹出【间隙分析】对话框,根据需要创建新的间隙集。

4)在【间隙浏览器】对话框的【干涉】列表中,可选中某一干涉旁的复选框来隔离该干涉以供单独分析,其他组件会被隐藏。

2. 简单干涉

使用【简单干涉】命令可确定两个体是否相交,分析过程如下。

1)执行【菜单】|【分析】|【简单干涉...】命令,弹出如图 6-57 所示的【简单干涉】对话框。

2)选择要检查干涉的两个组件。

3)在【干涉检查结果】选项组的【结果对象】下拉列表中,选择【干涉体】。

4)单击【应用】或【确定】按钮后,若没有干涉,会出现【仅面或边干涉】的提示对话框;若出现干涉,则不弹出对话框,但会在【部件导航器】中生成两组件相交部分的实体。可隐藏原来的实体以查看新产生的实体。

图 6-56 【间隙浏览器】对话框

图 6-57 【简单干涉】对话框

6.7 编辑装配体中的部件

在装配体的【装配导航器】中右击 m_1 组件打开快捷菜单,将 m_1 组件设为工作部件,也可以通过双击部件,进入编辑状态,被选中的部件将高亮显示,如图 6-58 所示。在【部件导航器】中选择需要修改的特征进行修改。完成修改,需要退出编辑状态时,可将装配体设置为工作部件。

图 6-58 进入编辑状态

在装配体中编辑部件，结合【视图剖切】命令，可以直观地显示各部件之间的位置关系，方便调整各部件的参数。

6.8 爆 炸 视 图

使用【爆炸图】相关命令可创建一个视图，在该视图中选中的组件或子装配相互分离开来，以便用于工程图或其他图中。爆炸图与显示部件关联，并存储在显示部件中。用户可以在任何视图中显示爆炸图形，并对其进行操作，而且操作后也将同时影响到非爆炸图中的组件。

6.8.1 创建爆炸视图

在 UG NX 12.0 中，爆炸图的新建、编辑、删除等操作，包含在【菜单】|【装配】|【爆炸图】中，也可以使用如图 6-59 所示的【装配】功能选项卡|【爆炸图】工具条上的相关命令。

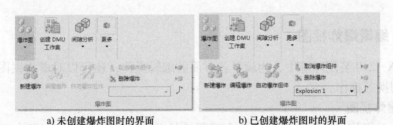

a) 未创建爆炸图时的界面   b) 已创建爆炸图时的界面

图 6-59 爆炸图相关命令

1. 新建爆炸视图

通常新建爆炸视图的操作方法如下。

1）执行【菜单】|【装配】|【爆炸图】|【新建爆炸】命令 ，或者执行【装配】功能选项卡|【爆炸图库】|【新建爆炸】命令，弹出如图 6-60 所示的【新建爆炸】对话框。

图 6-60 【新建爆炸】对话框

2）在【新建爆炸】对话框的【名称】文本框中输入爆炸图的名称。系统默认名称为Explosion 1、Explosion 2 等，同一装配体中可以创建多个爆炸图。

3）单击对话框中的【确定】按钮即可完成爆炸图的创建。但是从绘图窗口中看不出装配图形的变化，需通过执行后续命令才能看到爆炸图。

2. 自动爆炸组件

通过新建一个爆炸视图即可执行组件的爆炸操作。UG NX 12.0 提供了【自动爆炸组件】爆炸方式，该方式基于组件之间保持的关联条件，并沿表面的正交方向自动爆炸组件。

具体操作方法如下。

1）执行【菜单】|【装配】|【爆炸图】|【自动爆炸组件】命令，或者执行【装配】功能选项卡|【爆炸图库】|【自动爆炸组件】命令，弹出【类选择】对话框。选择要爆炸的组件。

2）单击【类选择】对话框中的【确定】按钮，弹出如图6-61所示的【自动爆炸组件】对话框。在对话框中输入距离，单击【确定】按钮，完成组件爆炸图的创建。

提示： 在对镜像组件爆炸时，会出现如图6-62所示的对话框。镜像组件可以通过6.8.2节中的【编辑爆炸图】命令逐一编辑。

图 6-61　【自动爆炸组件】对话框

图 6-62　不能自动爆炸时的对话框

6.8.2　编辑爆炸视图

在UG NX 12.0装配环境中，为满足各方面的编辑操作，还可以对爆炸视图进行位置编辑、删除和切换等操作。

1. 编辑爆炸视图

执行【自动爆炸组件】命令后，各个零部件的分布并不规律，甚至还有不能自动爆炸的组件，需要对爆炸的组件位置进行调整。其操作方法如下。

1）执行【菜单】|【装配】|【爆炸图】|【编辑爆炸图】命令，或者执行【装配】功能选项卡|【爆炸图库】中的【编辑爆炸图】命令，弹出如图6-63所示的【编辑爆炸】对话框。

2）在【编辑爆炸】对话框中选择【选择对象】单选按钮，用鼠标在图形窗口中选择要编辑的爆炸组件。

3）在【编辑爆炸】对话框中选择【移动对象】单选按钮，在图形窗口中选择移动手柄或旋转手柄，【编辑爆炸】对话框中的【距离】或【角度】文本框被激活，可以输入数值，其中负值为相反方向；也可拖动手柄移动或旋转所选对象。若单击【取消爆炸】按钮，则组件恢复到爆炸前的位置，重新拖动手柄实现对象的移动或旋转，如图6-64和图6-65所示。

图 6-63　【编辑爆炸】|【选择对象】

图 6-64　【编辑爆炸】|【移动对象】

操作完成后，单击【应用】按钮，再重新选择【选择对象】单选按钮，在图形窗口中，重新选择要编辑的爆炸组件。在组件上单击为选中组件，按下键盘上的<Shift>键再在组件上单击为取消选择组件。

4）若第 3）步选择【只移动手柄】单选按钮，则仅移动手柄，组件不动。

2. 删除爆炸视图

不需要显示装配体的爆炸效果时，可执行【删除爆炸图】命令。

1）执行【菜单】|【装配】|【爆炸图】|【删除爆炸图】命令 ⚔，或者执行【装配】功能选项卡|【爆炸图库】中的【删除爆炸图】命令，弹出如图 6-66 所示的【爆炸图】对话框。

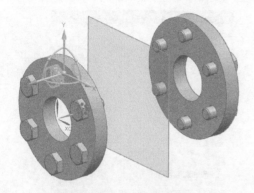

图 6-65　选择对象和手柄方向

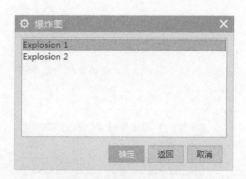

图 6-66　【爆炸图】对话框

2）在对话框中选择要删除的爆炸图名称，单击【确定】按钮完成操作。

提示： 如果要删除的爆炸图处于显示状态，则不能直接删除，需要切换为其他视图之后再删除。

3. 取消爆炸组件

【取消爆炸组件】命令用于将爆炸的组件恢复装配位置。其操作方法如下：

1）执行【菜单】|【装配】|【爆炸图】|【取消爆炸组件】命令 🔧，或者执行【装配】功能选项卡|【爆炸图库】|【取消爆炸组件】命令，弹出【类选择】对话框。

2）在图形窗口中选择要取消的爆炸组件，单击【确定】按钮完成操作。

4. 切换爆炸视图

在 UG NX 12.0 装配过程中，可在多个爆炸视图之间进行切换。其操作方法如下。

单击【装配】功能选项卡|【爆炸图库】中的下拉列表按钮，打开如图 6-67 所示下拉列表框，可根据需要选择要显示的爆炸图进行切换。

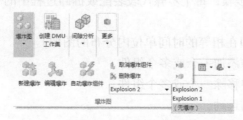

图 6-67　切换爆炸图

在【装配】功能选项卡|【爆炸图库】的下拉列表框中选择【（无爆炸）】选项，可显示装配未爆炸时的状态。

5. 隐藏和显示组件

1）隐藏：隐藏操作可将当前图形窗口中所选的组件进行隐藏。其操作方法是：执行【装配】功能选项卡|【爆炸图库】|【隐藏视图中的组件】命令，打开【隐藏视图中的组件】对话框，在绘图区域选择要隐藏的组件，单击【确定】按钮即可完成，如图 6-68 所示。

2）显示：是隐藏组件的逆操作。执行【装配】功能选项卡|【爆炸图库】|【显示视图中的组件】命令，可将已经隐藏的组件重新显示出来，如图 6-69 所示。

图 6-68 【隐藏视图中的组件】对话框   图 6-69 【显示视图中的组件】对话框

6.9 装 配 序 列

使用【装配序列】命令对显示装配的组件可以进行装配和拆卸仿真。每个序列均与装配布置（即组件的空间组织）相关联。可以采用以下方法来装配或拆卸组件：

1）每次一个。

2）作为组：例如，将其他组件固定在原位的所有螺栓组件。

3）已预装：例如，在开始当前序列之前装配的一组组件。

可以将一个装配序列导出为一部电影（AVI 格式的视频）。

一个序列分为一系列步骤，每个步骤代表装配或拆卸过程中的一个阶段。这些步骤可以包括：

1）一个或多个帧（即在相等的时间单位内分布的图像）。

2）向装配序列显示中添加一个或多个组件。

3）从装配序列显示中移除一个或多个组件。

4）一个或多个组件的运动。

5）移除或拆卸一个或多个组件之前的运动。

6）在运动之前添加或装配一个或多个组件。

使用【插入运动】命令可在装配序列中创建和录制运动。单击【插入运动】按钮时，将显示【录制组件运动】工具条。

每个运动步骤由一个或多个帧组成。一个帧表示一个时间单位，它是序列中的最小分度。一次可以回放运动的一个帧。

提示： 在执行【序列】命令之前，装配中的约束一定要全部抑制。

创建序列的步骤如下。

1. 新建序列

1) 执行【菜单】|【装配】|【序列】命令，或者执行【装配】功能选项卡|【常规】组|【序列】命令，进入序列任务环境，如图6-70所示。

图 6-70　序列环境

2) 执行【装配序列】组|【新建】命令，新建一个序列，新建序列后的界面如图6-71所示。

要退出序列任务环境，可选择【序列】|【主页】选项卡|【装配序列】组|【完成】。

序列专用工具条和菜单选项中包含与序列有关的选项。序列任务环境的专用工具条除【装配序列】、【序列步骤】工具命令外，还包括【工具】、【回放】、【碰撞】、【测量】等工具命令。

①【工具】：显示最常见【序列】命令的按钮。

②【回放】：控制序列回放和.avi电影导出。

③【碰撞】：设置在移动期间发生碰撞或违反预先确定的测量要求时要执行的操作。

【序列导航器】以图形方式显示正在编辑的关联序列或所有序列。显示内容包括：序列名称、与每个序列相关联的布置、组件部件和序列步骤，如图6-72所示。

图 6-71　序列【主页】选项卡及菜单栏

图 6-72　序列导航器

右键单击选项的节点，可以创建并修改序列和步骤。在下方的详细信息栏中通过选择【属性】并双击或通过从属性的快捷菜单中选择【编辑】，可以编辑一些属性的值，如名称、持续时间等。

重播序列时，【序列导航器】会以图形方式显示完成的步骤。

2. 插入运动

执行【序列步骤】组 | 【插入运动】命令，弹出如图 6-73 所示的【录制组件运动】工具条。在图形窗口选中对象后，【移动对象】等命令按钮被激活，单击【移动对象】按钮，在图形窗口中选择移动手柄或旋转手柄，输入距离值或角度值，即可完成选中对象的移动，如图 6-74 所示。

图 6-73 【录制组件运动】工具条

图 6-74 选择手柄

依次设置每个组件的运动顺序和距离，设置完成后单击【录制组件运动】工具条上的【确定】按钮 。

在【序列步骤】组中和【插入】菜单中包含以下命令：

(1) 【插入运动】 打开【录制组件运动】工具条，在其中可定义运动步骤。

(2) 【装配】 在关联序列中为所选组件创建一个装配步骤，并将组件从未处理的文件夹中移除。如果选定了多个组件，则按选择顺序为每个组件创建一个步骤。

(3) 【一起装配】 创建组件组和一个装配步骤，该步骤在关联序列中将组件组添加到装配，并将组件从未处理的文件夹中移除。

(4) 【拆卸】 在关联序列中为选定组件创建一个拆卸步骤。如果选定了多个组件，则按选择顺序为每个组件创建一个步骤。

(5) 【一起拆卸】 创建组件组和一个拆卸步骤，该步骤在关联序列中将组件组从装配中移除。

(6) 【摄像位置】 创建摄像步骤。摄像步骤将回放过程中的序列视图重新定向至创建步骤时显示的缩放位置和部件方位。

(7) 【暂停】 插入暂停步骤。暂停步骤提供许多帧，在序列回放中，这些帧中不执行任何操作。

(8) 【抽取路径】 计算所选组件的抽取路径。保存抽取路径时，会将它另存为关联序列中的抽取路径步骤。

在【工具】组中包括以下命令：

(1) 【删除】 删除选定的序列或步骤。将组件移到未处理的文件夹中。

（2）【在序列中查找】 允许在【序列导航器】中查找指定组件。

（3）【显示所有序列】 选中此选项时，显示【序列导航器】中的所有序列；未选中此选项时，仅显示关联序列。

以下命令在【工具】组中和【工具】菜单中可用。

（1）【捕捉布置】 将装配组件的当前位置另存为新布置。

（2）【运动包络】 在一系列运动步骤中，在一个或多个组件占用的空间中创建小平面化的体。

3. 回放及导出到电影

完成序列设置后，可设置相对回放速度，范围为 1（最慢）~10（最快）。单击【回放】组|【向前播放】按钮，可播放序列，如图 6-75 所示。

在【回放】组中和【工具】菜单中包括以下命令：

（1）【倒回到开始】 将当前帧设置为关联序列中的第一帧。

（2）【前一帧】 后退一帧。

（3）【向后播放】 从当前帧向后播放关联序列。

（4）【向前播放】 从当前帧向前播放关联序列。

（5）【下一帧】 向前移动一帧。

（6）【快进到结尾】 将当前帧设置为关联序列中的最后一帧。

（7）【导出至电影】 从当前帧向前播放帧，并将它们导出为 .avi 格式的电影，如图 6-76 所示。如果当前帧是最后一帧，则反向播放帧和录制电影。

（8）【停止】 在向后播放或向前播放期间可用，停止回放。

图 6-75　回放控制

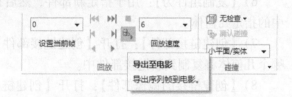

图 6-76　导出至电影

6.10　WAVE 几何链接器

使用【WAVE 几何链接器】命令将装配中其他部件的几何体复制到工作部件中。WAVE 几何链接器主要用于选择图形窗口中的对象。可创建关联的链接对象，也可创建非关联副本。编辑源几何体时，会更新关联的链接几何体及其大部分属性，不能更新的属性包括显示属性和材料属性。使用【WAVE 几何链接器】命令可以：

1）将装配中一个组件/部件的几何体链接到同一装配的工作部件中。

2）将一个子装配中的几何体链接到另一个子装配。

3）为选定的产品接口创建链接特征，或对特征进行编辑。

执行【菜单】|【工具】|【更新】|【部件间更新】|【延迟几何体、表达式和 PMI 更新】

命令，可暂停更新关联链接的编辑。

要更新链接对象，可执行【菜单】|【工具】|【更新】|【部件间更新】|【更新几何体、表达式和 PMI 或全部更新】命令。

所有 WAVE 链接对象初始均相对于源几何体定位，放置于活动部件的工作层。链接体将添加到工作部件中的模型引用集。

1. 【装配导航器】 WAVE 模式

可使用快捷菜单进入【装配导航器】WAVE
模式。右键单击【装配导航器】背景，在弹出的
快捷菜单中选择【WAVE 模式】，如图 6-77 所示。
也可以通过【菜单】|【工具】|【装配导航器】|
【WAVE 模式】进入。

启用 WAVE 模式时，WAVE 菜单将显示在组
件节点的装配导航器快捷菜单中。装配导航器
【WAVE 模式】命令包含如下选项：

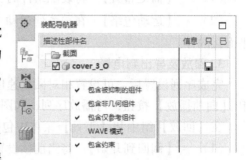

图 6-77　进入 WAVE 模式

1）【更新部件】：当部件由于开启【菜单】|【工具】|【更新】|【部件间更新】|【延迟几何体、表达式和 PMI 更新】选项未更新时，可使用该命令更新选定的组件部件。

2）【新建级别】：打开【新建级别】对话框。

3）【将几何体复制到组件】：打开【部件间复制】对话框。

4）【将几何体复制到部件】：用于选择现有的部件，然后打开【部件间复制】对话框。

5）【将几何体复制到新部件】：用于定义新部件，然后打开【部件间复制】对话框以定义 PILO 对象。

6）【复制组件为】：用于指定新部件，然后打开【部件间复制】对话框以复制所选部件中的指定几何体。

7）【创建链接部件】：打开【创建链接部件】对话框。通过选择引用集，用户可以控制哪个几何体将复制到新链接部件中。

8）【创建链接的镜像部件】：打开【创建链接的镜像部件】对话框。通过选择引用集，用户可以控制哪个几何体将复制到新链接镜像部件中。

2. 利用【WAVE 几何链接器】命令创建新部件

1）打开第 4 章 4.15.2 节中的轴承盖模型文件。

2）执行【主页】功能选项卡|【特征】组|【拉伸】命令创建垫片，【曲线规则】选择【区域边界曲线】，鼠标左键单击轴承盖法兰内侧端面，沿-YC 方向拉伸，开始距离为 0，结束距离为 1，布尔运算选择【无】；执行【主页】功能选项卡|【特征】组|【拉伸】命令，扩大垫片内孔直径，【曲线规则】选择【单条曲线】，鼠标左键单击创建的拉伸垫片的内孔边缘曲线，沿 YC 方向拉伸，开始距离为 0，结束距离为 1，单侧偏置，结束值为 2.5，并与拉伸的垫片求差。

3）在【装配导航器】部件名称下方的空白处单击右键，在快捷菜单中选择【WAVE 模式】，进入 WAVE 模式。

4）在【装配导航器】窗口中的部件文件名上单击鼠标右键，在弹出的快捷菜单中选择【WAVE】，在新的菜单中选择【将几何体复制到新部件】，如图 6-78 所示。在【新建部件】

对话框中输入新文件名,选择文件存放的文件夹后,单击【确定】按钮。弹出如图6-79所示的【部件间复制】对话框,选择拉伸的垫片即可。

图6-78 将几何体复制到新部件

图6-79 【部件间复制】对话框

提示: 新建的垫片文件在关闭所有部件或者退出软件时,会提示在关闭之前保存。完成WAVE文件的创建后,可以在原部件的【部件导航器】中隐藏拉伸的垫片。

3. 利用【WAVE几何链接器】命令将装配文件转化为单一的部件文件

对于结构设计过程中用到的一些标准件,如电动机、减速器、气缸等,无须详细的建模参数,可以利用【WAVE几何链接器】命令将装配文件转化为一个部件文件,得到单一的移除参数的部件文件。操作过程如下。

1)为了避免修改原来的装配文件,可重新复制一个装配文件,并打开新的装配文件。

2)执行【装配】功能选项卡|【常规】组|【WAVE几何链接器】命令 ⑧,链接类型选择【体】,在图形窗口选择装配体中的全部组件;如果结构中有符号螺纹,可重新执行【WAVE几何链接器】命令,链接类型选择【复合曲线】,在图形窗口选择需要的曲线。选择完成后单击【确定】按钮。

3)在【装配导航器】中选择全部组件并删除,其中阵列组件,还要删除组件阵列和模板组件,见6.5.3节删除阵列。

4)在【部件导航器】中选择全部链接体,执行【菜单】|【编辑】|【特征】|【移除参数】命令。

5)保存部件文件,即可将装配文件转化为一个部件文件。

6.11 装配设计范例

6.11.1 范例1-台虎钳

扫码看视频

台虎钳主要由固定钳、移动钳、钳板、导向座、导向杆、螺杆、螺杆套等零件组成,如图6-80所示,根据装配顺序,可以先创建导向杆子装配、转动手柄子装配和固定钳子装配。

1. 导向杆子装配

新建导向杆子装配文件,依次添加:导向座、导向杆、导向杆螺母、螺杆套等零件,如图6-81所示,所用约束主要有:【固定】、【接触】和【自动判断中心】。

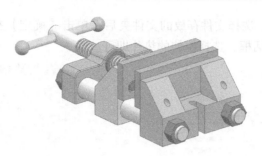

图 6-80　台虎钳

（1）导向座　添加导向座部件后，给导向座添加【固定】约束。

（2）导向杆　导向杆轴肩环面与导向座导向杆安装孔端面间添加【接触】约束，导向杆中心线与导向座导向杆安装孔间添加【自动判断中心】约束。

（3）导向杆螺母　导向杆螺母端面与导向座外端面间添加【接触】约束，导向杆螺母中心线与导向杆中心线间添加【自动判断中心】约束。

（4）螺杆套　螺杆套凸缘内端面与导向座内端面间添加【接触】约束，螺杆套中心线与导向座螺杆套安装孔间添加【自动判断中心】约束。

2. 转动手柄子装配

新建转动手柄子装配文件，依次添加：螺杆、手柄、手柄挡球，如图 6-82 所示，所用约束主要有：【固定】、【接触】、【自动判断中心】和【中心】。

（1）螺杆　添加螺杆部件后，给螺杆添加【固定】约束。

（2）手柄　手柄中心线与螺杆手柄安装孔间添加【自动判断中心】约束，手柄左右两端面与螺杆中心线间添加【2对1中心】约束。

（3）手柄挡球　手柄挡球端面与手柄轴肩端面间添加【接触】约束，手柄挡球螺纹孔与手柄中心线间添加【自动判断中心】约束。

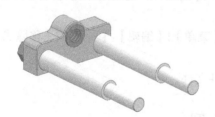

图 6-81　导向杆子装配

图 6-82　转动手柄子装配

3. 固定钳子装配

新建固定钳子装配文件，依次添加：固定钳、钳板、钳板螺钉，如图 6-83 所示，所用约束主要有：【固定】、【接触】和【自动判断中心】。

（1）固定钳　添加固定钳部件后，给固定钳添加【固定】约束。

（2）钳板　钳板无沉头孔的面与固定钳内端面间添加【接触】约束，钳板左侧沉头孔与固定钳左侧螺纹孔间添加【自动判断中心】约束，钳板右侧沉头孔与固定钳右侧螺纹孔间添加【自动判断中心】约束。

（3）钳板螺钉　钳板螺钉头与钳板沉头孔底面间添加【接触】约束，螺钉与钳板沉头孔间添加【自动判断中心】约束。

4. 总装配

新建总装配文件，依次添加导向杆子装配、移动钳、转动手柄子装配，螺杆螺母，钳板，钳板螺钉，固定钳子装配等零部件。所用约束主要有：【固定】、【接触】和【自动判断中心】。

（1）导向杆子装配 添加导向杆子装配后，给导向杆子装配添加【固定】约束。

（2）移动钳 移动钳左侧导向孔与左侧导向杆间添加【自动判断中心】约束，移动钳右侧导向孔与右侧导向杆间添加【自动判断中心】约束，移动钳背面与导向座内端面间添加合适的【距离】约束。

（3）转动手柄子装配 螺杆一端的螺纹轴肩面与移动钳外端面间添加【接触】约束，螺杆与螺杆套间添加【自动判断中心】约束。

由于螺杆螺母在钳板后面的沉头孔内，所以要先装螺杆螺母，如图6-84所示。

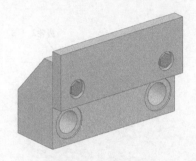

图6-83 固定钳子装配

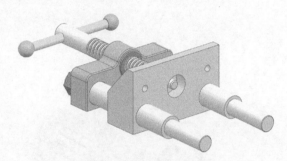

图6-84 螺杆螺母安装位置

（4）螺杆螺母 螺杆螺母端面与移动钳中间的沉头孔底面间添加【接触】约束，螺杆螺母螺纹孔与移动钳中间的沉头孔间添加【自动判断中心】约束。

（5）钳板 钳板无沉头孔的面与移定钳内端面间添加【接触】约束，钳板左侧沉头孔与移定钳左侧螺纹孔间添加【自动判断中心】约束，钳板右侧沉头孔与移动钳右侧螺纹孔间添加【自动判断中心】约束。

（6）钳板螺钉 钳板螺钉头与钳板沉头孔底面间添加【接触】约束，螺钉与钳板沉头孔间添加【自动判断中心】约束。

（7）固定钳子装配 固定钳左侧导向孔与左侧导向杆间添加【自动判断中心】约束，固定钳右侧导向孔与右侧导向杆间添加【自动判断中心】约束，固定钳导向孔沉头孔底面与导向杆轴肩面间添加【接触】约束。

（8）固定钳螺母 固定钳螺母端面与固定钳外侧的沉头孔底面间添加【接触】约束，固定钳螺母螺纹孔与固定钳外侧的沉头孔间添加【自动判断中心】约束。

6.11.2 范例2-减速器

减速器主要由箱体、箱盖、输入轴零部件、中间轴零部件、输出轴零部件、端盖、螺钉、螺母等零部件组成，如图6-85所示。

提示： 输入轴上的齿轮为齿轮1，中间轴上的大齿轮为齿轮2，小齿轮为齿轮3，

扫码看视频

输出轴上的齿轮为齿轮4，如图 6-86~图 6-88 所示。

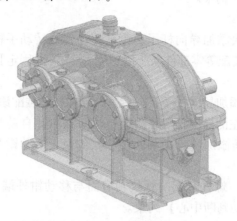

图 6-85　减速器

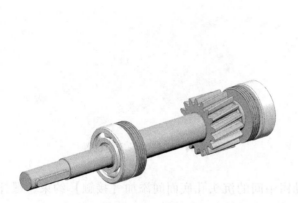

图 6-86　输入轴子装配

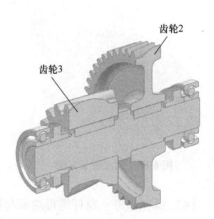

图 6-87　中间轴子装配

1. 输入轴子装配

新建输入轴子装配文件，依次添加：输入轴；左侧挡油圈、左侧轴承；右侧挡油圈、右侧轴承、键等零件，如图 6-86 所示，所用约束主要有：【固定】、【接触】和【自动判断中心】。

（1）输入轴　添加输入轴部件后，给输入轴添加【固定】约束。

（2）左侧挡油圈　左侧挡油圈端面与输入轴轴肩左侧端面间添加【接触】约束，中心孔与输入轴任一轴段间添加【自动判断中心】约束。

（3）左侧轴承　左侧轴承右端面与左侧挡油圈左端面间添加【接触】约束，中心孔与输入轴任一轴段间添加【自动判断中心】约束。

（4）右侧挡油圈　右侧挡油圈左端面与输入轴右侧轴肩右端面间添加【接触】约束，中心孔与输入轴任一轴段间添加【自动判断中心】约束。

（5）右侧轴承　右侧轴承左端面与右侧挡油圈右端面间添加【接触】约束，中心孔与输入轴任一轴段间添加【自动判断中心】约束。

（6）键　底面与输入轴键槽底面添加【接触】约束，两端圆面与键槽的圆面间添加【自动判断中心】约束。

2. 中间轴子装配

新建中间轴子装配文件，依次添加：中间轴；右侧齿轮2的键、齿轮2、右侧挡油圈、右侧轴承；左侧齿轮3的键、齿轮3、左侧挡油圈、左侧轴承等零件，如图6-87所示，所用约束主要有：【固定】、【接触】和【自动判断中心】等。

（1）中间轴　添加中间轴部件后，给中间轴添加【固定】约束。

（2）右侧齿轮2的键　键的底面与中间轴右侧键槽底面间添加【接触】约束，两端圆面与键槽的圆面间添加【自动判断中心】约束。

（3）齿轮2　齿轮2左端面与中间轴环右端面间添加【接触】约束，中心孔与中间轴任一轴段间添加【自动判断中心】约束。

（4）右侧挡油圈　右侧挡油圈左端面与齿轮2右端面间添加【接触】约束，中心孔与中间轴任一轴段间添加【自动判断中心】约束。

（5）右侧轴承　右侧轴承左端面与右侧挡油圈右端面间添加【接触】约束，中心孔与中间轴任一轴段间添加【自动判断中心】约束。

（6）左侧齿轮3的键　键的底面与中间轴左侧键槽底面间添加【接触】约束，两端圆面与键槽的圆面间添加【自动判断中心】约束。

（7）齿轮3　齿轮3右端面与中间轴环左端面间添加【接触】约束，中心孔与中间轴任一轴段间添加【自动判断中心】约束。

（8）左侧挡油圈　左侧挡油圈右端面与齿轮3左端面间添加【接触】约束，中心孔与中间轴任一轴段间添加【自动判断中心】约束。

（9）左侧轴承　左侧轴承右端面与左侧挡油圈左端面间添加【接触】约束，中心孔与中间轴任一轴段间添加【自动判断中心】约束。

3. 输出轴子装配

新建输出轴子装配文件，依次添加：输出轴、键、齿轮4、左侧挡油圈、左侧轴承、右侧挡油圈等零件，如图6-88所示，所用约束主要有：【固定】、【接触】和【自动判断中心】。

（1）输出轴　添加输出轴部件后，给输出轴添加【固定】约束。

（2）齿轮4的键　键的底面与输出轴轴环左侧的键槽底面间添加【接触】约束，两端圆面与键槽的圆面间添加【自动判断中心】约束。

（3）齿轮4　齿轮4右端面与输出轴中间轴环左端面间添加【接触】约束，中心孔与输出轴任一轴段间添加【自动判断中心】约束。

（4）左侧挡油圈　左侧挡油圈端面与齿轮4左侧端面间添加【接触】约束，中心孔与输出轴任一轴段间添加【自动判断中心】约束。

（5）左侧轴承　左侧轴承右端面与左侧挡油圈左端面间添加【接触】约束，中心孔与输出轴任一轴段间添加【自动判断中心】约束。

（6）右侧挡油圈　右侧挡油圈左端面与输出轴右侧轴肩右端面间添加【接触】约束，中心孔与输出轴任一轴段间添加【自动判断中心】约束。

（7）右侧轴承　右侧轴承左端面与右侧挡油圈右端面间添加【接触】约束，中心孔与输出轴任一轴段间添加【自动判断中心】约束。

（8）键　底面与输出轴输出端键槽底面添加【接触】约束，两端圆面与键槽的圆面间添加【自动判断中心】约束。

4. 总装配

新建总装配文件，依次添加：箱体，输入轴、中间轴、输出轴子装配，箱盖，以及垫片、端盖等零件，如图6-89所示。所用约束主要有：【固定】、【接触】和【自动判断中心】。

齿轮4

图 6-88 输出轴子装配

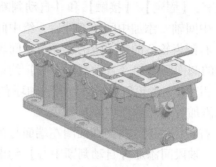

图 6-89 减速器总装配

（1）箱体　添加箱体部件后，给箱体添加【固定】约束。

（2）输入轴左侧端盖垫片　输入轴左侧端盖垫片右端面与箱体输入轴左侧安装孔左端面间添加【接触】约束，中心孔与箱体输入轴安装孔间添加【自动判断中心】约束，任一螺钉间隙孔与箱体输入轴左侧安装孔左侧端面任一螺纹孔间添加【自动判断中心】约束。

（3）输入轴左侧端盖　输入轴左侧端盖法兰盘右端面与输入轴左侧端盖垫片左端面间添加【接触】约束，中心孔与箱体输入轴安装孔间添加【自动判断中心】约束，任一螺钉间隙孔与箱体输入轴左侧安装孔左侧端面任一螺纹孔间添加【自动判断中心】约束。

（4）输入轴子装配　输入轴左侧轴承左端面与输入轴左侧端盖右端面间添加【接触】约束，输入轴与箱体输入轴安装孔间添加【自动判断中心】约束。

（5）输入轴右侧端盖垫片　输入轴右侧端盖垫片左端面与箱体输入轴右侧安装孔右端面间添加【接触】约束，中心孔与箱体输入轴安装孔间添加【自动判断中心】约束，任一螺钉间隙孔与箱体输入轴右侧安装孔右侧端面任一螺纹孔间添加【自动判断中心】约束。

（6）输入轴右侧端盖　输入轴右侧端盖法兰盘左端面与输入轴右侧端盖垫片右端面间添加【接触】约束，中心孔与箱体输入轴安装孔间添加【自动判断中心】约束，任一螺钉间隙孔与箱体输入轴右侧安装孔右侧端面任一螺纹孔间添加【自动判断中心】约束。

（7）中间轴、输出轴子装配　中间轴、输出轴子装配与输入轴子装配类似。

（8）箱盖　箱盖底面与箱体顶面间添加【接触】约束，任意选取箱盖上的两个螺钉间隙孔与对应箱体上的螺钉间隙孔间添加【自动判断中心】约束。

5. 标准件

依次向总装配中添加：定位销、起盖螺钉、联接螺钉、透气塞盖板、透气塞盖板螺钉、透气塞、放油螺塞、油尺等标准件，如图6-85所示。所用约束主要有：【接触】、【对齐】、【自动判断中心】，以及【阵列组件】、【镜像装配】等命令。

（1）定位销　定位销中心线与对应箱体上的销孔间添加【自动判断中心】约束，定位销下底面与箱体连接凸缘下表面间添加【对齐】约束。

（2）起盖螺钉　起盖螺钉杆的下端面与箱体顶面间添加【接触】约束，起盖螺钉中心线与对应箱体上的起盖螺钉孔间添加【自动判断中心】约束。

（3）输入轴端盖螺钉 添加 M8×16 的六角头螺钉，螺钉头与输入轴左侧端盖外端面间添加【接触】约束；螺钉中心线与输入轴左侧端盖螺钉孔间添加【自动判断中心】约束；利用【阵列组件】命令，添加其余五个螺钉。注意【阵列定义】选择【参考】，输入轴右侧六个端盖螺钉可利用【镜像装配】命令添加，对称面选择 *XC-ZC* 平面。

（4）中间轴、输出轴端盖螺钉 中间轴、输出轴端盖螺钉的装配与输入轴端盖螺钉的装配类似。

（5）箱体、箱盖连接螺栓及垫片、螺母 添加 M12×90 的六角头螺栓，螺栓头部底面与箱盖连接凸台螺栓沉头孔底面间添加【接触】约束，螺栓杆与箱盖连接凸台螺栓沉头孔间添加【自动判断中心】约束。垫片、螺母的装配与螺栓的装配类似。利用【阵列组件】命令，添加输入轴周围的其余 3 组连接螺栓及垫片、螺母。输出轴周围的 4 组连接螺栓及垫片螺母的装配与输入轴的类似。

（6）透气塞盖板 透气塞盖板底面与箱盖顶面透气塞盖板凸台顶面间添加【接触】约束，选取透气塞盖板上的两个螺钉间隙孔与对应箱盖顶面透气塞盖板凸台上的螺纹孔间添加【自动判断中心】约束。

（7）透气塞盖板螺钉 透气塞盖板螺钉头与透气塞盖板顶面间添加【接触】约束，螺钉杆中心线与透气塞盖板螺钉孔间添加【自动判断中心】约束。执行【装配】功能选项卡｜【阵列组件】命令，添加其余 5 个螺钉，注意【阵列定义】选择【参考】。

（8）透气塞 透气塞头部底面与透气塞盖板上表面间添加【接触】约束，透气塞螺杆中心线与透气塞盖板中间螺纹孔间添加【自动判断中心】约束。

（9）放油螺塞 螺塞头部底面与箱体放油螺孔凸台外面间添加【接触】约束，螺塞螺杆中心线与放油螺纹孔间添加【自动判断中心】约束。

（10）油尺 油尺头部底面与箱体油尺凸台沉头孔底面间添加【接触】约束，油尺杆中心线与油尺孔间添加【自动判断中心】约束。

习 题

1. 利用给定的部件进行自底向上的装配设计。

1）如图 6-90 所示电动滑台的装配。

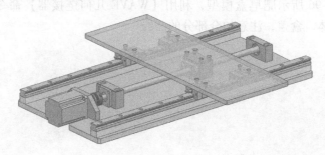

图 6-90 电动滑台

2）如图 6-91 所示夹爪的装配，先装配其中一个夹爪，其余三个夹爪可使用【阵列组件】命令装配。

3）如图 6-92 所示蜗杆减速器的装配。

4）如图 6-93 所示平行开启夹持装置的装配，注意调整弹簧的长度。

5）如图 6-94 所示圆珠笔的装配，注意调整弹簧的长度。

图 6-91　夹爪

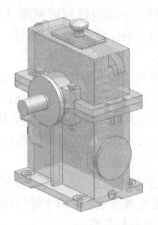

图 6-92　蜗杆减速器

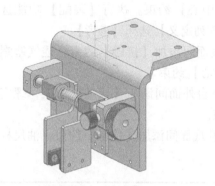

图 6-93　平行开启夹持装置

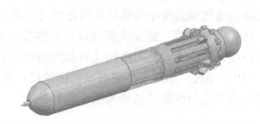

图 6-94　圆珠笔

2. 利用【WAVE 几何链接器】命令创建模型。

1）利用如图 6-95 所示的端盖创建与之配套的垫片。

2）创建如图 6-96 所示肥皂盒模型，利用【WAVE 几何链接器】命令进行自顶向下的装配设计，创建盒体、盒盖，注意扣合部分的凸缘。

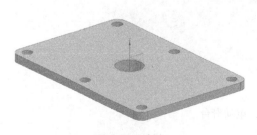

图 6-95　端盖

图 6-96　肥皂盒

3）利用【WAVE 几何链接器】命令进行自顶向下的装配设计，利用第 5 章关于鼠标的习题 6 的结果，创建鼠标底座、顶盖、按键等部件。

3. 爆炸视图，序列。

1）利用给定的部件进行如图 6-97 所示主动锥齿轮总成的装配。创建爆炸视图，并创建序列，分别输出拆卸、装配视频。

2）利用本章范例 2 的减速器装配，创建爆炸视图，并创建序列，分别输出拆卸、装配视频。

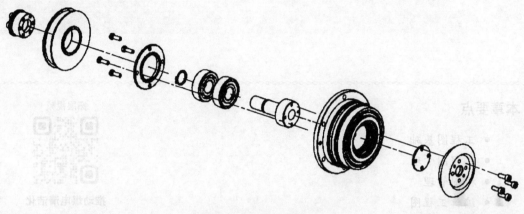

图 6-97 主动锥齿轮总成

第7章

工程图设计

本章要点

- 工程图基础
- 工程图管理
- 视图管理
- 编辑工程图
- 标注工程图

拓展视频

**推动煤电清洁化
利用的技术图纸**

UG NX 12.0 提供了功能非常强大的制图模块，可以将建模中生成的三维模型投影生成二维图形，并与三维模型完全关联。通过制图模块不仅可以投影获得零部件的基本视图，而且还可以自动生成投影视图、剖视图、局部放大图等，并可以对视图进行编辑、标注等操作。

7.1 工程图基础

工程图管理及环境设置是首先要掌握的基本知识。必须掌握图框的选用或定制、工程图的图幅、比例、单位和投影视角以及图幅等内容，为熟练掌握工程图的设计奠定坚实的基础。

7.1.1 工程图环境

在 UG NX 中，工程图环境是创建工程图的基础。用工程图环境中提供的工程图操作及设置工具，可以从三维实体模型快速地创建出平面图、剖视图等二维工程图。可采用下面的两种方法进入工程图环境。

1）在选项卡中，选择【应用模块】|【制图】✎选项。

2）使用组合键<Ctrl+Shift+D>进入如图 7-1 所示的工程图设计界面。

7.1.2 工程图参数预设置

在绘制工程图之前，通常要根据制图需要及用户习惯对制图界面及相关参数，如视图样式、尺寸标注样式、工程图几何元素的颜色等进行设置。

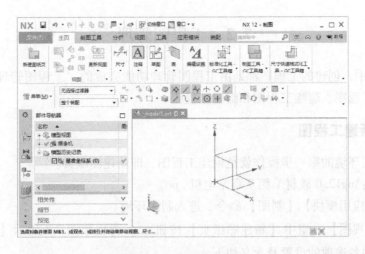

图 7-1 工程图设计界面

执行【菜单】|【首选项】|【制图】命令，弹出如图 7-2 所示的【制图首选项】对话框。

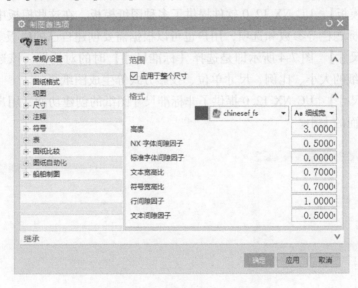

图 7-2 【制图首选项】对话框

该对话框包含【常规/设置】、【公共】、【图纸格式】、【视图】、【尺寸】、【注释】、【符号】、【表】等 11 个选项卡，其中【公共】、【视图】、【尺寸】、【注释】比较重要。

(1)【公共】 该选项卡用于设置文字的对齐、字体、颜色、高度、宽度、粗细等，箭头的类型、方位、格式等，箭头线和指引线的颜色、线型、粗细等以及前缀/后缀等参数。

(2)【视图】 该选项卡用于设置视图的工作流程、更新方式、视图是否带边框以及边框的颜色显示方式、光标跟踪方式、标签等。

(3)【尺寸】 该选项卡用于设置尺寸文本、附加文本、公差文本的单位、方向和位置、格式等参数。

(4)【注释】 该选项卡用于设置符号标注、表面粗糙度、剖面线、中心线等相关参数。

7.2 工程图管理

在 UG NX 中，创建的工程图都是由工程图管理功能完成的。工程图管理功能包括新建工程图、打开工程图、删除工程图和编辑工程图。

7.2.1 新建工程图

进入工程图环境的第一步操作就是创建工程图，即新建图纸页。

1）打开 D：\ug12.0 教材 \ 第 7 章 \ 电机 . prt。

2）执行【应用模块】|【制图】命令，进入制图环境。

3）单击【视图】分组中【新建图纸页】按钮，弹出如图 7-3 所示【工作表】对话框。该对话框中各选项的设置及含义如下。

1.【大小】选项组

图纸大小有三种类型，分别是【使用模板】、【标准尺寸】和【定制尺寸】。

（1）【使用模板】 UG NX 12.0 软件提供了多种图纸模板，在这些模板中已经预设了幅面大小、边框、标题栏等参数和选项，用户也可以根据需要创建自己的模板。

（2）【标准尺寸】 图 7-4 所示即是选择【标准尺寸】时的对话框。该选项可按照国家标准规定确定图纸的大小、比例、尺寸单位、投影方式等生成图纸页。

（3）【定制尺寸】 UG NX 12.0 提供了非标准尺寸图纸的创建功能，用户可根据自己的需要定制图纸幅面的大小。

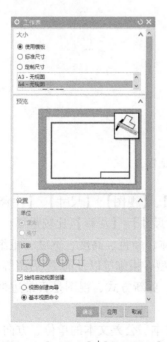

图 7-3 【工作表】|【使用模板】

图 7-4 【工作表】|【标准尺寸】

2.【名称】选项组

当图纸大小选用【标准尺寸】和【定制尺寸】类型时,【工作表】对话框的【名称】选项组会显示系统中已建立的图纸页和正要新建的图纸页的名称。系统默认的命名依次为"SHT1""SHT2""SHT3"…,用户可以根据自己的需要或习惯,重新命名图纸页。

3.【设置】选项组

当图纸大小选用【标准尺寸】和【定制尺寸】类型时,可在【工作表】对话框的【设置】选项组中设置图纸页的尺寸单位和投影方式。

(1)【单位】 UG NX 12.0 提供了两种图纸尺寸单位,分别是【毫米】和【英寸】。可选择其中一种尺寸单位绘制工程图。

(2)【投影】 UG NX 12.0 提供了两种投影视图的方式:第一象限投影和第三象限投影。第一象限投影符合我国制图国家标准的规定,第三象限投影采用英美等国家的标准。

(3)自动启动【基本视图】命令 先选中【始终启动视图创建】复选框,然后选择【基本视图命令】,系统在新建图纸页后,会自动启动【基本视图】命令,弹出【基本视图】对话框。

7.2.2 打开和删除工程图

1. 打开工程图

在建模环境下,可以通过【部件导航器】打开一张已建立的工程图。展开【部件导航器】,选择要打开的图纸页,单击鼠标右键,在弹出的快捷菜单中选择【打开】选项,打开非活动的图纸页,如图7-5所示。

图7-5 在【部件导航器】中打开图纸页

2. 删除工程图

要想删除工程图,可用以下五种方法。

1)在展开的【部件导航器】中,选中要打开的图纸页,单击鼠标右键,在弹出的快捷菜单中选择【删除】选项,删除图纸页。

2)在展开的【部件导航器】中,选中要打开的图纸页,单击【快速访问工具条】中的【删除】按钮✕,删除图纸页。

3)在展开的【部件导航器】中,选中要打开的图纸页,直接使用键盘上的<Delete>键,删除图纸页。

4)执行【编辑】|【删除】菜单命令,弹出【类选择】对话框,然后选取要删除的图纸页对象,可以完成删除。

5)在绘图区中选择图纸页,单击鼠标右键,在弹出的快捷菜单中选择【删除】选项,删除当前活动的图纸页。

7.2.3 编辑图纸页

在创建工程图过程中,若发现原来设置的工程图参数不符合要求,可以采用以下两种方式进行编辑。

1)在【部件导航器】中选择要进行编辑的图纸页,单击鼠标右键,然后在打开的快捷菜单中选择【编辑图纸页】选项。

2）执行【菜单】|【编辑】|【编辑图纸页】命令，在弹出的【工作表】对话框中，对图纸的名称、尺寸的大小、比例，以及单位等进行编辑和修改。

7.3　视图管理

在 UG NX 中，利用三维实体模型生成的各种视图是创建工程图最核心、最重要的问题。

UG NX 的工程图模块提供了建立基本视图、添加基本视图、视图的剖视等各种视图的管理功能，不仅可以方便而快捷地管理工程图中所包含的各类视图，并且可以编辑各个视图的缩放比例、角度和状态等参数。

7.3.1　基本视图

基本视图是指零件模型的各种视图，包括零件模型的主视图、后视图、俯视图、仰视图、左视图、右视图、正等测图、正三轴测图等。

要建立基本视图，可执行【菜单】|【插入】|【视图】|【基本视图】命令，或在【视图】分组中单击【基本视图】按钮，弹出如图 7-6 所示的【基本视图】对话框。

该对话框由【部件】、【视图原点】、【模型视图】、【比例】和【设置】五个选项组组成，其主要选项的功能和含义如下。

（1）【部件】选项组　该选项组用于显示已加载和最近访问过的部件，可以选择需要绘制工程图的部件，也可以单击【打开】按钮，插入其他部件文件进行投影建立视图，如图 7-7 所示。

图 7-6　【基本视图】对话框

图 7-7　【部件】选项组

（2）【视图原点】选项组　该选项组用于指定视图放置的位置。在【放置】子选项组的【方法】下拉列表中有【自动判断】、【水平】、【竖直】、【垂直于直线】和【叠加】五种放置方式，如图7-8所示。

（3）【模型视图】选项组　该选项组用于选择三维实体投影到图纸页上的方向，在【要使用的模型视图】下拉列表中有九种投影方向，如图7-9所示，用户也可以使用【定向视图工具】选项自定义投影方向。

图7-8　【视图原点】选项组

图7-9　【要使用的模型视图】下拉列表

（4）【比例】选项组　该选项组用于设定新建视图的绘制比例。

（5）【设置】选项组　单击【设置】选项组内的按钮，弹出如图7-10所示的【基本视图设置】对话框。可通过该对话框对【公共】、【基本/图纸】、【视图】进行详细设置。

【例7-1】　以D:\ug12.0教材\第7章\电机.prt为例，如图7-11所示，介绍基本视图的创建方法。

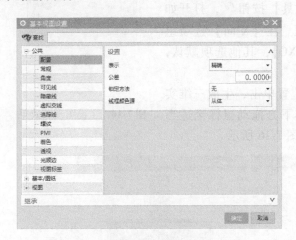

图7-10　【基本视图设置】对话框

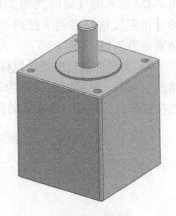

图7-11　电机

1）打开文件D:\ug12.0教材\第7章\电机.prt，执行【应用模块】|【制图】命令，进入制图模块，弹出【工作表】对话框。

2）在如图7-12所示的【工作表】对话框中，设置各项参数，单击【确定】按钮，弹出如图7-13所示的【基本视图】对话框。

图 7-12 【工作表】对话框

图 7-13 【基本视图】对话框

3）打开【模型视图】选项组的【要使用的模型视图】下拉列表，选择主视图为【前视图】，在【视图原点】选项组的【放置】|【方法】下拉列表中选择【自动判断】，预览效果如图 7-14 所示。

为使电机轴朝上，单击【定向视图工具】按钮，打开如图 7-15a 所示的【定向视图工具】对话框。在【X 向】选项组的【指定矢量】右侧下拉列表中选择【-XC】，其他选项默认，结果如图 7-15b 所示。

4）在图形窗口中拖动鼠标至适当的位置单击，生成三维实体的主视图。然后以主视图为基准，在其下方拖动鼠标至适当的位置单击，生成三维实体的俯视图，如图 7-16 所示。

图 7-14 主视图预览效果

a)【定向视图工具】对话框

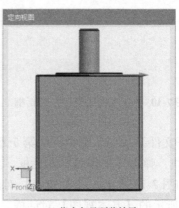

b) 指定矢量预览效果

图 7-15 定向主视图

7.3.2 投影视图

由于单一的基本视图难以表达清楚复杂实体模型的形状，所以还需要添加相应的投影视图，才能够完整地将实体模型的形状和结构特征表达清楚。

在完成一个基本视图后，继续拖动鼠标至合适位置，可添加基本视图的其他投影视图。如果已经退出添加基本视图操作，可在【视图】分组中单击【投影视图】按钮，弹出如图 7-17 所示的【投影视图】对话框。

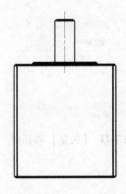
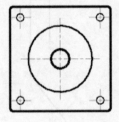

图 7-16 添加主视图和俯视图

图 7-17 【投影视图】对话框

【例 7-2】 以 D:\ug12.0 教材\ 第 7 章\ 机械手手指 .prt 为例（图 7-18），介绍投影视图的创建方法。

（1）确定父视图 在【投影视图】对话框的【父视图】选项组中单击【选择视图】，在图形窗口选择主视图作为父视图，如图 7-19 所示。

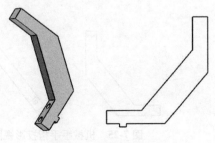

图 7-18 机械手手指

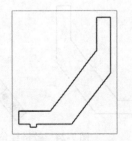

图 7-19 【父视图】|【选择视图】

（2）确定铰链线 在如图 7-20 所示【投影视图】对话框的【铰链线】选项组中【矢量

选项】下拉列表中选择【已定义】，单击【指定矢量】选项右侧的【矢量对话框】按钮，弹出如图 7-21 所示的【矢量】对话框。在【类型】下拉列表中选择【两点】方式，在【通过点】选项组分别指定出发点和目标点，如图 7-22 和图 7-23 所示。单击【确定】按钮，确定投影方向，返回【投影视图】对话框，创建的铰链线位置如图 7-24 所示。

图 7-20 【投影视图】|【铰链线】|【矢量选项】

图 7-21 【矢量】对话框

图 7-22 【通过点】|【指定出发点】

图 7-23 【通过点】|【指定目标点】

（3）确定视图原点　在【投影视图】对话框【视图原点】选项组的【方法】下拉列表中选择【自动判断】，拖动鼠标至适当的位置单击左键，生成投影视图——斜视图，如图 7-25 所示。

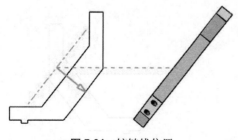

图 7-24 铰链线位置

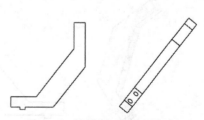

图 7-25 机械手手指投影视图

利用【投影视图】对话框，可以对投影视图的放置位置、放置方法及反转视图方向等进行设置。

7.3.3　全剖视图

为清晰地表达零件复杂的内部结构，可以利用 UG NX 中提供的命令创建工程图的剖视图。其中全剖视图和半剖视图又称为简单剖视图。

全剖视图是指以一个假想平面为剖切面，对视图进行整体的剖切。当零件的内形比较复杂、外形比较简单或外形已在其他视图上表达清楚时，可以利用全剖视图工具对零件进行剖切。

【例 7-3】　以 D:\ug12.0 教材 \ 第 7 章 \ 四通接头全剖 .prt 为例（图 7-26），介绍全剖视图的创建方法。

1）进入制图模块后，生成实体的基本视图——俯视图，如图 7-27 所示。

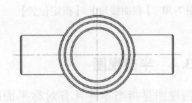

图 7-26　四通接头　　　　　　　　　　图 7-27　四通接头俯视图

2）单击【视图】分组里的【剖视图】按钮，弹出【剖视图】对话框，如图 7-28 所示。选择现有的俯视图作为父视图。

3）单击【设置】选项组内的按钮，弹出如图 7-29 所示的【剖视图设置】对话框。在对话框中可设置剖切线类型、格式，箭头及箭头线的大小、样式、颜色、线型、线宽及视图标签字母等参数。

图 7-28　【剖视图】对话框　　　　　　图 7-29　【剖视图设置】对话框

4）执行【截面线段】||【指定位置】命令，捕捉俯视图圆心，如图7-30所示。

5）单击鼠标左键，拖动鼠标至合适位置单击左键，生成全剖视图，如图7-31所示。

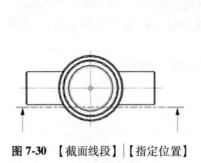

图7-30 【截面线段】||【指定位置】

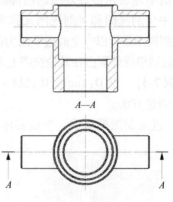

图7-31 全剖视图

7.3.4 半剖视图

半剖视图是指当零件具有对称平面时，向垂直于对称平面的投影面上投影所得到的图形。常采用半剖视图来表达内外部形状都比较复杂的对称机件。

【例7-4】 以D:\ug12.0教材\第7章\四通接头半剖.prt为例（图7-26），介绍半剖视图的创建方法。

1）进入制图模块后，生成实体的基本视图——俯视图，如图7-27所示。

2）单击【视图】分组里的【剖视图】按钮，弹出【剖视图】对话框，如图7-28所示。打开【截面线】||【方法】下拉列表，选择【半剖】，选择俯视图作为父视图。

3）执行【截面线段】||【指定位置】命令，捕捉俯视图圆心，如图7-32所示。

4）单击鼠标左键，然后执行【截面线段】||【指定位置（2）】命令，单击【点构造器】按钮，打开【点】对话框如图7-33所示。打开【类型】下拉列表，选择【象限点】。

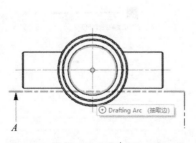

图7-32 【截面线段】||【指定位置】

图7-33 【点】对话框

5）执行【点】||【点位置】||【选择对象】命令，在俯视图中单击最大圆周曲线正下方，

单击左键捕捉象限点，如图 7-34 所示。

6）单击【确定】按钮，关闭【点】对话框，拖动鼠标至俯视图上方对齐位置，单击鼠标左键，生成半剖视的主视图，如图 7-35 所示。

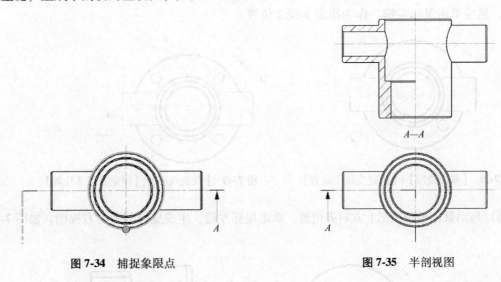

图 7-34　捕捉象限点　　　　　　　　　　　图 7-35　半剖视图

7.3.5　旋转剖视图

旋转剖视图是指用两个成一定角度的剖切面（两平面的交线垂直于某一基本投影面）剖开机件，以表达具有回转特征机件的内部结构的视图。

【例 7-5】　以 D:\ug12.0 教材\第 7 章\三通接头.prt 为例（图 7-36），介绍旋转剖视图的创建过程。

1）在制图模块中建立如图 7-37 所示的俯视图。

2）单击【视图】分组里的【剖视图】按钮 ，弹出【剖视图】对话框，如图 7-28 所示，打开【截面线】|【方法】文本框右侧的下拉列表，选择【旋转】，选择俯视图作为父视图。

3）执行【截面线段】|【指定旋转点】命令，捕捉主孔的中心，如图 7-38 所示，然后单击鼠标左键，作为指定旋转点。

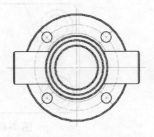
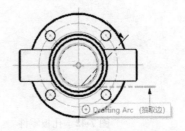

图 7-36　三通接头　　　图 7-37　三通接头俯视图　　　图 7-38　【截面线段】|【指定旋转点】

4）执行【截面线段】|【指定支线 1 位置】命令，捕捉要剖切的小孔的中心，如图 7-39 所示，然后单击鼠标左键，作为指定支线 1 位置。

5）执行【截面线段】|【指定支线 2 位置】命令，捕捉小圆柱右端面的圆心，如图 7-40 所示，然后单击鼠标左键，作为指定支线 2 位置。

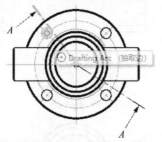

图 7-39 【截面线段】|【指定支线 1 位置】

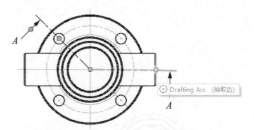

图 7-40 【截面线段】|【指定支线 2 位置】

6）拖动鼠标至俯视图上方对齐位置，单击鼠标左键，生成旋转剖视的右视图，如图 7-41 所示。

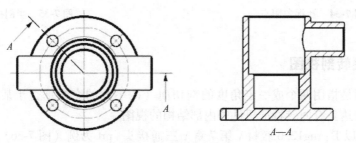

图 7-41 旋转剖视图

7.3.6 阶梯剖视图

阶梯剖视是指用一组转折的剖切平面将实体剖开，向指定的投影方向投影。

【例 7-6】 以 D:\ug12.0 教材\第 7 章\孔板零件-阶梯剖 .prt 为例（图 7-42），介绍阶梯剖视图的创建过程。

1）在制图模块中建立如图 7-43 所示的俯视图。

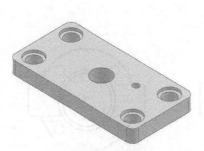

图 7-42 孔板零件

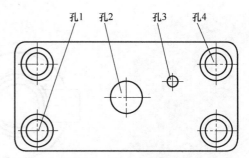

图 7-43 孔板零件俯视图

2）单击【视图】分组里的【剖切线】按钮，进入草图环境，如图 7-44 所示。根据提示"选择直线的第一点",在孔1的水平中心线的左侧,轮廓线以外,视图框线以内,单击鼠标左键确定剖切线的第一个点。

3)捕捉孔1的圆心,单击鼠标左键确定剖切线的第二个点,如图7-45所示。

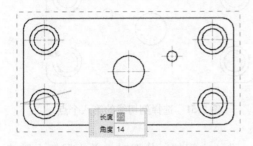
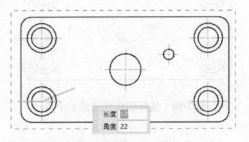

图7-44 选择剖切线的第一个点　　　　　　**图7-45** 选择剖切线的第二个点

4)沿着孔1水平中心线方向拖动鼠标至孔1、孔2之间某一位置时,单击鼠标左键确定剖切线的第三个点,如图7-46所示。

5)沿着竖直方向拖动鼠标至孔2水平中心线位置时,单击鼠标左键确定剖切线的第四个点,如图7-47所示。

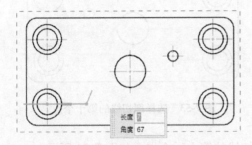
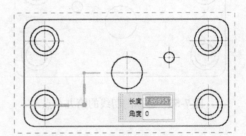

图7-46 选择剖切线的第三个点　　　　　　**图7-47** 选择剖切线的第四个点

6)捕捉孔2的圆心,单击鼠标左键确定剖切线的第五个点,如图7-48所示。

7)沿着孔2水平中心线方向拖动鼠标至孔2、孔3之间某一位置时,单击鼠标左键确定剖切线的第六个点,如图7-49所示。

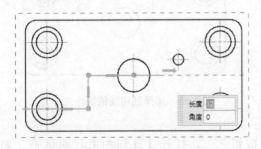
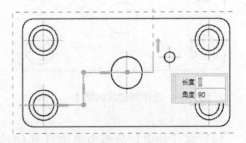

图7-48 选择剖切线的第五个点　　　　　　**图7-49** 选择剖切线的第六个点

8)沿着竖直方向拖动鼠标至孔3水平中心线位置时,单击鼠标左键确定剖切线的第七个点,如图7-50所示。

9）捕捉孔 3 的圆心，单击鼠标左键确定剖切线的第八个点，如图 7-51 所示。

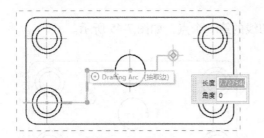

图 7-50　选择剖切线的第七个点

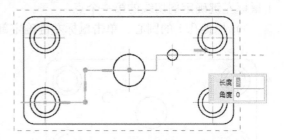

图 7-51　选择剖切线的第八个点

10）沿着孔 3 水平中心线方向拖动鼠标至孔 3、孔 4 之间某一位置时，单击鼠标左键确定剖切线的第九个点，如图 7-52 所示。

11）沿着竖直方向拖动鼠标至孔 4 水平中心线位置时，单击鼠标左键确定剖切线的第十个点，如图 7-53 所示。

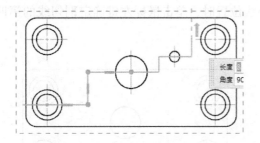

图 7-52　选择剖切线的第九个点

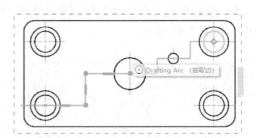

图 7-53　选择剖切线的第十个点

12）捕捉孔 4 的圆心，单击鼠标左键确定剖切线的第十一个点，如图 7-54 所示。

13）沿着孔 4 水平中心线方向拖动鼠标至右侧轮廓线上，单击鼠标左键确定剖切线的第十二个点，如图 7-55 所示。

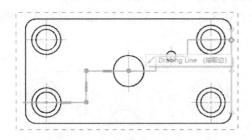

图 7-54　选择剖切线的第十一个点

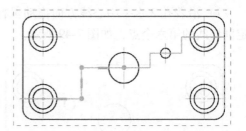

图 7-55　选择剖切线的第十二个点

14）在【约束】分组中单击【几何约束】按钮，打开【几何约束】对话框，如图 7-56 所示，选择【点在曲线上】命令，将第一个点约束到左侧轮廓线上，如图 7-57 所示。

图 7-56　【几何约束】对话框

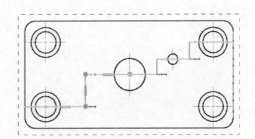

图 7-57　【点在曲线上】约束第一个点

15）单击【关闭】按钮，关闭【几何约束】对话框。

16）单击【完成】按钮 █，关闭草图，弹出【截面线】对话框，如图 7-58 所示。在【剖切方法】选项组中选中【折叠剖】选项。

17）单击【确定】按钮，关闭【截面线】对话框，所创建的剖切线如图 7-59 所示。

图 7-58　【截面线】对话框

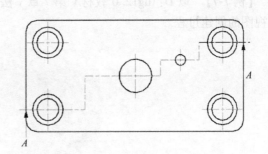

图 7-59　阶梯剖的剖切线

18）单击【视图】分组里的【剖视图】按钮 ▦，弹出【剖视图】对话框，如图 7-60 所示。打开【截面线】|【定义】的下拉列表，选择【选择现有的】。

19）执行【截面线】|【选择独立截面线】命令，在视图中选择创建的剖切线。

20）打开【视图原点】|【放置】|【方法】下拉列表，选择【竖直】。

21）拖动鼠标至俯视图上方合适位置单击左键，生成阶梯剖主视图，如图 7-61 所示。

图 7-60 【剖视图】对话框

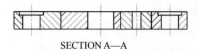

SECTION A—A

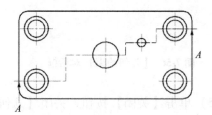

图 7-61 孔板零件阶梯剖主视图

7.3.7　局部剖视图

局部剖视图是用剖切平面局部地剖开机件所得的视图。局部剖视图是一种灵活的表达方法，用剖切部分表达机件的内部结构，不剖切的部分表达机件的外部形状。

为保证图形的整体性和清晰性，局部剖切的次数不宜过多。局部剖视图常用于表达轴、连杆、手柄等实心零件上的小孔、槽、凹坑等局部结构。

【例 7-7】　以 D:\ug12.0 教材\第 7 章\法兰盘-局部剖.prt 为例（图 7-62），介绍局部剖视图的创建过程。

图 7-62　法兰盘

1）进入制图模块，创建法兰盘零件的主视图和俯视图。

2）创建边界曲线。选取如图 7-63a 所示的俯视图，单击右键弹出快捷菜单，如图 7-63b 所示，从中选取【活动草图视图】选项。

3）单击【草图】分组中的【艺术样条曲线】按钮，打开【艺术样条】对话框，创建需要剖切小孔的边界曲线，即剖切的范围，如图 7-64 所示。

4）单击【确定】按钮，关闭【艺术样条】对话框，单击【草图】分组中的【完成草图】按钮，关闭【活动草图视图】。

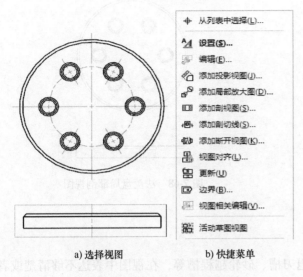

a) 选择视图　　　　　b) 快捷菜单

图 7-63　选择【活动草图视图】

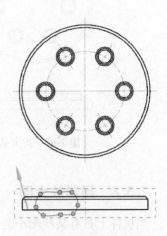

图 7-64　创建边界曲线

5）单击【视图】分组中的【局部剖】按钮，打开【局部剖】对话框，如图 7-65 所示。

6）选择俯视图，如图 7-66 所示。

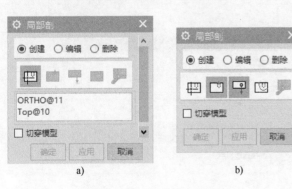

a)　　　　　　　　b)

图 7-65　【局部剖】对话框

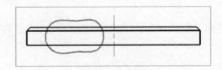

图 7-66　选择俯视图

7）指出基点。单击【指定基点】按钮，如图 7-67 所示，选取主视图中需要局部剖切的孔中心作为基点。

8）指出拉伸矢量。可以接受默认的投影方向，也可指定其他方向作为投影方向。

9）选择曲线。单击【选择曲线】按钮，选择俯视图中创建的边界曲线。

10）单击【确定】按钮后，系统会在选择的视图中生成如图 7-68 所示的局部剖视图。

11）关闭【局部剖】对话框。

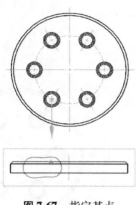

图 7-67 指定基点

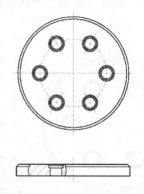

图 7-68 法兰盘局部剖视图

7.3.8 局部放大图

当机件上具有某些细小的结构，如退刀槽、砂轮越程槽等，在视图中表达不够清楚或者不便标注尺寸时，需要采用局部放大图来表达。

【例 7-8】 以 D:\ug12.0 教材 \ 第 7 章 \ 三通零件-局部放大 . prt 为例，介绍局部放大图的创建过程。

1）在制图模块中建立全剖的主视图，如图 7-69 所示。

2）单击【视图】分组中的【局部放大图】按钮 ，弹出如图 7-70 所示【局部放大图】对话框。

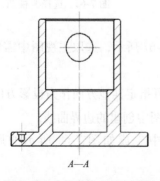

图 7-69 小孔零件全剖主视图

图 7-70 【局部放大图】对话框

3）在【局部放大图】对话框的【类型】下拉列表中选择指定放大范围的类型为【圆形】。在【边界】选项组单击【指定中心点】，用鼠标在图形窗口中捕捉或用点构造器指定圆形放大区域的中心点。在【局部放大图】对话框的【边界】选项组单击【指定边界点】，拖动鼠标在图形窗口中捕捉一点作为边界点，确定放大区域的范围，如图 7-71 所示。

4）在【局部放大图】对话框的【比例】下拉列表框选择放大比例为 2：1。

5）在【局部放大图】对话框的【原点】选项组的【放置】|【方法】下拉列表中选择【自动判断】，拖动鼠标至适当的位置单击左键，生成局部放大图，如图 7-72 所示。

6）关闭【局部放大图】对话框。

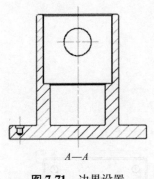

图 7-71 边界设置

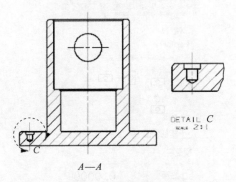

图 7-72 局部放大图

7.4 编辑工程图

工程图设计中，经常需要利用 UG NX 提供的工程图编辑功能来调整视图的位置、边界或改变视图的参数等。工程图编辑功能包括移动和复制视图、视图对齐、更新和显示、定义视图边界以及视图相关编辑等。

7.4.1 移动和复制视图

【移动/复制视图】命令用于移动或复制已建立的视图，并按指定的方式和位置放置。移动视图是将原视图直接移动到指定的位置，复制视图是在原视图的基础上新建一个副本，并将该副本移动到指定的位置。

要移动和复制视图，可以在【视图】分组中单击【移动/复制视图】按钮📐，或是执行【菜单】|【编辑】|【视图】|【移动/复制视图】命令，打开如图 7-73 所示的【移动/复制视图】对话框。

对话框中的视图列表框用于显示和选择当前绘图区中的视图。【复制视图】复选框用于选择移动或复制视图。【视图名】文本框用于编辑视图的名称。【距离】文本框用于设置移动或复制视图的距离。【取消选择视图】按钮用于取消已经选择的视图。

对话框中还包含【至一点】📷、【水平】⬦、【竖直】🔷、【垂直于直线】📷和【至另一图纸】📷五种【移动/复制视图】方式按钮。

下面以【水平】方式为例介绍其操作方法。

1）选择要复制的视图。在【移动/复制视图】对话框的视图列表中选择要复制的视图，或直接在图形窗口中选择，如图 7-74 所示。

2）选择【移动/复制视图】的方式。单击【水平】按钮⇔。

3）选中【复制视图】，否则为【移动视图】方式。

4）输入视图名。在【视图名】文本框中输入视图名称，也可以默认。

5）指定距离。可选中【距离】，在其文本框中输入距离值。也可在图形窗口中，拖动鼠标至适当位置，单击左键确定，即可完成复制，效果如图 7-75 所示。

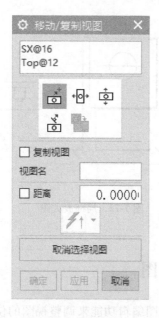

图 7-73 【移动/复制视图】对话框

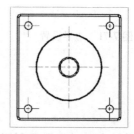

图 7-74 选择视图

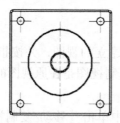
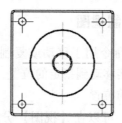

图 7-75 【水平】方式复制视图效果

7.4.2 视图对齐

【视图对齐】命令用于调整视图位置，并按设定方式对齐。

单击【视图】分组中的【视图对齐】按钮▦，弹出【视图对齐】对话框，如图 7-76 所示。该对话框中包含【视图】、【对齐】和【列表】三个选项组。

1.【视图】选项组

【视图】选项组中【选择视图】的含义是选择要对齐的视图。打开【对齐】选项组中的【方法】下拉列表，如图 7-77 所示。该下拉列表中各选项的含义及功能介绍如下。

图 7-76 【视图对齐】对话框

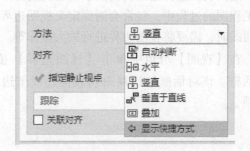

图 7-77 【方法】下拉列表

1)【叠加】。选取要对齐的视图后，选择【叠加】选项，系统将以指定静止视点为基点，对所选视图做重合对齐。

2)【水平】。选取要对齐的视图后，选择【水平】选项，系统将以指定静止视点为基点，对所选视图做水平对齐。

3)【竖直】。选取要对齐的视图后，选择【竖直】选项，系统将以指定静止视点为基点，对所选视图做竖直对齐。

4)【垂直于直线】。选取要对齐的视图，选择【垂直于直线】选项，然后在视图中选取一条直线作为视图对齐参照线。此时所选视图将以视图中的垂线为基准对齐。

5)【自动判断】。选择该选项，系统将根据选择基准点的不同，用自动判断的方式对齐视图。

2.【对齐】选项组

该选项组用于设置对齐时的基准点。基准点是视图对齐时的参考点。打开【对齐】选项组的【对齐】下拉列表，包括【模型点】、【对齐至视图】和【点到点】三个选项。

【视图对齐】操作步骤如下。

1）在图形窗口中用鼠标选择需要对齐的视图。

2）在【方法】和【对齐】下拉列表中选择对应选项。

3）选择对齐的基准点，则所选视图按指定方式，以所选的点为基准对齐。

7.4.3 更新视图

当模型修改后，可通过手动更新视图。单击【视图】分组中的【更新视图】按钮，弹出【更新视图】对话框，如图 7-78 所示。【更新视图】命令的操作方法如下。

单击对话框中【视图】选项组中【选择视图】按钮，在图形窗口中用鼠标选择需要更新的视图，或在对话框的【视图列表】中选择需要更新的视图，单击【确定】按钮或【应用】按钮，完成视图更新。也可以在对话框中单击【选择所有过时视图】按钮或【选择所有过时自动更新视图】按钮，更新模型修改后所有未更新过的视图。

7.4.4 定义视图边界

定义视图边界是指将视图以所定义的矩形线框或封闭曲线为界线进行显示的操作。在创建工程图的过程中，经常会遇到定义视图边界的情况。例如，在创建局部剖视图的局部剖边界曲线时，需要将视图边界进行放大操作等。

在【视图】分组中单击【视图边界】按钮，打开如图 7-79 所示的【视图边界】对话框。该对话框包括视图列表框、视图边界类型、按钮选项组、父项上的标签等主要选项。

图 7-78 【更新视图】对话框

图 7-79 【视图边界】对话框

7.4.5 视图相关编辑

视图相关编辑是指对视图中图形对象的显示进行编辑和修改，同时不影响其他视图中同一对象的显示，与上述介绍的有关视图操作相类似。不同之处是：有关视图操作是对工程图的宏观操作，而视图相关编辑是对工程图做更为详细的编辑。

单击【视图】分组中【视图相关编辑】按钮，打开如图 7-80 所示的【视图相关编

辑】对话框。该对话框中主要选项和按钮的功能及
含义如下。

1.【添加编辑】选项组

该选项组用于选择要进行视图编辑操作的类
型，包括以下五种视图编辑操作的方式。

（1）【擦除对象】用于擦除视图中选择的
对象，选择视图对象后按钮才被激活。单击图 7-80
【视图相关编辑】对话框中的【擦除对象】按钮，
弹出【类选择】对话框，可在视图中选取需
要擦除的对象，如图 7-81a 所示。最后单击【确定】
按钮即可完成操作，如图 7-81b 所示。

（2）【编辑完整对象】用于编辑所选整个对
象的显示方式，包括颜色、线型和线宽。单击该按
钮，【线框编辑】选项组中的三个选项被激活，可
在其中设置颜色、线型和线宽。单击【应用】按
钮，弹出【类选择】对话框，可在视图中选取需要
编辑的对象，如图 7-82a 所示。最后单击【确定】
按钮即可完成操作，如图 7-82b 所示。

图 7-80 【视图相关编辑】对话框

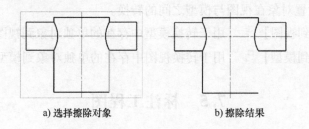

a) 选择擦除对象   b) 擦除结果

图 7-81 擦除对象

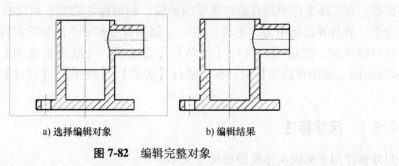

a) 选择编辑对象   b) 编辑结果

图 7-82 编辑完整对象

（3）【编辑着色对象】用于编辑视图中某一部分的显示方式。单击该按钮，在视图
中选取需要编辑的对象，然后在【着色编辑】选项组中设置颜色、局部着色和透明度，设
置完成后单击【应用】按钮即可完成操作。

（4）【编辑对象段】用于编辑视图中所选对象某个片断的显示方式。单击该按钮，

在【线框编辑】选项组中设置对象的颜色、线型和线宽，单击【应用】按钮，弹出如图 7-83a 所示的【编辑对象段】对话框。根据提示选取编辑的对象，如图 7-83b 所示。然后单击【确定】按钮即可完成操作，结果如图 7-83c 所示。

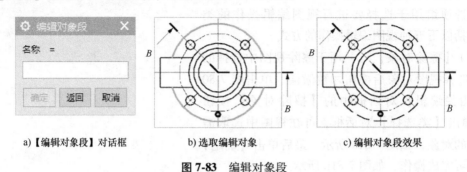

a)【编辑对象段】对话框   b) 选取编辑对象   c) 编辑对象段效果

图 7-83   编辑对象段

（5）【编辑剖视图的背景】   用于编辑剖视图的背景。单击该按钮，选取要编辑的剖视图，在弹出的【类选择】对话框中单击【确定】按钮，即可完成剖视图背景的编辑。

2.【删除编辑】选项组

用于删除前面所进行的某些编辑操作。【删除编辑】选项组包含【删除选定的擦除】、【删除选定的编辑】和【删除所有编辑】三种操作方式。

3.【转换相依性】选项组

该选项组用于设置对象在视图与模型之间的转换。

（1）【模型转换到视图】   用于转换模型中存在的单独对象到视图中。

（2）【视图转换到模型】   用于转换视图中存在的单独对象到模型中。

7.5   标注工程图

工程图的标注是反映零件的尺寸、几何公差和表面粗糙度等信息的重要手段，是生产加工的依据，在实际生产中具有至关重要的地位。利用标注功能，可以在工程图中添加尺寸、几何公差（软件界面图中为"形位公差"）、制图符号和文本注释等内容。

进行标注前，建议用户执行【菜单】|【首选项】|【制图首选项】菜单命令，弹出如图 7-2 所示的【制图首选项】对话框，进行【公共】、【视图】、【尺寸】、【注释】等选项的设置。

7.5.1   尺寸标注

尺寸标注用于标识实体模型的尺寸大小。

执行【菜单】|【插入】|【尺寸】子菜单中的相应命令，或在【尺寸】分组中单击相应的按钮，都可以对工程图进行尺寸标注。

打开【尺寸】分组右侧下拉菜单，显示尺寸标注的九种方式，可通过选中或是取消选中某种方式来改变【尺寸】分组中显示的尺寸标注方式的数量。【尺寸】分组中包含的各尺寸标注类型的功能及含义如下。

（1）【快速】 由系统自动推断出选用哪种尺寸标注类型进行尺寸标注。

单击【尺寸】分组中【快速】按钮，打开如图 7-84 所示的【快速尺寸】对话框，打开【测量】|【方法】下拉列表，显示【快速】尺寸标注类型包含的九种尺寸标注方式。

（2）【线性】 用于标注两个对象或点位置之间的线性尺寸。单击【尺寸】分组中的【线性】按钮，弹出【线性尺寸】对话框，如图 7-85 所示，打开【测量】|【方法】下拉列表，显示【线性】尺寸标注类型包含的七种尺寸标注方式。

图 7-84 【快速尺寸】对话框

图 7-85 【线性尺寸】对话框

（3）【径向】 用于标注圆形对象的半径或直径尺寸。单击【尺寸】分组中的【径向】按钮，弹出【径向尺寸】对话框。打开【测量】|【方法】下拉列表，显示【径向】尺寸标注类型包含的【自动判断】、【径向】、【直径】和【孔标注】四种尺寸标注方式。

（4）【角度】 用于标注工程图中所选两直线之间的角度。

（5）【倒斜角】 用于标注工程图中的倒角尺寸。

（6）【厚度】 用于标注两要素之间的厚度，测量两条曲线之间的距离。

（7）【弧长】 用于创建弧长尺寸来测量圆弧的周长。

（8）【周长尺寸】 用于创建【周长】约束以控制选定直线和圆弧的集合长度。

（9）【坐标】 用于创建一个坐标尺寸，测量从公共点沿着一条坐标基线到某一位置的距离。

7.5.2 注释编辑器

一张完整的工程图样，不仅包括零件的各种视图和基本尺寸，还包括技术要求的说明、用于表达特殊结构尺寸的文本、定位部分的制图符号和几何公差等。

1.【注释】

执行【菜单】|【插入】|【注释】菜单命令，或单击图 7-86 所示的【注释】分组中的【注释】按钮，弹出图 7-87 所示的【注释】对话框。对话框中各选项组的功能如下。

图 7-86 【注释】分组

图 7-87 【注释】对话框

（1）【原点】选项组　用于设置文本放置的对齐方式、锚点位置，指定注释的图形对象及注释放置的位置，展开【原点】选项组中的【对齐】和【注释视图】子选项组，如图 7-88 所示。

（2）【指引线】选项组　用于设置文本注释的指引线类型及样式，如图 7-89 所示。

图 7-88 【原点】选项组

图 7-89 【指引线】选项组

（3）【文本输入】选项组　如图 7-90 所示，包括【编辑文本】、【格式设置】、文本输入框、【符号】、【导入/导出】等选项。各选项功能如下。

1）【编辑文本】子选项组：用于对文本进行清除 、剪切 、复制 、粘贴 、删除文本属性 及选择下一个符号 等编辑操作，类似于 word 软件的一些常用功能。

2）【格式设置】子选项组：用于对文本的字体、线宽、粗细、斜体、上划线、下划线、上角标及下角标等进行设置。

3）文本输入框：用于输入文本。

4）【符号】子选项组：用于插入制图所需的【制图】、【形位公差】、【分数】、【定制符号】、【用户定义】及【关系】各种符号，如图 7-91 所示。

①【制图】符号：用于将各种制图符号输入到编辑窗口，如图 7-92 所示。

图 7-90 【文本输入】选项组　　图 7-91 【符号】|【类别】下拉列表　　图 7-92 【符号】|【类别】|【制图】

②【形位公差】符号：用于将几何公差符号输入到编辑窗口和检查几何公差符号的语法，如图 7-93 所示。第一行窗格有四个按钮，分别是【插入单特征控制框】、【插入复合特征控制框】、【开始下一个框】和【插入框分隔线】。第二、第三和第四行窗格是各种公差特征符号按钮。其余的是与几何公差有关的其他一些按钮。

③【分数】符号：分为上部文本和下部文本，通过更改分数类型，可以分别在上部文本和下部文本中插入不同的分数类型，如图 7-94 所示。

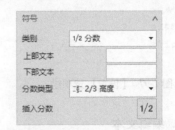

图 7-93 【符号】|【类别】|【形位公差】　　图 7-94 【符号】|【类别】|【分数】

④【定制符号】符号：用于在符号库中选取用户自定义的符号。

⑤【用户定义】符号：如图 7-95 所示，该选项的【符号库】下拉列表中包含【显示部件】、【当前目录】和【实用工具目录】三种选项。单击【插入符号】按钮后，在文本输入框中显示相应的符号代码，符号文本将显示于预览区域中。

⑥【关系】符号：如图 7-96 所示，【关系】符号包含【插入表达式】、【插入对象属性】、【插入部件属性】和【插入图纸页区域】四种选项。

图 7-95 【符号】|【类别】|【用户定义】

图 7-96 【符号】|【类别】|【关系】

5)【导入/导出】子选项组：用于从其他文本文件（＊.txt 格式）中导入文本，也可以将文本输入框中现有的文本导出并保存为文本文件（＊.txt 格式）。

（4）【继承】选项组　用于选择要继承的注释。

（5）【设置】选项组　在如图 7-97 所示的【设置】选项组中，可以设置文本的样式、文本放置方式、斜体角度及粗体宽度。单击【设置】按钮，在打开的【注释设置】对话框中，可对文本的样式进行相应的设置，如图 7-98 所示。

图 7-97 【设置】选项组

图 7-98 【注释设置】对话框

2. 编辑文本

编辑文本是对已经存在的文本进行修改和编辑，使文本符合注释的要求。当需要做详细的编辑时，需要在【注释】分组中单击【编辑文本】按钮，弹出如图 7-99 所示的【文本】对话框。单击该对话框中【文本输入】选项组中的【文本编辑器】按钮，弹出如图 7-100 所示的【文本编辑器】对话框。【文本编辑器】对话框由三部分组成。

图 7-99 【文本】对话框

图 7-100 【文本编辑器】对话框

（1）【文本编辑器】选项组 选项组中各工具的功能类似于 Word 等软件的功能，用于文本的插入、另存为、清除、剪切、复制、粘贴，字体、线宽，粗体、斜体等常规性的编辑操作，如图 7-101 所示。

（2）编辑文本框 如图 7-102 所示，该文本框是一个标准的多行文本输入区，使用标准的系统位图字体，用于输入文本和系统规定的控制字符。

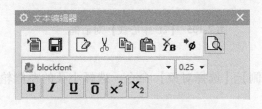

图 7-101 【文本编辑器】选项组

图 7-102 编辑文本框

（3）【文本符号】选项组 如图 7-103 所示，【文本符号】选项组包含了【制图符号】、【形位公差符号】、【用户定义符号】、【样式】和【关系】五个选项卡，用于编辑文本符号。这五个符号选项卡的含义及功能与【注释】命令中相应的选项类似。

图 7-103 【文本符号】选项组

7.5.3 中心线

UG NX 12.0【注释】工具条提供了各种类型的中心线，从而实现对工程图的细化和完善。

单击【注释】分组中的【中心标记】按钮⊕·右侧的下拉箭头，打开下拉菜单，共有八种中心标记方式。

【例7-9】 以 D:\ug12.0教材\第7章\法兰盘-局部剖.prt 为例（图7-62），介绍2D中心线的创建过程。

1）打开该文件，进入制图环境。

2）打开【中心标记】按钮⊕·右侧的下拉菜单，如图7-104所示。选择▯【2D中心线】，打开如图7-105所示的【2D中心线】对话框。

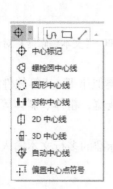

图 7-104 【中心标记】下拉菜单

图 7-105 【2D中心线】对话框

3）在俯视图的局部剖视图中，执行【第1侧】|【选择对象】命令，选择小孔的左侧轮廓线，如图7-106所示。

4）执行【第2侧】|【选择对象】命令，选择小孔的右侧轮廓线，如图7-107所示。

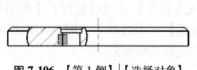

图 7-106 【第1侧】|【选择对象】

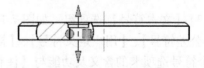

图 7-107 【第2侧】|【选择对象】

5）选中【设置】|【尺寸】中的【单独设置延伸】选项，分别单击上、下两个箭头，在弹出的屏显文本框C2中输入合适的长度值，如图7-108所示。

6）单击【确定】按钮，关闭【2D中心线】对话框，生成2D中心线如图7-109所示。

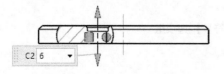

图 7-108 【单独设置延伸】

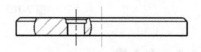

图 7-109 生成2D中心线

7.5.4 符号标注

符号标注是指一种由规则图形和文本组成的标注。

单击【注释】分组中的【符号标注】按钮，打开
如图 7-110 所示的【符号标注】对话框，打开【类型】
下拉列表，其中包含了 11 种标注方式。

【例 7-10】 以 D:\ug12.0 教材 \ 第 7 章 \ 平口钳 . prt
为例，介绍符号标注的创建过程。

1）打开该文件，进入制图环境。

2）打开如图 7-110 所示的【符号标注】对话框，进
行参数设置。

图 7-110 【符号标注】对话框

3）执行【原点】|【指定位置】命令，在图形窗口中选择如图 7-111 所示的轮廓线，按
住鼠标左键并拖动鼠标至合适位置松开左键，然后单击左键。

4）单击【关闭】按钮，关闭对话框，创建的符号标注如图 7-112 所示。

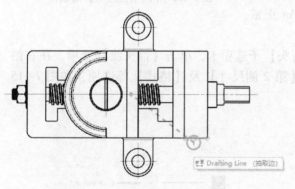

图 7-111 【原点】|【指定位置】

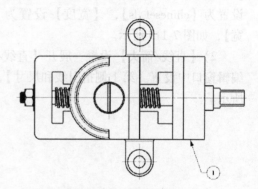

图 7-112 符号标注效果

7.6 创建工程图样

为使图样符合国家标准，在制图过程中需要完成大量的设置工作，如设计图框、标题栏
等。所以为提高效率，常常是先建立独立的含有标注图框、标题栏及参数已做设置的图样文
件，在创建工程图时，就可以方便快捷地导入。图样文件有两种格式：模式格式和普通的
. prt 格式。

【例 7-11】 采用模式格式创建 A3 图纸的图样。

1. 创建新文件

单击【文件】菜单中的【新建】按钮 。在弹出的【新建】对话框中设置【单位】为
【毫米】，文件名为"A3-图纸模板 . prt"。

2. 设置【工作表】对话框中的参数

进入【制图】模块，系统弹出【工作表】对话框，在【大小】选项组中选择【标准尺
寸】，在【大小】下拉列表框中选择图幅尺寸为【A3-297×420】，在【比例】下拉列表框中

选择【1:1】，【图纸页名称】可默认，【单位】选择【毫米】，【投影】选择【第一象限角投影】▢◎，单击【确定】按钮完成设置。

3.【制图首选项】设置

为提高制图效率，避免重复性参数设置，在制作图样文件时，可以把首选项中常用的一些选项设置好，在进行具体零部件制图时，可以根据实际情况的需要稍微进行调整。

执行【菜单】|【首选项】|【制图】命令，弹出如图7-113所示的【制图首选项】对话框。

（1）【公共】选项卡设置

1）【文字】设置。展开【公共】选项卡，单击【文字】选项，单击右侧编辑窗口中【文本参数】下方的【颜色】按钮▉，打开如图7-114所示【颜色】对话框，将颜色设置为【Black】；【字体】设置为【chinesef_fs】，【宽度】设置为【Aa正常宽】，如图7-113所示。

图7-113 【制图首选项】对话框

2）【直线/箭头】设置。展开【直线/箭头】子选项卡，单击【箭头线】选项，在右侧编辑窗口中设置【第1侧指引线和尺寸】、【第2侧尺寸】及【格式】等选项，如图7-115所示。

图7-114 【颜色】对话框

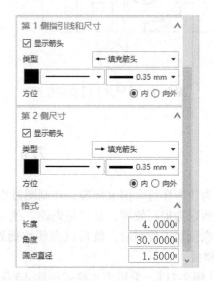

图7-115 【直线/箭头】子选项卡设置

3）【箭头】设置。单击【箭头】选项，在右侧编辑窗口中设置【第1侧指引线和箭头线】、【第2侧箭头线】、【箭头线】、【短划线】及【指引线】等选项，如图7-116所示。

4）【前缀/后缀】设置。单击【前缀/后缀】子选项卡，在右侧编辑窗口中设置【半径尺寸】、【线性尺寸】、【倒斜角尺寸】等选项，如图7-117所示。

图 7-116 【箭头】选项设置

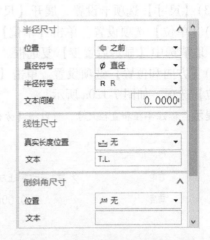

图 7-117 【前缀/后缀】子选项卡设置

提示： 当需要标注螺纹的直径尺寸时，可以执行【公共】|【前缀/后缀】|【半径尺寸】|【直径符号】命令，打开【直径符号】下拉列表，选择【用户定义】，在【要使用的符号】文本框中输入"M"，单击【确定】按钮，关闭对话框即可。

5)【符号】设置。单击【符号】子选项卡，单击右侧编辑窗口中【格式】下方的【颜色】按钮，打开如图 7-114 所示的【颜色】对话框，将颜色设置为【Black】。

(2)【视图】选项卡设置

1)【工作流程】选项设置。展开【视图】选项卡，单击【工作流程】选项，取消选中【显示】复选框。

2)【公共】选项设置。展开【公共】选项，单击【可见线】选项，单击右侧编辑窗口中【格式】下方的【颜色】按钮，打开如图 7-114 所示的【颜色】对话框，将颜色设置为【Black】。按同样方式设置【光顺边】选项。

3)【表区域驱动】选项设置。展开【表区域驱动】子选项卡，删除【标签】选项组中的【前缀】文本框中默认的【SECTION】选项，如图 7-118 所示。

4)【截面线】选项设置。单击【截面线】选项，在右侧编辑窗口中设置【显示】、【格式】、【箭头】、【箭头线】及【标签】等选项，如图 7-119 所示。

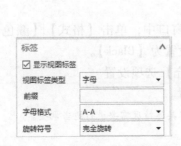

图 7-118 【表区域驱动】|【标签】选项设置

图 7-119 【截面线】选项设置

（3）【尺寸】选项卡设置　展开【尺寸】选项卡|【文本】选项。

1）【单位】选项设置。单击【单位】选项，选中右侧编辑窗口中的【显示前导零】复选框，取消选中【显示后置零】复选框。

2）【方向和位置】选项设置。单击【方向和位置】选项，在右侧编辑窗口设置【方向和定位】选项，如图7-120a所示。

提示： 标注半径和直径尺寸，可以将【方位】设置为【水平文本】，如图7-120b所示。

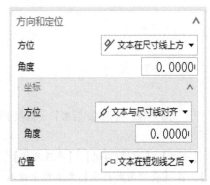 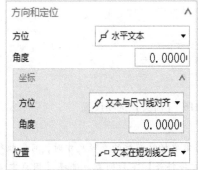

a)【方位】|【文本在尺寸线上方】　　b)【方位】|【水平文本】

图7-120　【文本】|【方向和位置】选项设置

3）【附加文本】选项卡设置。单击【附加文本】选项，然后单击右侧编辑窗口中【文本参数】下方的【颜色】按钮█，打开如图7-114所示【颜色】对话框，将颜色设置为【Black】，【字体】设置为【chinesef_fs】，【宽度】设置为【Aa 正常宽】，如图7-113所示。

4）【尺寸文本】选项设置。同【附加文本】选项设置。

5）【公差文本】选项设置。设置右侧编辑窗口中【格式】下方的【双行公差文本高度】为1.5，其他设置类似【附加文本】选项设置。

（4）【注释】选项卡设置　展开【注释】选项卡。

1）【GDT】选项设置。单击【GDT】选项，然后单击右侧编辑窗口中【格式】下方的【颜色】按钮█，打开如图7-114所示的【颜色】对话框，将颜色设置为【Black】。

2）【符号标注】选项设置。同1）【GDT】选项设置。

3）【表面粗糙度符号】选项设置。单击【表面粗糙度符号】选项，然后单击右侧编辑窗口中【格式】选项下方的【颜色】按钮█，打开如图7-114所示【颜色】对话框，将颜色设置为【Black】。

4）【剖面线/区域填充】选项设置。在右侧编辑窗口中，单击【格式】|【颜色】按钮█，打开如图7-114所示的【颜色】对话框，将颜色设置为【Black】。

5）【中心线】选项设置。同4）【剖面线/区域填充】选项设置。

6）单击【确定】按钮，完成【制图首选项】设置。

提示： 其他未设置的选项及参数，可以默认，也可以根据具体情况需要进行适当调整。

4. 绘制图框和标题栏

常用以下两种方法在图形窗口内绘制图框和标题栏。

（1）利用【草图】分组中的命令　按照国家标准要求，利用【草图】分组中的【直线】、【矩形】等命令绘制图框和标题栏。

（2）利用【表】分组中的命令　利用【表】分组中的工具命令，如【表格注释】、【编辑表格】等命令绘制图框和标题栏。

5. 标注文字

文字可以采用以下两种方法标注。

1）利用【注释】命令。可直接在【注释】对话框【文本输入】选项组的文本输入框中输入文字，并进行相关参数设置。

2）如果采用【表格注释】命令绘制图框和标题栏，可以直接双击单元格，然后输入文字。创建的边框和标题栏如图 7-121 所示。

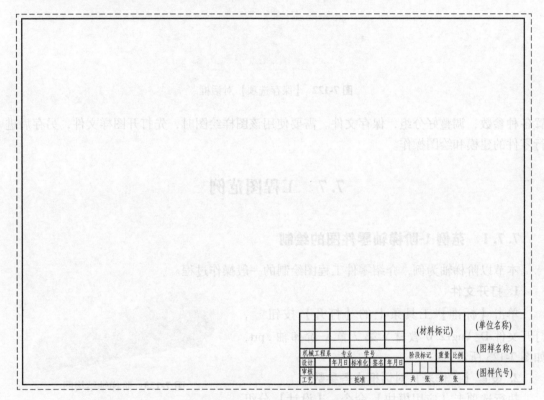

图 7-121　图样的边框和标题栏

提示： 为避免图样文件调用时被修改，当采用普通的 .prt 格式图样文件时，可将图样文件的属性设置成只读。

6. 保存选项设置

执行【文件】|【选项】|【保存选项】菜单命令，弹出【保存选项】对话框，设置各选项，如图 7-122 所示。

7. 保存文件

单击【快速访问工具条】中的【保存】按钮，将图样文档保存。

绘制工程图的过程中可随时调用模式格式的图样文件，并且调用时不会修改图样文件。普通的 .prt 格式图样文件创建过程与创建一般部件文件相似，先绘制图框和标题栏，设

图 7-122 【保存选项】对话框

置各种参数，调整好分组，保存文件。需要使用该图样绘图时，先打开图样文件，另存后进行零件的建模和绘图操作。

7.7 工程图范例

7.7.1 范例1-阶梯轴零件图的绘制

本节以阶梯轴为例，介绍零件工程图绘制的一般操作过程。

1. 打开文件

单击【标准】工具条上的【打开】按钮 ，
打开文件 D：\ug12.0 教材 \ 第 7 章 \ 阶梯轴 .prt，
如图 7-123 所示。

2. 设置【工作表】对话框中各参数

执行选项卡【应用模块】命令，【设计】分组

图 7-123 阶梯轴结构图

中【制图】按钮 ，进入制图模块，单击【新建图纸页】按钮 ，弹出【工作表】对话框。

1）在【大小】选项组选择【标准尺寸】，在【大小】下拉列表中选择图幅为【A3-297×420】，在【比例】下拉列表中选择【1∶1】，在【名称】选项组中【图纸页名称】可默认，在【设置】选项组中【单位】选择【毫米】，【投影】选择【第一象限角投影】 。

2）单击【确定】按钮，完成设置。

3）单击【取消】按钮或【关闭】按钮 ，关闭自动弹出的【视图创建向导】对话框。

3. 导入图样

1）执行【文件】|【导入】|【部件】菜单命令，弹出【导入部件】对话框，参数设置如图 7-124 所示。

2）单击【确定】按钮，弹出下一级【导入部件】对话框，如图7-125所示。打开【查找范围】的下拉列表，找到 D:\ug12.0 教材 \ 第 7 章 \ A3-图纸模板 . prt。

图 7-124　【导入部件】对话框

图 7-125　【导入部件】下一级对话框

3）单击【OK】按钮，关闭对话框。弹出【点】对话框，设置【输出坐标】参数，如图7-126所示。

4）单击【确定】按钮，弹出如图7-127所示的【导入部件】信息提示对话框。

5）单击【确定】按钮，关闭对话框。

6）单击【关闭】按钮 ，关闭【点】对话框，则导入图样文件"A3-图纸模板 . Prt"。

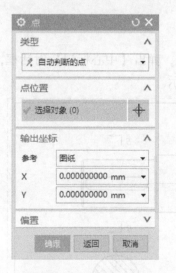

图 7-126　【点】对话框

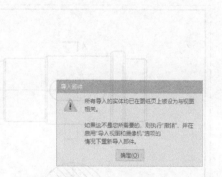

图 7-127　【导入部件】信息提示对话框

4. 创建基本视图

1）单击【视图】分组中的【基本视图】按钮 ，弹出图7-13所示的【基本视图】对话框。在对话框【模型视图】选项组的【要使用的模型视图】下拉列表中选择【右视图】。

2）在【比例】选项组的下拉列表中，选择【比例】为"1：1"。

3）单击【定向视图工具】右侧按钮 ，弹出【定向视图工具】对话框。单击【法向】选项组中【指定矢量】右侧按钮 ，在下拉列表中选择矢量方向 XC，单击【X 向】选项组中【指定矢量】右侧按钮 ，在下拉列表中选择矢量方向 ZC。

4）单击【确定】按钮，实现阶梯轴主视图水平放置。拖动鼠标至适合位置，单击鼠标左键，创建如图 7-128 所示的主视图。

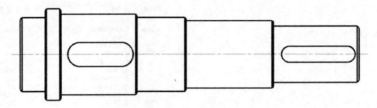

图 7-128　阶梯轴主视图

5）单击【关闭】按钮，关闭【基本视图】对话框。

5. 创建键槽的剖视图

1）单击【视图】分组中的【剖视图】按钮 ，弹出【剖视图】对话框。

2）执行【父视图】|【选择视图】命令，选择主视图。

3）执行【视图原点】|【指定位置】命令，选择键槽侧边的中点。

4）打开【视图原点】|【方法】下拉列表，选择 水平。

5）向右水平拖动鼠标在适当位置单击，生成两个键槽 A—A 和 B—B 方向的剖视图。

6. 定位剖视图

考虑视图布局，将两个剖视图移至主视图下方。

7. 创建中心标记

执行【插入】|【中心线】|【中心标记】菜单命令，弹出【中心标记】对话框，捕捉剖视图圆心，单击【确定】生成中心线，如图 7-129 所示。

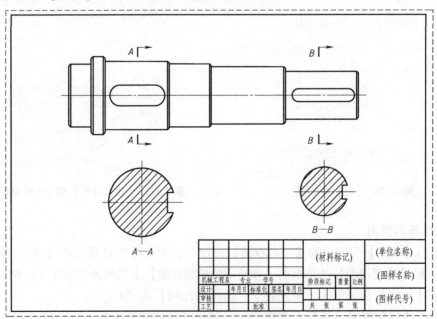

图 7-129　添加阶梯轴剖视图

8. 标注水平尺寸

（1）标注主视图上的水平尺寸

1）单击【尺寸】分组中的【线性】按钮，打开【线性尺寸】对话框，在【测量】|【方法】下拉列表中选择。

2）先标注总长，然后从左至右依次标注主视图上水平尺寸，如图 7-130 所示。

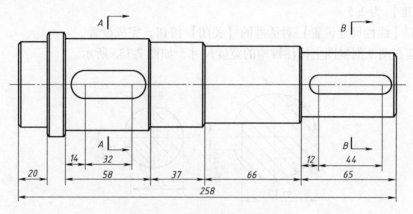

图 7-130　标注主视图水平尺寸

（2）标注剖视图上的水平尺寸

1）单击【尺寸】分组中的【线性】按钮![]，打开【线性尺寸】对话框，在【测量】|【方法】下拉列表中选择。

2）单击【设置】选项组中【设置】按钮![]，打开【线性尺寸设置】对话框，如图 7-131 所示。单击【公差】选项卡，在右侧的编辑窗口中设置【类型和值】及【显示和单位】等参数。

3）展开【文本】选项卡，单击【公差文本】，在右侧的编辑窗口中设置【格式】选项组中的【高度】为 2.5，单击【关闭】按钮，完成设置。

4）依次标注两个键槽的深度尺寸及公差，如图 7-132 所示。

图 7-131　【线性尺寸设置】|【公差】选项设置

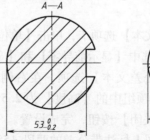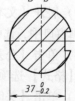

图 7-132　标注剖视图水平尺寸

9. 标注剖视图上竖直尺寸

1）单击【尺寸】分组中的【线性】按钮![]，打开【线性尺寸】对话框，在【测量】|

【方法】下拉列表中，选择 ⫯ 竖直 。

2）单击【设置】选项组中【设置】按钮 ⫼，打开【线性尺寸设置】对话框，如图 7-131 所示。单击【公差】选项卡，在右侧的编辑窗口中设置【小数位数】为 3，【公差下限】为 -0.043。

3）展开【文本】选项卡，单击【公差文本】，在右侧的编辑窗口中设置【格式】选项组中的【高度】为 2.5。

4）单击【线性尺寸设置】对话框的【关闭】按钮，完成设置。

5）分别在两个剖视图上标注键槽的宽度尺寸，如图 7-133 所示。

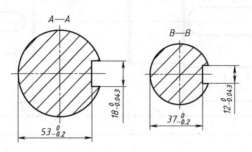

图 7-133　标注剖视图竖直尺寸

10. 标注主视图上各段圆柱直径

（1）标注不带公差的各段圆柱直径

1）单击【尺寸】分组中的【快速尺寸】按钮 ，打开【快速尺寸】对话框。在【测量】|【方法】下拉列表中选择 ⬤ 圆柱式 。

2）在主视图上标注不带公差的圆柱直径 $\phi50$、$\phi68$。

（2）标注带公差的各段圆柱直径

1）在主视图上标注不带公差的圆柱直径 $\phi50$、$\phi68$ 之后，单击【设置】选项组中【设置】按钮 ⫼，打开【快速尺寸设置】对话框。

2）单击【公差】选项卡，在右侧的编辑窗口中设置【类型和值】和【显示和单位】各选项，如图 7-134 所示。

3）展开【文本】选项卡，单击【单位】选项，在右侧编辑窗口中，选中【显示前导零】和【显示后置零】。

4）单击【公差文本】选项，在右侧的编辑窗口中设置【格式】选项组中的【高度】为 2.5。

5）单击【关闭】按钮，完成设置。

图 7-134　【快速尺寸设置】对话框

6）在主视图上标注带公差的两段 $\phi55$ 的圆柱直径。

7）按上述方法标注直径 $\phi42$ 时，可以在编辑窗口中将【公差上限】改为 0.05，【公差下限】改为 0.034，如图 7-135 所示，按 <Enter> 键确认。标注直径 $\phi60$ 时，可以在编辑窗口中将【公差下限】改为 0.041，【公差上限】改为 0.060，按 <Enter> 键确认。标注效果如

图 7-136 所示。

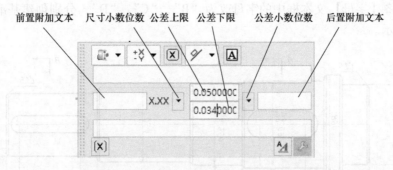

前置附加文本　尺寸小数位数　公差上限　公差下限　　公差小数位数　后置附加文本

图 7-135 编辑窗口-设置公差上限和公差下限

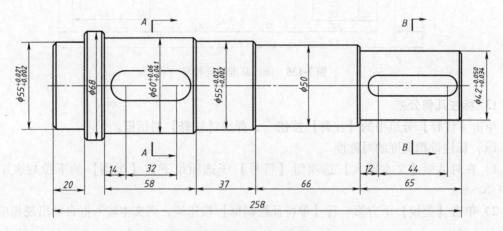

图 7-136 标注主视图圆柱直径

11. 标注倒角尺寸

1）单击【尺寸】分组中的【倒斜角】按钮 ，弹出【倒斜角尺寸】对话框。

2）在主视图上轴两端标注倒角尺寸。

12. 插入基准特征符号

1）单击【注释】分组中的【基准特征符号】 按钮，弹出【基准特征符号】对话框，如图 7-137 所示。

2）单击【设置】选项组中【设置】按钮 ，打开【基准特征符号】对话框。单击【GDT】选项，然后单击右侧编辑窗口中【格式】下方的【颜色】按钮 ，打开如图 7-114 所示的【颜色】对话框，将颜色设置为【Black】。

3）单击【关闭】按钮，完成设置。

4）在【基准标识符】选项组的【字母】文本框中输入 "A"，作为第一个基准。

5）在主视图中，移动鼠标至 $\phi55^{0.021}_{0.002}$ 的箭头线与延伸线相交处，按下鼠标左键，拖动鼠标向下移动至合适位

图 7-137 【基准特征符号】对话框

置，松开左键，再单击左键，完成第一个基准特征符号 *A* 的创建。

6）依次将【字母】文本框中的字母改为"B"，"C"，"D"，分别创建基准 *B*、*C*、*D*，如图 7-138 所示。

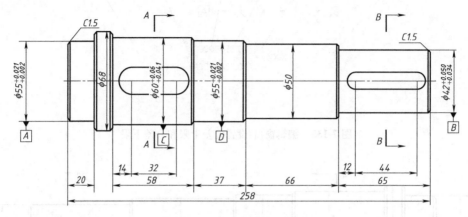

图 7-138 插入基准特征符号

13. 标注几何公差

单击【注释】分组中的【注释】按钮Ａ，弹出【注释】对话框。

（1）标注键槽宽度的对称度

1）在对话框【文本输入】选项组【符号】子选项组下方【类别】的下拉列表中选择 形位公差 。

2）单击【类别】下方第一行【单特征控制框】按钮，则文本输入框自动出现相应的字符。

3）单击第三行【插入对称度】按钮，则文本输入框自动出现相应的字符。

4）键盘输入公差值"0.03"。

5）单击第一行【插入框分割线】按钮│。

6）键盘输入大写字母"B"。

提示：以上操作过程中，不得随意改变文本输入框中光标的位置。

7）将鼠标移至右端键槽宽度的箭头线与延伸线的相交处，按下鼠标左键并向上拖动至合适位置，松开左键，然后单击左键，完成第一个键槽的对称度公差的标注。

8）将【文本输入】选项组文本输入框中的字母"B"替换为"C"，如图 7-139 所示。

图 7-139 替换基准字母

9）将鼠标移至左端键槽宽度的箭头线与延伸线的相交处，按下鼠标左键并向上拖动至合适位置，松开左键，然后单击左键，完成第二个键槽的对称度公差的标注。效果如图 7-140 所示。

提示：为节省时间，标注完键槽的对称度公差后，不要关闭【注释】对话框。

（2）标注主视图上的几何公差　轴上安装轴承的轴颈之间的同轴度及轴肩端面相对于

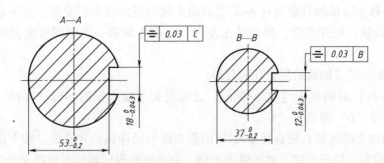

图 7-140 标注键槽几何公差-对称度公差

轴线的垂直度是重要的两项几何公差要求，其次是圆跳动、圆柱度等要求。

1）阶梯轴右侧 $\phi55^{0.021}_{0.002}$ 轴颈的复合几何公差：

① 删除文本输入框中的字符。

② 单击【类别】下方第一行【单特征控制框】按钮，文本输入框自动出现相应的字符。

③ 单击第三行【插入同轴度】按钮，文本输入框自动出现相应的字符。

④ 键盘输入公差值 0.02。

⑤ 单击第一行【插入框分割线】按钮。

⑥ 键盘输入大写字母"A"。

⑦ 单击【类别】下方第一行【开始下一个框】按钮。

⑧ 单击第四行【插入圆跳动】按钮。

⑨ 键盘输入公差值"0.015"。

⑩ 单击第一行【插入框分割线】按钮。

⑪ 键盘输入大写字母"D"。

⑫ 将鼠标移至阶梯轴右侧直径 $\phi55^{0.021}_{0.002}$ 的箭头线与延伸线的相交处，按下鼠标左键并向上拖动至合适位置，松开左键，然后单击左键，完成该轴段同轴度及圆跳动公差的标注。

2）阶梯轴右端 $\phi42^{0.050}_{0.034}$ 轴段的复合几何公差：

① 删除文本输入框中的字符。

② 单击【类别】下方第一行【单特征控制框】按钮，文本输入框自动出现相应的字符。

③ 单击第三行【插入同轴度】按钮，文本输入框自动出现相应的字符。

④ 键盘输入公差值"0.02"。

⑤ 单击第一行【插入框分割线】按钮。

⑥ 键盘输入大写字母"A-D"。

⑦ 单击【类别】下方第一行【开始下一个框】按钮。

⑧ 单击第四行【插入圆跳动】按钮。

⑨ 键盘输入公差值"0.015"。

⑩ 单击第一行【插入框分割线】按钮。

⑪ 键盘输入大写字母"B"。

⑫ 将鼠标移至阶梯轴右端直径 $\phi42_{0.034}^{0.050}$ 的箭头线与延伸线的相交处，按下鼠标左键并向上拖动至合适位置，松开左键，然后单击左键，完成右侧第一段轴同轴度及圆跳动公差的标注。

3）阶梯轴 $\phi60_{0.041}^{0.060}$ 轴段的复合几何公差：

① 将【注释】对话框中【文本输入】选项组文本输入框的字母"A-D"替换为"A-B"，后面的字母"B"替换为"C"。

② 将鼠标移至阶梯轴右端直径 $\phi60_{0.041}^{0.060}$ 的箭头线与延伸线的相交处，按下鼠标左键并向上拖动至合适位置，松开左键，然后单击左键，完成该轴段同轴度及圆跳动公差的标注。

4）阶梯轴左端 $\phi55_{0.002}^{0.021}$ 轴颈的几何公差：

① 删除文本输入框中的字符。

② 单击【类别】下方第一行【单特征控制框】按钮 ，文本输入框自动出现相应的字符。

③ 单击第四行【插入圆跳动】按钮 。

④ 键盘输入公差值"0.015"。

⑤ 单击第一行【插入框分割线】按钮 。

⑥ 键盘输入大写字母"A"。

⑦ 将鼠标移至阶梯轴左端直径 $\phi55_{0.002}^{0.021}$ 的箭头线与延伸线的相交处，按下鼠标左键并向上拖动至合适位置，松开左键，然后单击左键，完成该轴颈圆跳动公差的标注。

5）直径 $\phi68$ 轴环左端面的垂直度：

① 删除文本输入框中的字符。

② 单击【类别】下方第一行【单特征控制框】按钮 ，文本输入框自动出现相应的字符。

③ 单击第三行第二个按钮【插入垂直度】 。

④ 键盘输入公差值"0.02"。

⑤ 单击第一行第四个按钮【插入框分割线】 。

⑥ 键盘输入大写字母"A"。

⑦ 将鼠标移至直径 $\phi68$ 轴环左端面，按下鼠标左键并向左侧拖动至合适位置，松开左键，然后单击左键，完成该端面垂直度公差的标注。

6）直径 $\phi68$ 轴环右端面的垂直度：

① 将对话框中【文本输入】选项组文本输入框的字母"A"替换为"C"。

② 将鼠标移至直径 $\phi68$ 轴环右端面，按下鼠标左键并向右侧拖动至合适位置，松开左键，然后单击左键，完成该端面垂直度公差的标注。

7）阶梯轴右端直径为 $\phi55_{0.002}^{0.021}$ 的轴颈的左侧定位轴肩的垂直度：

① 将对话框中【文本输入】选项组文本输入框的字母"C"替换为"D"。

② 将鼠标移至直径为 $\phi55_{0.002}^{0.021}$ 的轴颈的左侧定位轴肩，按下鼠标左键并向右侧拖动至合适位置，松开左键，然后单击左键，完成该端面垂直度公差的标注。

8）阶梯轴右侧轴端直径为 $\phi42_{0.034}^{0.050}$ 的轴段的左侧定位轴肩的垂直度：

① 将对话框中【文本输入】选项组文本输入框的字母"D"替换为"B"。

② 将鼠标移至直径为 $\phi42_{0.034}^{0.050}$ 的轴段的左侧定位轴肩，按下鼠标左键并向右侧拖动至合适位置，松开左键，然后单击左键，完成该端面垂直度公差的标注。

单击【注释】对话框的【关闭】按钮。主视图上几何公差标注效果如图 7-141 所示。

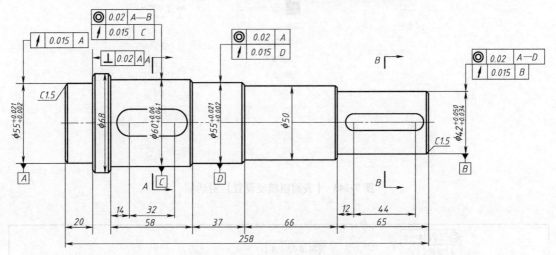

图 7-141 标注主视图上几何公差

14. 标注表面粗糙度

单击【注释】分组中的【表面粗糙度符号】按钮 √，弹出【表面粗糙度符号】对话框，如图 7-142 所示。

1）在【属性】选项组【除料】下拉列表中选择 【√ 修饰符，需要除料】，【Ra 单位】选择【微米】，在【切除（f1）】文本框中输入"0.8"，选择主视图上直径为 $\phi55_{0.002}^{0.021}$ 轴颈的母线，指定粗糙度符号放置的位置，单击鼠标左键生成 $\phi55_{0.002}^{0.021}$ 两个轴颈的粗糙度符号。

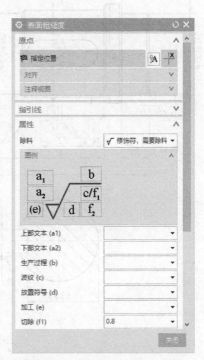

2）返回【表面粗糙度符号】对话框，在【切除（f1）】文本框中输入"1.6"，其他设置同上，标注 $\phi60_{0.041}^{0.060}$、$\phi50$ 及 $\phi42_{0.034}^{0.050}$ 轴段的圆柱面及定位端面的粗糙度符号。

3）返回【表面粗糙度符号】对话框，在【切除（f1）】文本框中输入"3.2"，单击剖视图上键槽的一个侧面，再单击另一侧面，标注键槽两侧面粗糙度符号。

4）返回【表面粗糙度符号】对话框，在【上部文本（a1）】文本框中输入"其余"，在【切除（f1）】文本框中输入"6.3"。

图 7-142 【表面粗糙度】对话框

5）单击【设置】选项组中设置按钮 ⚞，打开【表面粗糙度设置】对话框。参数设置如图 7-143 所示，选择图纸右上方适当位置，单击鼠标左键，放置其余未注表面的粗糙度符号。粗糙度标注结果如图 7-144 所示。

图 7-143 【表面粗糙度设置】对话框

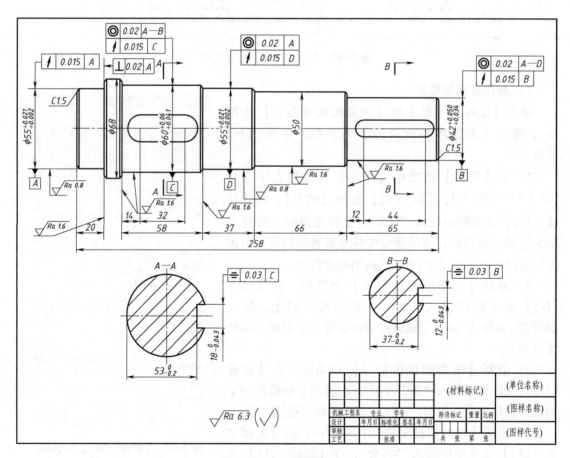

图 7-144 标注粗糙度符号

15. 注释

单击【注释】分组中的【注释】按钮▲，弹出【注释】对话框。在【文本输入】选项组的文本输入框中输入技术要求，拖动鼠标至合适的位置单击左键定位。在图样的标题栏中添加相关信息，完成零件图的全部设计内容，效果如图 7-145 所示。

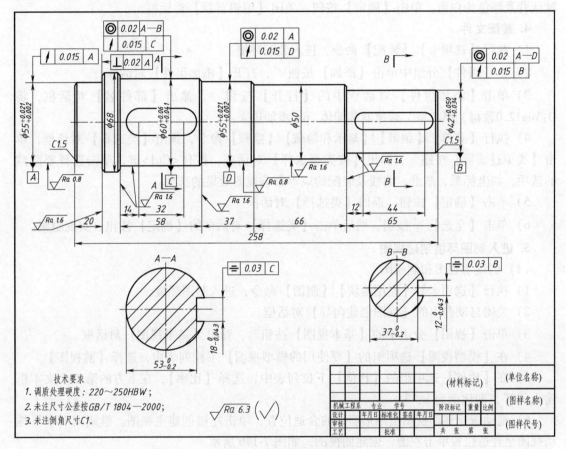

图 7-145 阶梯轴零件图

16. 保存部件文件

单击【快速访问工具条】中的【保存】按钮 🔲，保存部件文件。

7.7.2 范例 2-减速器装配图样的绘制

本节将以机械中常用的减速器为例，介绍装配体工程图绘制的一般操作过程。

1. 打开文件

执行【选项卡】|【文件】|【打开】命令，打开文件 D：\ug12.0 教材 \ 第 7 章 \ A3-装配图纸模板 . prt。

2. 另存为 ". dwg. prt 文件"

执行【选项卡】|【文件】|【保存】|【另存为】命令，打开【另存为】对话框。将打开的 D：\ug12.0 教材 \ 第 7 章 \ A3-图纸模板 . prt 文件另存为 D：\ug12.0 教材 \ 第 7 章 \ 减速器 \ 减速器装配图纸 . dwg. prt。单击对话框【OK】按钮，关闭【另存为】对话框。

3. 转换为建模环境

1）执行【选项卡】|【应用模块】|【建模】命令，进入建模环境。

2）执行【菜单】|【首选项】|【背景】命令，打开【编辑背景】对话框。

3）单击【着色视图】下方的【纯色】选项，单击【线框视图】下方的【纯色】选项，默认背景颜色为白色。单击【确定】按钮，关闭【编辑背景】对话框。

4. 装配文件

1）执行【选项卡】|【装配】命令，进入装配环境。

2）在【组件】分组中单击【添加】按钮 ，打开【添加组件】对话框。

3）单击【添加组件】对话框中的【打开】按钮 ，弹出【部件名】对话框，将D:\ug12.0教材\第7章\减速器装配体 . prt 添加进来。

4）执行【菜单】|【编辑】|【显示和隐藏】|【隐藏】命令，弹出【类选择】对话框，单击【类型过滤器】按钮 ，弹出【按类型选择】对话框，按住<Ctrl>键，单击选择要隐藏的选项，如坐标系、基准、曲线及装配约束等影响视图效果的选项。

5）单击【确定】按钮，返回【类选择】对话框。

6）单击【全选】 按钮，然后单击【类选择】对话框的【确定】按钮，实现隐藏。

5. 进入制图环境创建视图

（1）创建主视图和侧视图

1）执行【选项卡】|【应用模块】|【制图】命令，进入制图环境。

2）关闭自动弹出的【视图创建向导】对话框。

3）单击【视图】分组中的【基本视图】按钮 ，弹出【基本视图】对话框。

4）在【模型视图】选项组的【要使用的模型视图】下拉列表中，选择【前视图】。

5）在【比例】选项组的【比例】下拉列表中，选择【比率】，在下方的第二个文本框输入"3"，即比例为1:3。

6）拖动鼠标移动视图至图形窗口的合适位置，单击左键创建主视图。继续向右水平拖动视图至合适位置单击左键，创建侧视图，如图7-146所示。

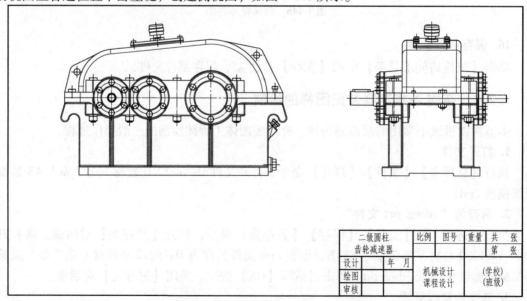

图7-146 减速器装配体的主视图与侧视图

（2）创建俯视图　展开界面左侧【装配导航器】中的【减速器装配体】节点，继续展开子节点【一轴装配体】、【二轴装配体】和【三轴装配体】。

1）单击【视图】分组中的【剖视图】█按钮，打开【剖视图】对话框。

2）【截面线】选项组的【定义】选择【动态】，【方法】选择【简单剖/阶梯剖】。

3）【父视图】选项组单击【选择视图】按钮 ，在工作区选择主视图。

4）单击【设置】选项组的【非剖切】子选项组中的【选择对象】按钮 。

5）在【装配导航器】中单击【shaft_01】，接着按住键盘上的<Ctrl>键，单击【装配导航器】中的【shift_02】和【shift_03】，则将【shaft_01】、【shift_02】和【shift_03】三根轴添加到【选择对象】下方的文本框中，如图7-147所示。

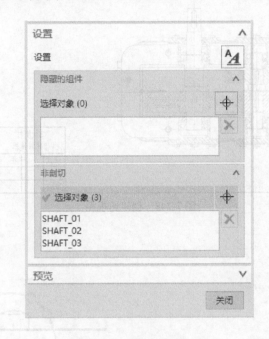

图7-147　设置非剖切对象

6）单击【截面线段】选项组的【指定位置】按钮 ，在主视图上选择箱盖和箱体的分界面或是选择轴承盖的圆心，向下拖动鼠标至合适位置，单击左键，完成俯视图的创建，如图7-148所示。

7）单击【关闭】按钮，关闭【剖视图】对话框。

（3）创建局部剖视图

1）选择侧视图，单击右键，在打开的快捷菜单里选择【 活动草图】。

2）单击【草图】分组中的【样条曲线】按钮 ，打开【艺术样条】对话框，如图7-149所示。

3）创建定位销局部剖的边界曲线，如图7-150所示。

4）单击【确定】按钮，关闭【艺术样条】对话框。

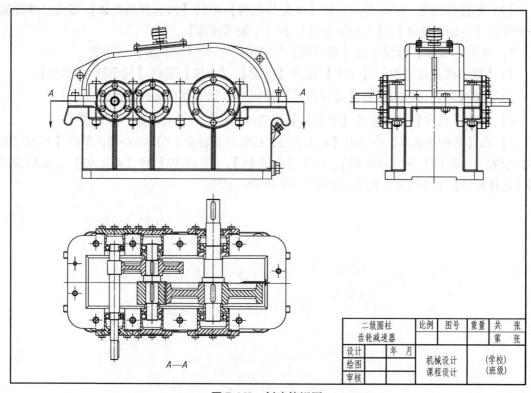

图 7-148　创建俯视图

图 7-149　【艺术样条】对话框

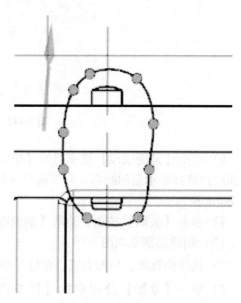

图 7-150　创建定位销局部剖的边界曲线

5）单击【草图】分组中的【完成草图】按钮🖼。

6）单击【视图】分组中的【局部剖】按钮🖼，打开【局部剖】对话框。选择侧视图，从而激活另外几个工具按钮。

7)【定义基点】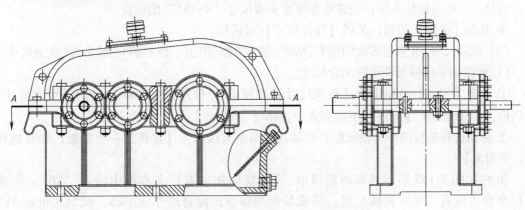。选择俯视图中定位销截面圆心，单击【选择曲线】按钮，选择侧视图中创建的边界曲线。

8) 单击【应用】按钮，完成定位销局部剖视图的创建。

9) 关闭【局部剖】对话框。

10) 按照同样的步骤，创建另外几处局部剖视图，如图 7-151 所示。

图 7-151 创建定位销、联接螺栓的局部剖

(4) 视图细化处理 创建主视图后，缺少轴承盖螺栓分布圆，所以要删除每个螺栓的中心线，创建螺栓分布圆。局部剖后，孔缺少中心线，可以采用【2D 中心线】命令进行标记。

1) 在【注释】分组中的【中心标记】下拉列表中选择【 🔵 螺栓圆中心线 】，打开【螺栓圆中心线】对话框。

2) 在【类型】下拉列表中选择【 🔵 通过 3 个或多个点 】。

3) 依次选取每个螺栓的圆心，之后调整中心线长度。

4) 选中【 ☑ 整圆 】复选框。

5) 单击【应用】按钮，完成第一组螺栓的分布圆创建。

6) 按照此方法，创建所有的螺栓分布圆。

6. 标注尺寸

(1) 外形尺寸 外形尺寸主要指长、宽、高等尺寸。单击【尺寸】分组中的【线性】按钮，打开【线性尺寸】对话框进行标注。

(2) 安装尺寸 主要指齿轮的安装中心距及地脚螺栓安装孔中心距。

1) 一轴和二轴齿轮安装中心距。

① 单击【尺寸】分组中的【线性】按钮，打开【线性尺寸】对话框。

② 单击【设置】按钮，打开【线性尺寸设置】对话框，在右侧的编辑窗口中，设置【类型】为【±X 等双向公差】，【小数位数】为 3，【公差】数值为 0.025 等参数。

③ 单击【关闭】按钮，关闭【线性尺寸设置】对话框。

④ 标注一轴和二轴齿轮安装中心距 85±0.025。

2) 二轴和三轴齿轮安装中心距。标注步骤同 1)，将【公差】数值 0.025 改为 0.032，标注三轴齿轮安装中心距 140±0.032。

3）地脚螺栓安装尺寸。

① 单击【尺寸】分组中的【线性】按钮，打开【线性尺寸】对话框。

② 分别选择主视图中两个地脚螺栓孔的中心线作为【选择第一个对象】和【选择第二个对象】。

③ 在如图 7-135 所示的编辑窗口中的【前置附加文本】文本框中输入"4×"，拖动鼠标至合适位置，单击鼠标左键，完成地脚螺栓安装尺寸"4×185"的标注。

④ 单击【关闭】按钮，关闭【线性尺寸】对话框。

（3）配合尺寸　主要包括轴承内圈与轴颈、轴承外圈与座孔、轴上零件与轴之间的配合尺寸。

1）标注轴承内圈与轴颈的配合尺寸。

① 单击【尺寸】分组中的【快速尺寸】按钮，打开如图 7-84 所示的【快速尺寸】对话框，在【测量】|【方法】下拉列表中选择【 圆柱式 】。

② 分别选择俯视图中与轴承配合的轴颈的两条素线作为【选择第一个对象】和【选择第二个对象】。

③ 在如图 7-135 所示的编辑窗口中，【后置附加文本】文本框中输入"k6"，拖动鼠标至合适位置，单击鼠标左键，完成轴承与轴颈的配合尺寸 $\phi20k6$、$\phi25k6$ 和 $\phi35k6$ 的标注。

2）标注轴承外圈与座孔的配合尺寸。与轴承内圈与轴颈之间的配合尺寸标注不同，在标注轴承外圈与座孔的配合尺寸时，需要在如图 7-135 所示的编辑窗口中的【后置附加文本】文本框中输入"H7"，参照轴承内圈与轴颈的配合尺寸标注方法，完成 $\phi47H7$、$\phi52H7$、$\phi72H7$ 的标注。

3）轴上零件与轴的配合尺寸。主要包括齿轮与轴、挡油环与轴、轴端零件与轴，以及轴承盖与座孔之间的配合尺寸。其标注方法类同轴承内圈与轴颈配合尺寸的标注，区别在于图 7-135 所示的编辑窗口中【后置附加文本】文本框中输入的文本不同。参照轴承内圈与轴颈的配合尺寸标注方法，完成上述配合尺寸的标注。

尺寸标注效果如图 7-152 所示。

7. 符号标注

1）单击【注释】分组中的【符号标注】按钮，打开【符号标注】对话框。

2）在【类型】选项组下拉列表中选择【 ○ 圆 】。

3）在【指引线】选项组【类型】下拉列表中选择【 无短划线 】。

4）在【文本】选项组【文本】文本框中输入"1"。

5）在【设置】选项组【大小】文本框中输入"6"。

6）从俯视图中的垫片开始标记为"1"，按照逆时针方向依次标记各零件。

8. 创建明细栏

按照国家标准，使用【草图】分组中的命令或是【表】分组中的【表格注释】命令创建明细栏，并填写相关内容。

9. 标注技术要求

使用【注释】分组中的【注释】命令标注技术要求，放置于图样合适位置。标注完所有内容后的效果如图 7-153 所示。

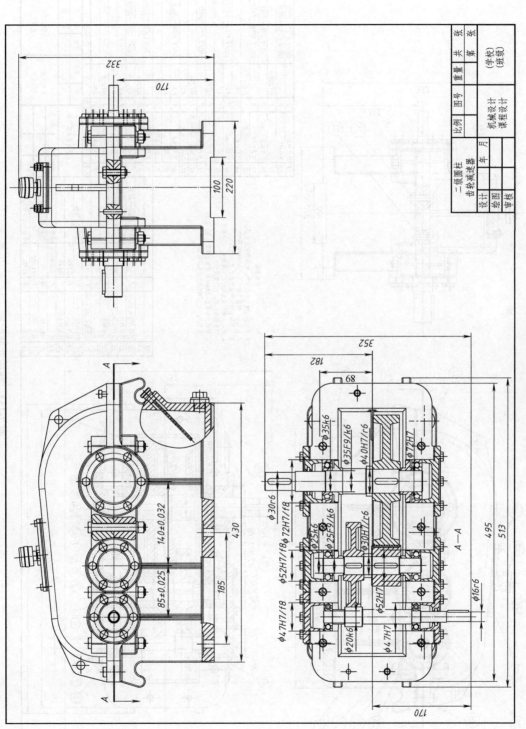

图 7-152　装配图尺寸标注

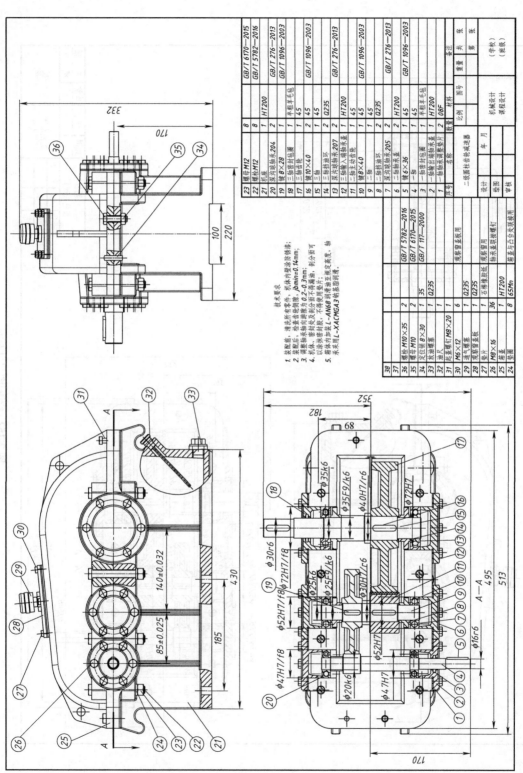

图 7-153 减速器装配图

习　题

1. 用 UG NX 12.0 创建工程图的一般步骤是什么?

2. 同样都是平面图,工程图与草图有何区别?

3. 如何利用属性工具来编辑标题栏中的文字?

4. 参照图 7-154 绘制出零件的工程图。文件位于: D:\ug12.0 教材 \ 第 7 章 \ 习题 7-4 \ 习题 7-4.prt。

a) 零件模型

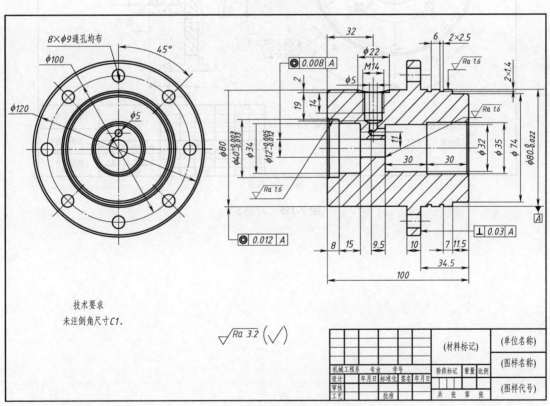

b)

图 7-154　习题 4

5. 参照图 7-155 绘制出零件的工程图。文件位于：D：\ug12.0 教材\第 7 章\习题 7-5\习题 7-5. prt。

a) 零件模型

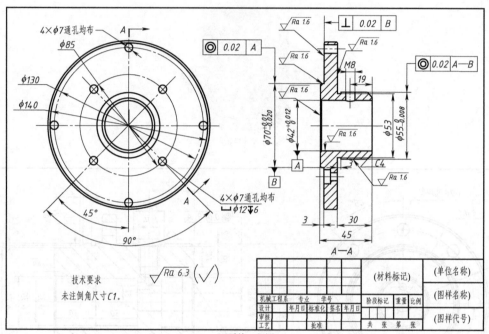

b) 零件工程图

图 7-155 习题 5

第8章

运 动 仿 真

8

本章要点

- 运动仿真的内容
- 运动仿真流程
- XY 函数编辑器

拓展视频

轨道上的交通

8.1 UG NX 运动仿真概述

运动仿真是 UG 软件中用于建立机构模型，分析模型的运动规律的重要模块，对二维或三维机构进行运动学分析及静力学分析。通过运动仿真完成以下内容：

1）创建各种运动副、传动机构及施加载荷等。

2）进行机构的干涉分析、距离及角度测量等。

3）追踪部件的运动轨迹。

4）输出部件的速度、加速度、位移及力等图表。

1. UG NX 运动仿真的工作界面

进行运动仿真时，需要先打开主模型文件才能进入仿真模块。

打开主模型文件"曲柄摇杆机构.prt"，执行【应用模块】选项卡|【仿真】分组|【运动】命令 🔺，进入运动仿真模块，界面如图 8-1 所示。

2. 基本概念及术语

UG NX 运动仿真模块中具有众多的概念及术语，在此重点介绍几个基础概念及术语。

（1）自由度 构件或机构具有独立运动形式的数目。

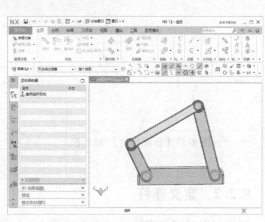

图 8-1 运动仿真界面

— 311 —

（2）连杆　在四杆机构中的主动件和从动件之间起到连接作用以传递运动和力的构件。

（3）运动副　使两个构件直接接触而又产生一定相对运动的可动连接。

8.2　UG NX 运动仿真流程

UG NX 的运动仿真是基于主模型文件的，主模型可以是部件文件也可以是装配文件。运动仿真的基本操作流程如下：

1）创建运动仿真文件。

2）构建运动模型的连杆，设置每个构件的连杆特性。

3）设置两连杆间的运动副，添加载荷及传动副等。

4）设置运动参数，提交运动仿真模型数据，解算运动仿真。

5）运动分析结果的数据输出。

8.2.1　新建运动仿真文件

在如图 8-1 所示的仿真界面中，左击 ，或是右键单击【运动导航器】中的文件名，然后在快捷菜单中选择【新建仿真】，如图 8-2 所示，即可打开如图 8-3 所示的【新建仿真】对话框。

选择合适的文件目录，单击【确定】按钮，弹出图 8-4 所示的【环境】对话框，单击【确定】按钮，进入运动仿真环境，此时【分组】区域中的按钮全部激活。

图 8-2　快捷菜单中选择【新建仿真】

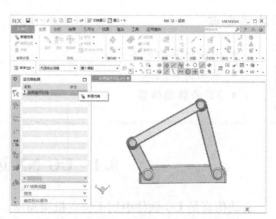

图 8-3　【新建仿真】对话框

图 8-4　【环境】对话框

8.2.2　定义连杆

连杆可以是三维实体、二维曲线及点，也可以是它们的混合。定义连杆的流程如下：

1）执行【机构】分组│【连杆】命令，弹出图 8-5 所示的【连杆】对话框。

2）在图形窗口中选择曲柄作为连杆 L001，然后单击【应用】按钮。

3）按照 2）依次定义连杆、摇杆作为第二个连杆 L002、第三个连杆 L003。

4）选择机架作为固定连杆 L004，选中【无运动副固定连杆】复选框，如图 8-6 所示。

图 8-5 【连杆】对话框

图 8-6 固定连杆的定义

8.2.3 定义运动副

UG NX 12.0 中的运动副又称为接头，共有 15 种运动副。常用的有以下几种。

（1）【旋转副】　　实现两个连杆绕同一轴线做相对转动。

旋转副连接约束了五个自由度，两连杆只可以绕某一轴旋转。可以对某一连杆添加驱动，可以规定运动极限（如旋转角度）。

（2）【滑块】　　实现两个连杆相互接触而又保持相对的滑动。

滑块又称为滑动副，约束了五个自由度，两连杆间只有一个相对滑动的自由度。可以添加驱动，可以规定运动极限。

（3）【柱面副】　　实现两个构件之间相对转动和轴向移动的连接。

柱面副又称为圆柱副，约束了四个自由度，可以添加驱动，可以规定运动极限。

（4）【螺旋副】　　实现两个构件间的螺旋运动。

螺旋副不能对两个连杆进行约束，必须配合柱面副和滑动副使用。有一个旋转、两个移动自由度，不可以添加驱动和极限。

（5）【万向联轴器副】　　连接两个成一定角度的连杆。

万向联轴器副有两个旋转自由度，不可以添加驱动，不可以规定运动极限。

（6）【球面副】　　实现两个连杆之间的各个自由度方向的相对转动。

球面副有三个旋转自由度，不可以添加驱动，不可以规定运动极限。

（7）【平面副】　　实现两个连杆以平面接触，互相约束。

平面副有一个旋转，两个移动自由度，不可以添加驱动，不可以规定运动极限。

（8）【固定副】 两个连杆间没有相对运动。

以装配体-曲柄摇杆机构. prt 中运动副的定义为例，步骤如下：

1）执行【机构】分组|【接头】命令，弹出图 8-7 所示的【运动副】对话框。

2）执行【定义】|【类型】|【旋转副】命令。

3）单击【选择连杆】，选择曲柄，如图 8-8 所示。

图 8-7 【运动副】对话框

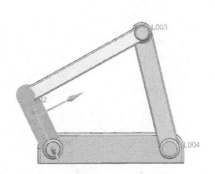

图 8-8 选择连杆

4）单击【指定原点】，选择曲柄和机架铰接处的圆心，如图 8-9 所示。

5）单击【指定矢量】，选择与曲柄和机架旋转轴线垂直的平面，如图 8-10 所示。

图 8-9 指定原点

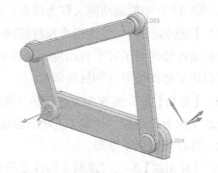

图 8-10 指定矢量

6）单击【应用】按钮，完成曲柄与机架间旋转副的定义。

7）仿照步骤 2)~5) 完成连杆与曲柄间旋转副的定义。

8）展开【底数】选项组，选中 ☑ 啮合连杆 选项，单击【选择连杆】，选择曲柄作为啮合连杆，如图 8-11 所示。

9）单击【指定原点】，选择连杆和曲柄铰接处的圆心。

10）单击【指定矢量】，选择与连杆和曲柄旋转轴线垂直的平面。

11）单击【应用】按钮，完成连杆和曲柄间旋转副的定义。

12）仿照步骤 2)~5) 进行摇杆与连杆间旋转副的定义。

13）选中 ☑ 啮合连杆 选项，单击【选择连杆】，选择连杆作为啮合连杆，如图 8-12 所示。

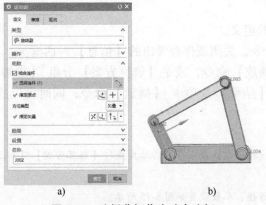

a)   b)

图 8-11 选择曲柄作为啮合连杆

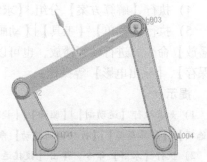

图 8-12 选择连杆 L002 作为啮合连杆

14) 单击【指定原点】，选择连杆和摇杆铰接处的圆心。

15) 单击【指定矢量】，选择与连杆和摇杆旋转轴线垂直的平面。

16) 单击【应用】按钮，完成连杆和摇杆间旋转副的定义。

17) 仿照步骤 2)~5) 完成摇杆与机架间旋转副的创建。

18) 执行【定义】|【类型】|【固定副】命令，选择机架，完成固定副的定义。

8.2.4 定义驱动

定义完连杆和运动副后，双击【运动导航器】中的运动副 J001，打开【运动副】对话框。执行【运动副】|【驱动】|【旋转】|【多项式】命令，设置【速度】为 50°/s，如图 8-13 所示。单击【确定】按钮，完成驱动的定义。

8.2.5 定义解算方案、求解及生成动画

1) 执行【解算方案】分组|【解算方案】命令，弹出如图 8-14 所示的【解算方案】对话框。

图 8-13 定义【驱动】

图 8-14 【解算方案】对话框

2)【解算类型】设为【常规驱动】，【时间】设为 10s，【步数】设为 500，【名称】默

认为【Solution_1】，也可以自己定义。

3）单击【确定】按钮，完成解算方案的定义。

4）执行【解算方案】分组|【求解】命令，关闭或保存弹出的【信息】对话框。

5）执行【菜单】|【工具】|【动画】|【播放】命令，或是【解算方案】分组|【求解】|【播放】命令，进行动画播放，也可以执行【结果】选项卡|【播放】命令，同时可以进行【保存】、【导出电影】等操作。

提示：

1）如果执行【运动副】|【驱动】|【旋转】|【铰接运动】命令，则后续应执行【解算方案】|【解算方案选项】|【解算类型】|【铰接运动驱动】命令。

2）执行【求解】命令，弹出【铰接运动】对话框，参数设置如图8-15所示。

图8-15　【铰接运动】对话框

8.3　运动仿真的第二种方式

UG NX软件有两种方式进行机构的运动仿真：

（1）针对未经装配的文件　例如，前文介绍的案例"曲柄摇杆机构.prt"，运动仿真前没有使用装配约束进行合理装配，前面讲解的仿真流程即是针对这种情况进行的。

（2）针对已装配好的文件　对于已装配好的机构，仿真流程略有不同。

以"装配体-曲柄摇杆机构.prt"为例，介绍第（2）种情况下的运动仿真流程。

1）打开如图8-16所示的主模型文件"装配体-曲柄摇杆机构.prt"。

2）执行【应用模块】选项卡|【仿真】分组|【运动】命令，进入仿真模块。

3）单击▫按钮，弹出【新建仿真】对话框，输入或默认名称及文件夹。

4）单击【确定】按钮，弹出【环境】对话框；单击【确定】按钮，弹出如图8-17所示的【机构运动副向导】对话框。

5）单击【确定】按钮，弹出如图8-18所示的【主模型到仿真的配对条件/约束转换】对话框；单击【是】按钮，系统自动生成连杆和运动副，显示在【运动导航器】中。

6）其余仿真流程同前。

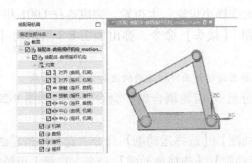

图 8-16　已装配好的 "装配体-曲柄摇杆机构 . prt"

图 8-17　【机构运动副向导】对话框

图 8-18　【主模型到仿真的配对条件/约束转换】对话框

8.4　传　动　副

传动装置是机械结构中必不可少的组成部分。UG NX 仿真模块中的传动副可用来改变转矩的大小、控制输出力的类型等。常用的传动副有以下几种。

1. 齿轮副

齿轮副可用来模拟齿轮传动。创建齿轮副时应注意：

1）选取两个旋转副或圆柱副。

2）需要定义传动比。

3）不能定义驱动。

4）需要定义啮合点。

5）两齿轮的轴线可以不平行。

创建齿轮副及运动仿真的步骤如下：

1）打开源文件 "直齿轮运动副 . prt"，如图 8-19所示。

2）执行【应用模块】选项卡|【仿真】分组|【运动】命令，进入仿真模块。

图 8-19　直齿轮运动副

3）单击【解算方案】分组的 新建仿真 按钮，弹出【新建仿真】对话框，输入或默认名称及文件夹。

4）单击【确定】按钮，弹出【环境】对话框，单击【确定】按钮。

5）执行【机构】分组|【连杆】命令，弹出如图 8-5 所示的【连杆】对话框。

6）在图形窗口中依次选择小齿轮、大齿轮，完成连杆 L001 和 L002 的定义。

7）执行【机构】分组 |【接头】命令，弹出如图 8-7 所示的【运动副】对话框，依次完成两个旋转副的定义。

提示： 指定矢量时，选择齿轮的端面即把端面的法向作为矢量方向。

8）执行【耦合副】分组 |【齿轮耦合副】命令，弹出如图 8-20 所示的【齿轮耦合副】对话框。

9）执行【第一个运动副】|【选择运动副】命令，选择小齿轮的旋转副 J001。

10）执行【第二个运动副】|【选择运动副】命令，选择大齿轮的旋转副 J002。

提示： 选择运动副时，如果在图形窗口中无法选取，则可以在【运动导航器】中单击相应的运动副。

11）【接触点】的设置在输入两个齿轮半径后，自动生成，如图 8-21 所示。

图 8-20 【齿轮耦合副】对话框

图 8-21 【齿轮耦合副】|【接触点】

12）【显示比例】输入传动比"2"，然后单击【确定】按钮，完成齿轮副的创建。

13）单击【通用】工具条的【保存】按钮，保存以上设置。

14）展开【运动导航器】中的【运动副】，并双击【J001】，弹出如图 8-13 所示【运动副】对话框。展开【驱动】选项卡，选择【旋转】下拉列表中的【多项式】，设置【速度】为 50°/s。

15）单击【确定】按钮，弹出【解算方案】对话框，单击【确定】按钮。

16）执行【解算方案】分组 |【求解】命令，弹出如图 8-15 所示【铰接运动】对话框，选中【J001】，设置【步长】为 10，【步数】为 500。

17）然后单击【单步向前】按钮，完成一对直齿轮传动的运动仿真。

2. 齿轮齿条副

齿轮齿条副可用来模拟齿轮与齿条之间的传动。创建齿轮齿条副时应注意：

1）选取一个旋转副和一个滑动副。

2）不能定义驱动。

3）需要定义啮合点和传动比。

创建齿轮齿条副及运动仿真的步骤如下：

1）打开源文件"齿轮齿条运动副.prt"，如图8-22所示。

2）~5）步与齿轮副的创建步骤相同。

6）在工作区中依次选择齿轮、齿条完成连杆L001和L002的定义。

7）执行【机构】分组 | 【接头】命令，弹出图8-7所示的【运动副】对话框，依次完成齿轮旋转副J001和齿条移动副J002的定义。

8）执行【耦合副】分组 | 【齿轮齿条副】命令，弹出图8-23a所示的【齿轮齿条副】对话框。

图8-22 齿轮齿条运动副

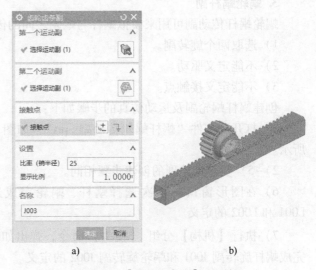

a)　　　　　b)

图8-23 【齿轮齿条副】对话框

9）执行【第一个运动副】 | 【选择运动副】命令，选择齿条的移动副J002。

10）执行【第二个运动副】 | 【选择运动副】命令，选择齿轮的旋转副J001。

11）【接触点】的设置在输入齿轮半径"25"后，自动生成。

12）【显示比例】输入传动比"1"，单击【确定】按钮，完成齿轮齿条副的创建。

提示：案例中的直齿轮的齿数为20，模数为2.5mm。

13）单击【快速访问工具条】的【保存】按钮，保存以上设置。

14）展开【运动导航器】中的【运动副】，并双击【J001】，弹出【运动副】对话框，如图8-24所示。打开【驱动】选项卡，选择【旋转】下拉列表中的【铰接运动】，单击【确定】按钮。

提示：齿轮齿条副不能定义驱动，所以进行仿真时驱动应当在旋转副或滑动副中定义，案例中是对小齿轮的旋转副J001定义驱动。

15）单击【解算方案】分组的【解算方案】按钮，弹出【解算方案】对话框，单击【确定】按钮。

图 8-24 【运动副】对话框

16）执行【解算方案】分组|【求解】命令，弹出【铰接运动】对话框，如图 8-15 所示。选中【J001】，设置【步长】为 5，【步数】为 50。

17）单击【单步向前】按钮██，完成齿轮齿条副传动的运动仿真。

3. 蜗轮蜗杆副

蜗轮蜗杆传动副可用来模拟蜗杆与蜗轮之间的传动。创建该传动副时应注意：

1）选取两个旋转副。

2）不能定义驱动。

3）不能定义接触点。

创建蜗杆蜗轮副及运动仿真的步骤如下：

1）打开源文件"蜗杆蜗轮传动副 . prt"，如图 8-25 所示。

2）~5）步与齿轮副的创建步骤相同。

6）在图形窗口中依次选择蜗杆、蜗轮完成连杆 L001 和 L002 的定义。

图 8-25 蜗杆蜗轮传动副

7）执行【机构】分组|【接头】命令，弹出如图 8-7 所示的【运动副】对话框，依次完成蜗杆旋转副 J001 和蜗轮旋转副 J002 的定义。

提示：

1）运动副创建过程中，指定原点时可以指定轴心上任意一点。

2）指定方位时，可以指定端面，使矢量方向沿着旋转轴线。

8）执行【耦合副】分组|【齿轮耦合副】命令，弹出如图 8-20 所示的【齿轮耦合副】对话框。

9）执行【第一个运动副】|【选择运动副】命令，选择蜗杆的旋转副 J001。

10）执行【第二个运动副】|【选择运动副】命令，选择蜗轮的旋转副 J002。

11）【接触点】的设置在输入半径后，在图形窗口内自动生成。

12）【显示比例】输入传动比"1"，单击【确定】按钮，完成蜗轮蜗杆副的创建。

提示：

1）案例中的蜗杆头数 $z_1 = 1$，分度圆直径 $d_1 = 30\text{mm}$；蜗轮齿数 $z_2 = 20$，模数 $m = 2.5\text{mm}$，分度圆直径 $d_2 = 50\text{mm}$。

2）蜗轮蜗杆副不能定义驱动，所以进行仿真时驱动应当在旋转副中定义，案例中是对蜗杆的旋转副 J001 定义驱动。

13）单击【快速访问工具条】的【保存】按钮██，保存以上设置。

14）展开【运动导航器】中的【运动副】，并双击【J001】，弹出【运动副】对话框，如图8-24所示，展开【驱动】选项卡，选择【旋转】下拉列表中的【铰接运动】，单击【确定】按钮。

15）单击【解算方案】分组中的【解算方案】按钮，弹出【解算方案】对话框，单击【确定】按钮。

16）执行【解算方案】分组 |【求解】命令，弹出【铰接运动】对话框，如图8-15所示，选中【J001】，设置【步长】为20，【步数】为100。

17）单击【单步向前】按钮，完成蜗轮蜗杆传动副的运动仿真。

8.5 范　例

8.5.1 创建滑动副

滑动副的创建步骤如下：

1）打开源文件"滑块 . prt"，如图8-26所示。

2）~5）步与齿轮副的创建步骤相同。

6）在图形窗口中选择滑块，完成连杆 L001 定义。

7）执行【机构】分组 |【接头】命令，弹出如图8-7所示的【运动副】对话框。

8）执行【定义】|【类型】|【滑块】命令。

9）执行【操作】|【选择连杆】命令，如图8-27所示，选择图形窗口中的滑块作为连杆，或是在【运动导航器】中选择 L001。

图 8-26　滑块（滑动副）

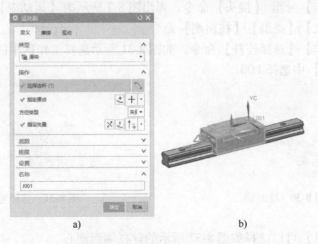

a) b)

图 8-27　【运动副】|【选择连杆】

10）【指定原点】可以选择如图8-28所示的滑块端面圆心或是对称点。

11）【指定矢量】可以选择如图8-29所示的滑块端面的法向。

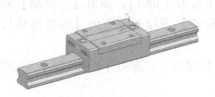

图 8-28　指定原点

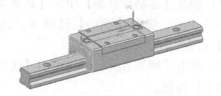

图 8-29　指定矢量

12）展开【驱动】选项卡，选择【平移】下拉列表中的【多项式】，设定【速度】为10mm/s，然后单击【确定】按钮。

13）单击【解算方案】分组中的【解算方案】按钮，弹出【解算方案】对话框。

14）【解算类型】设为【常规驱动】，【时间】设定为5s，【步数】设定为50。【名称】默认【Solution_1】，也可以自己定义。

15）单击【确定】按钮，完成解算方案的定义。

16）执行【解算方案】分组 | 【求解】命令，关闭或保存弹出的【信息】对话框。

17）执行【结果】选项卡 | 【动画】分组 | 【播放】命令，单击【保存】按钮，完成滑动副的创建与运动仿真。

8.5.2　创建柱面副

柱面副的创建步骤如下：

1）打开源文件"柱面副.prt"，如图 8-30 所示。

2）~5）步与齿轮副的创建步骤相同。

6）在图形窗口中选择丝杠，完成连杆 L001 定义。

7）执行【机构】分组 | 【接头】命令，弹出图 8-7 所示的【运动副】对话框。

8）执行【定义】 | 【类型】 | 【柱面副】命令。

9）执行【操作】 | 【选择连杆】命令，如图 8-31 所示选择工作区中的丝杠作为连杆，或是在【运动导航器】中选择 L001。

图 8-30　柱面副

图 8-31　选择连杆

10）【指定原点】可以选择如图 8-32 所示的丝杠端面圆心。

11）【指定矢量】可以选择如图 8-33 所示的丝杠端面的法向。

12）展开【运动副】对话框中的【驱动】选项卡，选择【旋转】下拉列表中的【多项式】，设定【旋转】 | 【速度】为360°/s，【平移】 | 【速度】为20mm/s。

13）单击【确定】按钮，关闭【运动副】对话框。

图 8-32　指定圆点　　　　　　　　　　　　图 8-33　指定矢量

14）单击【解算方案】分组中的【解算方案】按钮 ，弹出【解算方案】对话框。

15）【解算类型】设为【常规驱动】，【时间】设为 1s，【步数】设为 100，【名称】默认【Solution_1】，也可以自己定义，单击【确定】按钮，完成解算方案的定义。

16）执行【解算方案】分组 |【求解】命令，保存或关闭弹出的【信息】对话框。

17）执行【结果】选项卡 |【动画】分组 |【播放】命令，单击【保存】按钮 ，完成柱面副的创建与运动仿真。

8.5.3　创建螺旋副

螺旋副实现的运动与柱面副类似，但是不能施加驱动，其创建步骤如下：

1）打开源文件"螺旋副 . prt"，如图 8-34 所示。

2）~5）步与齿轮副的创建步骤相同。

6）单击【选择对象】，在图形窗口中选择螺栓中心的轴线，质量与力矩等参数的设置如图 8-35 所示。

7）单击【质心】，如图 8-36 所示，选择轴线的中点作为质心。

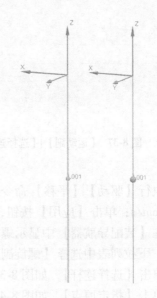

图 8-34　螺旋副　　　　图 8-35　定义辅助连杆 L001　　　　图 8-36　定义质心

8）单击【应用】按钮，完成连杆 L001 的创建。

提示：

1）螺旋副不能定义驱动，所以建模时需要创建一条轴线，在定义连杆时将该轴线作为连杆使用，称为辅助连杆。可以对辅助连杆定义驱动。

2）由于轴线没有质量和体积等参数，所以在对话框中需要定义质量和惯性等属性参数。

9）在工作区中选择螺栓作为连杆。

10）单击【质量属性选项】下拉列表框中的箭头，在下拉列表中选择【自动】。

11）单击【确定】按钮，完成连杆 L002 的创建。

12）执行【机构】分组|【接头】命令，弹出【运动副】对话框。

13）执行【定义】|【类型】|【滑块】命令。

14）执行【操作】|【选择连杆】命令，如图 8-37 所示选择图形窗口中的连杆 L001，或是在【运动导航器】中选择 L001。

15）单击【指定原点】，选择轴线的中点作为原点。

16）单击【指定矢量】，选择轴线或 Z 轴作为矢量方向，如图 8-38 所示。

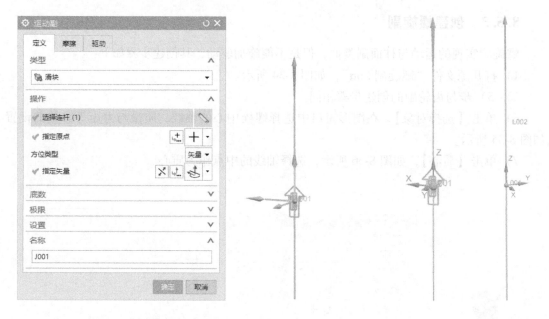

图 8-37　【运动副】|【选择连杆】　　　　　　　图 8-38　指定原点和指定矢量

17）执行【驱动】|【平移】命令，选择【平移】下拉列表中的【多项式】，设定【速度】为 10mm/s；单击【应用】按钮，完成滑块的创建。

18）在【装配导航器】中显示螺栓和螺母两个部件，继续执行【定义】|【类型】命令，在【类型】下拉列表中选择【螺旋副】。

19）单击【选择连杆】，如图 8-39 所示选择螺栓或【运动导航器】中的 L002。

20）单击【指定原点】，如图 8-40 所示在图形窗口中选择轴线的中点。

图 8-39 【运动副】|【选择连杆】

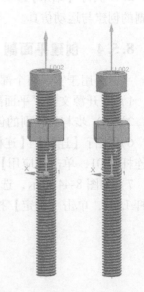

图 8-40 指定原点和指定矢量

21）单击【指定矢量】，在工作区中选择轴线方向。

22）执行【底数】|【选择连杆】命令，选中【选择连杆】，在工作区中选择轴线或在【运动导航器】中选择 L001，如图 8-41 所示。

23）执行【方法】|【比率】命令，【值】设为 2，如图 8-42 所示。

24）单击【确定】按钮，关闭【运动副】对话框。

图 8-41 【底数】|【选择连杆】

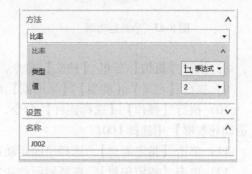

图 8-42 【比率】设置

25）单击【解算方案】分组中的【解算方案】按钮 📑，弹出如图 8-14 所示的【解算方案】对话框。

26）【解算类型】设为【常规驱动】，【时间】设为 3s，【步数】设为 100。【名称】默认【Solution_1】，也可以自己定义。

27）单击【确定】按钮，完成解算方案的定义。

28）执行【解算方案】分组|【求解】命令，保存或关闭弹出的【信息】对话框。

29）执行【结果】选项卡|【动画】分组|【播放】命令，单击【保存】按钮，完成螺旋副的创建与运动仿真。

8.5.4 创建平面副

平面副用于实现两个部件之间的平面相对运动，不能施加驱动，其创建步骤如下。

1）打开源文件"平面副.prt"，如图 8-43 所示。

2）~5）步与齿轮副的创建步骤相同。

6）执行【连杆】|【连杆对象】|【选择对象】命令，在图形窗口中选取平面运动部件作为连杆 L001，单击【应用】按钮，完成连杆 L001 的创建。

7）如图 8-44 所示，选中【无运动副固定连杆】复选框，在图形窗口中选取斜面作为连杆 L002，单击【确定】按钮，完成固定连杆 L002 的创建。

图 8-43 平面运动副   图 8-44 【无运动副固定连杆】设置

8）执行【机构】分组|【接头】命令，弹出【运动副】对话框。

9）执行【定义】|【类型】|【平面副】命令。

10）执行【操作】|【选择连杆】命令，选择图形窗口中的平面运动部件 L001，或是在【运动导航器】中选择 L001。

11）单击【指定原点】，选择平面运动部件底面的中点作为原点，如图 8-45 所示。

12）单击【指定矢量】，选择斜面的法向作为矢量方向，如图 8-46 所示。

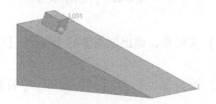
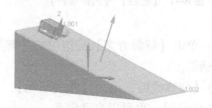

图 8-45 指定原点   图 8-46 指定矢量

13）单击【确定】按钮，完成平面副的创建。

14）单击【解算方案】分组中的【解算方案】按钮🖬，弹出【解算方案】对话框。

15）【解算类型】设为【常规驱动】，【时间】设为 0.33s，【步数】设为 100。【名称】默认【Solution_1】，也可以自己定义。

16）单击【确定】按钮，完成解算方案的定义。

17）执行【解算方案】分组|【求解】命令，保存或关闭弹出的【信息】对话框。

18）执行【结果】选项卡|【动画】分组|【播放】命令，单击【保存】按钮🖬，完成平面副的创建与运动仿真。

8.6 连 接 器

连接器用于实现零件的弹性连接、阻尼连接、定义接触约束等。包括弹簧、阻尼器、衬套、3D 接触、2D 接触等。

8.6.1 弹簧

弹簧具有受力发生形变，且变形量与受力大小成正比，受力大小不变时，变形量与刚度成反比的特性。

【例 8-1】 压缩弹簧的创建与运动仿真。

图 8-47 所示为一根压缩弹簧。创建压缩弹簧的运动仿真步骤如下。

1）打开源文件"压簧. prt"，如图 8-48 所示。

图 8-47 压缩弹簧　　　　图 8-48 源文件压簧

2）执行【应用模块】|【运动】命令，进入仿真模块。

3）单击 🔳 新建仿真 按钮，弹出【新建仿真】对话框，输入或保持默认名称及文件夹。

4）单击【确定】按钮，弹出【环境】对话框，单击【确定】按钮。

5）执行【机构】分组|【连杆】命令，弹出如图 8-5 所示的【连杆】对话框。

6）执行【连杆】|【连杆对象】|【选择对象】命令，在图形窗口中选取圆柱体 1 作为连杆 L001，单击【应用】按钮，完成连杆 L001 的创建。

7）执行【连杆】|【连杆对象】|【选择对象】命令，在图形窗口中选取圆柱体 2 作为连杆 L002，单击【确定】按钮，完成连杆 L002 的创建。

8）执行【机构】分组│【接头】命令，弹出如图 8-7 所示的【运动副】对话框。

9）执行【运动副】│【定义】│【类型】│【滑块】命令。

10）执行【操作】│【选择连杆】命令，选择连杆 L001。

11）单击【指定原点】，选择连杆 L001 即圆柱体 1 上表面圆心作为原点。

12）单击【指定矢量】，选择连杆 L001 即圆柱体 1 上表面，如图 8-49 所示。

13）单击【应用】按钮，继续执行【运动副】│【定义】│【类型】│【滑块】命令。

14）执行【操作】│【选择连杆】命令，选择连杆 L002。

15）单击【指定原点】，选择连杆 L002 即圆柱体 2 下表面圆心。

16）单击【指定矢量】，选择连杆 L002 即圆柱体 2 下表面，如图 8-50 所示。

图 8-49　滑动副 J001 指定原点

图 8-50　滑动副 J002 指定原点

17）单击【确定】按钮，完成两个滑动副 J001、J002 的创建。

18）执行【接触】分组│【3D】命令，弹出【3D 接触】对话框。

19）执行【操作】│【选择体】命令，选择圆柱体 2 即连杆 L002，如图 8-51 所示。

20）执行【基本】│【选择体】命令，选择圆柱体 1 即连杆 L001，如图 8-52 所示。

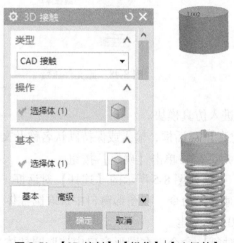

图 8-51　【3D 接触】│【操作】│【选择体】

图 8-52　【基本】│【选择体】

21）其他参数默认。

22）执行【连接器】分组|【弹簧】命令，弹出如图 8-53 所示的【弹簧】对话框。

23）执行【操作】|【选择连杆】命令，指定连杆 L001。

24）执行【底数】|【指定原点】命令，单击右侧【点】对话框按钮⊞，弹出如图 8-54 所示的【点】对话框，设置点的【XC】、【YC】、【ZC】坐标皆为零。

25）在【弹簧参数】|【刚度】|【表达式】文本框中输入"23"，在【预紧长度】文本框中输入"100"。

26）执行【解算方案】分组|【解算方案】命令，弹出【解算方案】对话框。【时间】设为 1s，【步数】设为 300。【名称】默认【Solution_1】，也可以自己定义。

27）单击【确定】按钮，完成解算方案的定义。

28）执行【解算方案】分组|【求解】命令，保存或关闭弹出的【信息】对话框。

29）执行【结果】选项卡|【动画】分组|【播放】命令，单击【保存】按钮🖫或执行【结果】选项卡|【动画】分组|【完成】命令🔯，完成弹簧的创建与运动仿真。

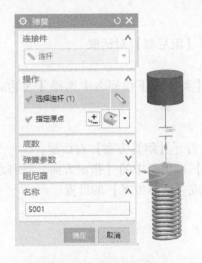

图 8-53 【弹簧】对话框

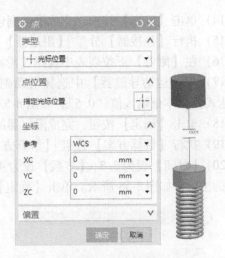

图 8-54 【点】对话框

8.6.2 阻尼器

阻尼对物体的运动起阻碍作用，其大小与物体运动速度成正比。

【例 8-2】 阻尼器的创建与运动仿真。

1）打开源文件"阻尼器.prt"，如图 8-55 所示。

2）~5）步同【例 8-1】压缩弹簧的创建与运动仿真步骤。

6）执行【连杆】|【连杆对象】|【选择对象】命令，在图形窗口中选取坡道作为连杆 L001，在【设置】选项组中，选中【无运动副固定连杆】复选框。

7）单击【应用】按钮，完成固定连杆 L001 的创建。

8）执行【连杆】|【连杆对象】|【选择对象】命令，在图形窗口中选取车体及四个轮胎作为连杆 L002，单击【确定】按钮，完成连杆 L002 的创建。

9）执行【机构】分组 |【接头】命令，弹出如图 8-7 所示的【运动副】对话框。

10）执行【运动副】|【定义】|【类型】|【滑块】命令。

11）执行【操作】|【选择连杆】命令，选择连杆 L002。

12）单击【指定原点】，选择连杆 L002 上任意一点作为原点。

13）单击【指定矢量】，选择 X 轴反向，如图 8-56 所示。

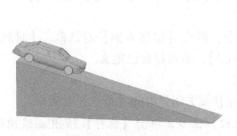
图 8-55　阻尼器模型

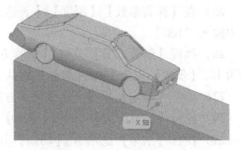
图 8-56　【运动副】|【指定矢量】

14）单击【确定】按钮，完成滑动副创建。

15）执行【连接器】分组 |【阻尼器】命令，打开【阻尼器】对话框。

16）在【附着】下拉列表中选择【滑动副】选项。

17）在【运动导航器】中选择滑动副 J001，在【类型】下拉列表中选择【表达式】，【表达式】文本框输入值 "0.5"，如图 8-57 所示。

18）单击【确定】按钮，完成阻尼器的创建。

19）执行【解算方案】分组 |【解算方案】命令，打开【解算方案】对话框。

20）【时间】设为 3.3，【步数】设为 400，【重力】选项组中的【指定方向】选择坡道底面的法向，如图 8-58 所示。单击【确定】按钮，完成【解算方案】的设置。

图 8-57　【阻尼器】对话框

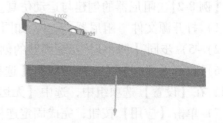
图 8-58　【解算方案】|【重力】|【指定方向】

21) 执行【解算方案】分组│【求解】命令，保存或关闭弹出的【信息】对话框。

22) 执行【结果】选项卡│【动画】分组│【播放】命令，动画结果如图 8-59 所示。

23) 单击【保存】按钮 🖫 ，完成阻尼器的创建与运动仿真。

24) 双击【运动导航器】│【连接器】下的【D001】，重新打开【阻尼器】对话框，将【表达式】的数值改为 1，单击【确定】按钮。

25) 执行【解算方案】分组│【求解】命令，保存或关闭弹出的【信息】对话框。

26) 执行【结果】选项卡│【动画】分组│【播放】命令，动画结果如图 8-60 所示。表明阻尼值越大，对运动的阻碍越明显。

图 8-59 【阻尼】│【表达式】数值
取为 0.5 时的动画结果

图 8-60 【阻尼】│【表达式】数值
取为 1 时的动画结果

8.6.3 衬套

衬套属于柔性的运动副，用于定义两个连杆之间的弹性关系，可实现一定范围内的转动、拉压和伸缩。衬套具有六个自由度，但是某个方位受到刚度、阻尼和载荷的约束。

【例 8-3】 衬套的创建与运动仿真。

1) 打开源文件"衬套.prt"。

2) ~5) 步同【例 8-1】压缩弹簧的创建与运动仿真步骤。

6) 执行【连杆】│【连杆对象】│【选择对象】命令，分别创建连杆 L001 和固定连杆 L002，如图 8-61 所示。

7) 执行【连接器】分组│【衬套】命令，打开如图 8-62 所示的【衬套】对话框。

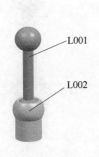

图 8-61 创建 L001、L002

图 8-62 【衬套】│【选择连杆】

8）打开【定义】|【类型】的下拉列表，选择【柱面副】。

9）执行【定义】|【操作】|【选择连杆】命令，选择连杆 L001。

10）执行【定义】|【操作】|【指定原点】命令，选择连杆 L001 下端球体球心，如图 8-63 所示。

11）执行【定义】|【操作】|【指定矢量】命令，选择 Z 轴方向。

12）执行【基本】|【选择连杆】命令，选择固定连杆 L002，如图 8-64 所示。

13）执行【基本】|【指定原点】命令，选择 L002 球体的球心，如图 8-65 所示。

图 8-63 【操作】|【指定原点】   图 8-64 【基本】|【选择连杆】   图 8-65 【基本】|【指定原点】

14）执行【加载】分组|【矢量力】命令，弹出【矢量力】对话框。

15）打开【类型】的下拉列表，选择【幅值和方向】；执行【操作】|【选择连杆】命令，在工作区或【运动导航器】中选择连杆 L001。

16）执行【操作】|【指定原点】命令，选择连杆 L001 上部球心，如图 8-66 所示。

17）执行【参考】|【选择连杆】命令，选择连杆 L002。

18）执行【参考】|【指定原点】命令，选择 L002 上部球体的球心。

19）执行【参考】|【指定矢量】命令，选择 X 轴或 Y 轴方向，如图 8-67 所示。

a)   b)

图 8-66 【矢量力】|【操作】|【指定原点】

图 8-67 指定矢量

20）打开【幅值】|【类型】下拉列表，选择【$f(x)$ 函数】，如图 8-68 所示。

21）单击【函数】文本框右侧的下拉箭头，选择【$f(x)$ 函数管理器…】，打开如图 8-69 所示的【XY 函数管理器】对话框。

图 8-68 【幅值】选项组　　　　　　　　　图 8-69 【XY 函数管理器】对话框

22）单击【新建】按钮，打开如图 8-70 所示的【XY 函数编辑器】对话框。

23）打开【插入】下拉列表，选择【运动函数】，在下方的运动函数列表框中选择简谐运动函数 SHF($x,x0,a,w,phi,b$)；单击【添加】按钮，将 SHF($x,x0,a,w,phi,b$) 添加到【公式＝】下方的文本框中，如图 8-70a 所示，编辑为 SHF($x,0,20,10,0,0$)，如图 8-70b 所示。

24）依次单击【XY 函数编辑器】对话框的【确定】按钮、【XY 函数管理器】对话框的【确定】按钮和【矢量力】对话框的【确定】按钮，完成【矢量力】的创建。

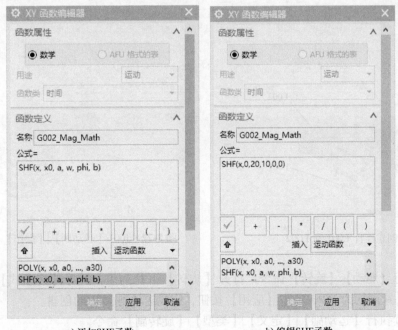

a) 添加SHF函数　　　　　　b) 编辑SHF函数

图 8-70 【XY 函数编辑器】对话框

25）执行【解算方案】分组｜【解算方案】命令，打开【解算方案】对话框，【时间】设为 3，【步数】设为 300。

26）执行【解算方案】分组｜【求解】命令，保存并关闭弹出的【信息】对话框。

27）执行【结果】选项卡｜【动画】分组｜【播放】命令，动画效果为连杆 L001 沿着 X 轴方向进行周期性左右摆动。

8.6.4　3D 接触

在 UG 仿真环境中，可通过定义 3D 或 2D 接触实现两个连杆相互接触或碰撞而不发生"穿墙而过"的现象。

【例 8-4】　槽轮机构中 3D 接触的创建与运动仿真。

1）打开源文件"槽轮机构 . prt"。

2）~5）步同【例 8-1】，压缩弹簧的创建与运动仿真步骤。

6）执行【连杆】｜【连杆对象】｜【选择对象】命令，分别选择拨盘、槽轮创建连杆 L001、L002，如图 8-71 所示。

7）单击【连杆】对话框下方的【确定】按钮，完成连杆的创建。

8）执行【机构】分组｜【接头】命令，弹出【运动副】对话框。

9）执行【运动副】｜【定义】｜【类型】｜【旋转副】命令。

10）执行【操作】｜【选择连杆】命令，选择连杆 L001。

11）单击【指定原点】，选择连杆 L001 即拨盘上表面圆心作为原点。

12）单击【指定矢量】，选择连杆 L001 即拨盘上表面的法向，如图 8-72 所示。

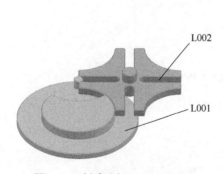

图 8-71　创建连杆 L001 和 L002

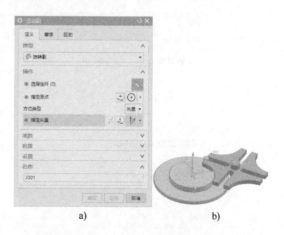

图 8-72　J001【运动副】｜【操作】选项组

13）执行【驱动】｜【旋转】命令，打开【旋转】下拉列表，选择【多项式】。如图 8-73 所示，设置【速度】为 150，单击【应用】按钮，完成运动副 J001 的创建。

14）继续执行【运动副】｜【定义】｜【类型】｜【旋转副】命令。

15）执行【操作】｜【选择连杆】命令，选择连杆 L002。

16）单击【指定原点】，选择连杆 L002 上表面圆心。

17）单击【指定矢量】，选择连杆 L002 上表面的法向，如图 8-74 所示。

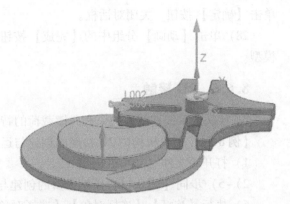

图 8-73 设置【运动副】中的【驱动】

图 8-74 J002【运动副】|【操作】选项组

18）单击【运动副】对话框下方的【确定】按钮，完成运动副 J002 的创建。

19）执行【接触】分组|【3D 接触】命令 ，打开如图 8-75 所示的【3D 接触】对话框。打开【类型】下拉列表，选择【CAD 接触】。

20）执行【操作】|【选择体】命令，选择拨盘；执行【基本】|【选择体】命令，选择槽轮；默认其余选项；单击【3D 接触】对话框下方【确定】按钮，完成 3D 接触的创建。

21）执行【解算方案】分组|【解算方案】命令，打开【解算方案】对话框，【时间】设为 5，【步数】设为 500。

22）选中【按"确定"进行求解】选项。

23）执行【重力】|【指定方向】命令，保证重力沿着 Z 轴反方向，如图 8-76 所示。

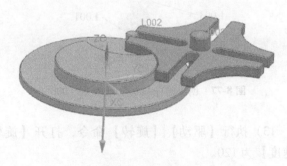

图 8-75 【3D 接触】对话框

图 8-76 【重力】方向

24）单击【确定】按钮，系统开始求解，保存或关闭弹出的【信息】对话框。

25）执行【结果】选项卡|【动画】分组|【播放】命令，观察槽轮机构运动情况。

26）单击【动画】分组中的 导出至电影，打开【录制电影】对话框，选择路径，输入文件名。

27）单击【OK】按钮，系统开始录制机构运动过程，然后弹出"导出至电影"提示，单击【确定】按钮，关闭对话框。

28）单击【动画】分组中的【完成】按钮，然后执行【文件】|【保存】命令，保存模型。

8.6.5　2D 接触

2D 接触兼具线在线上约束和碰撞载荷的特点，用于实现平面中的曲线接触仿真。

【例 8-5】　凸轮机构中 2D 接触的创建与运动仿真。

1）打开源文件"凸轮机构 . prt"。

2）~5）步同【例 8-1】，压缩弹簧的创建与运动仿真步骤。

6）执行【连杆】|【连杆对象】|【选择对象】命令，分别选择凸轮、从动件和销轴、滚轮，创建连杆 L001、L002 及 L003，如图 8-77 所示。

7）单击【连杆】对话框下方的【确定】按钮，完成连杆的创建。

8）执行【机构】分组|【接头】命令，弹出【运动副】对话框。

9）执行【运动副】|【定义】|【类型】|【旋转副】命令。

10）执行【操作】|【选择连杆】命令，选择连杆 L001。

11）单击【指定原点】，选择连杆 L001 即凸轮端面圆心作为原点。

12）单击【指定矢量】，选择连杆 L001 即凸轮端面的法向，如图 8-78 所示。

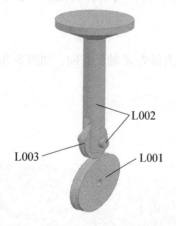

图 8-77　创建连杆 L001、L002 和 L003

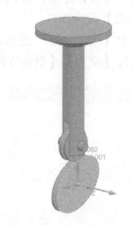

图 8-78　L001 指定矢量及原点

13）执行【驱动】|【旋转】命令，打开【旋转】下拉列表，选择【多项式】，设置【速度】为 120。

14）单击【应用】按钮，完成运动副 J001 的创建。

15）执行【运动副】|【定义】|【类型】|【滑块】命令。

16）执行【操作】|【选择连杆】命令，选择连杆 L002。

17）单击【指定原点】，选择连杆 L002 上表面圆心。

18）单击【指定矢量】，选择连杆 L002 上表面的法向，如图 8-79 所示。

19）单击【应用】按钮，完成运动副 J002 的创建。

20）执行【运动副】|【定义】|【类型】|【旋转副】命令。

21）执行【操作】|【选择连杆】命令，选择连杆 L002。

22）单击【指定原点】，选择连杆 L003 端面圆心。

23）单击【指定矢量】，选择连杆 L003 端面的法向，如图 8-80 所示。

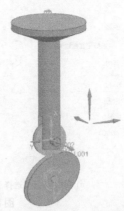

图 8-79 滑块 J002 指定矢量和原心   **图 8-80** 旋转副 J003 指定矢量和原心

24）在【底数】选项组中选中【啮合连杆】选项。

25）执行【选择连杆】命令，选择连杆 L003。

26）单击【指定原点】，选择连杆 L003 端面圆心。

27）单击【指定矢量】，选择连杆 L003 端面的法向，如图 8-81 所示。

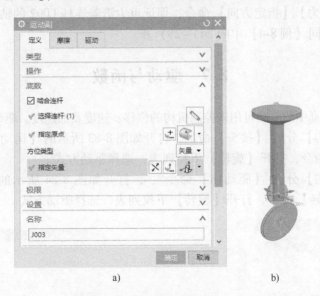

a)   b)

图 8-81 【运动副】-创建啮合连杆

28）单击【确定】按钮，完成旋转副 J003 的创建。

29）执行【菜单】|【插入】|【接触】|【2D 接触】命令 ，弹出如图 8-82 所示【2D 接触】对话框。

30）执行【操作】|【选择平面曲线】命令，选择凸轮端面边缘曲线，如图 8-82a 所示。

31）执行【底数】|【选择平面曲线】命令，选择滚轮端面边缘曲线，如图 8-82b 所示。

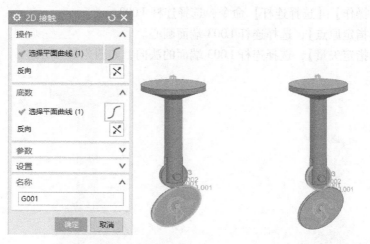

a)【操作】|【选择平面曲线】　　　　　　b)【底数】|【选择平面曲线】

图 8-82　【2D 接触】对话框

提示： 如果【2D 接触】没有被激活，可在【运动导航器】中选择【凸轮机构_motion1】，单击右键，在快捷菜单中单击【求解器】，选中 RecorDyn。

32）单击【确定】按钮，完成 2D 接触的创建。

33）执行【解算方案】分组|【解算方案】命令，打开【解算方案】对话框，【时间】设为 5，【步数】设为 300，选中【按"确定"进行求解】选项。

34）执行【重力】|【指定方向】命令，保证重力沿着连杆 L002 的轴线垂直向下。

35）后续步骤同【例 8-4】中的 24）~28）步。

8.7　驱动与函数

UG NX 运动仿真中的驱动可用来控制机构的位移、速度及加速度。驱动有两种定义方式：

1）执行【机构】分组|【接头】命令，打开如图 8-83 所示的【运动副】对话框，执行【驱动】|【旋转】命令，打开【旋转】下拉列表，选择驱动方式。

2）执行【机构】分组|【驱动体】命令 ，打开如图 8-84 所示的【驱动】对话框。执行【驱动】|【旋转】命令，打开【旋转】下拉列表，选择驱动方式。

图 8-83　【运动副】|【驱动】选项卡

图 8-84　【驱动】|【旋转】选项组

8.7.1 函数驱动

UG NX 运动仿真模块中的函数驱动分为数学函数驱动和运动函数驱动两大类。

1. 数学函数驱动

常用的数学函数有绝对值函数 $ABS(X)$、正弦函数 $\sin(X)$ 和余弦函数 $\cos(X)$。

【例 8-6】 余弦函数驱动线轨-滑块机构中滑块的位移。

1）打开源文件"线轨滑块-数学函数驱动.prt"。

2）~11）步同 8.5.1 节创建滑动副的步骤。

12）单击【驱动】选项卡，选择【平移】下拉列表中的【函数】，如图 8-85 所示。

13）打开【数据类型】下拉列表，选择【位移】。

14）单击【函数】右侧下拉箭头 ，打开下拉菜单，选择【$f(x)$ 函数管理器】，弹出如图 8-69 所示【XY 函数管理器】对话框。

15）单击【新建】按钮 ，弹出如图 8-86 所示的【XY 函数编辑器】对话框。

图 8-85 【运动副】-定义函数驱动

图 8-86 【XY 函数编辑器】对话框

16）【函数属性】选择【数学】，【用途】选择【运动】，【函数类型】选择【时间】；打开【插入】下拉列表，选择【数学函数】。

17）在【插入】下方的文本框中选择"cos( )"，然后单击文本框上方的【添加】按钮 ，将"cos( )"添加到【公式=】下方的文本框中，并编辑为"90 * cos(x)"。

18）展开【预览区域】选项组，单击按钮 ，预览如图 8-87 所示函数曲线。

19）单击【确定】按钮三次，完成运动副及驱动的定义。

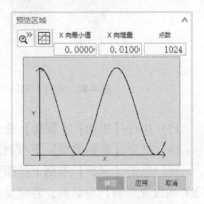

图 8-87 预览区域函数曲线

20）执行【解算方案】分组|【解算方案】命令，打开【解算方案】对话框，【时间】设为20，【步数】设为500，选中【按"确定"进行求解】选项。

21）执行【重力】|【指定方向】命令，保证重力沿着滑块下表面的法向垂直向下。

22）后续步骤同例8-4中的24）~28）步。

2. 运动函数驱动

UG NX 运动仿真中驱动用的运动函数有多项式函数、简谐运动函数和间歇运动函数等。

（1）多项式函数驱动　多项式函数 $POLY(x, x_0, a_0, a_1, \cdots, a_n)$ 主要用于递增或递减的位移、速度及加速度驱动，其方程为

$$p(x) = \sum_{j=0}^{n} a_j(x - x_0)^j = a_0 + a_1(x - x_0) + a_2(x - x_0)^2 + \cdots + a_n(x - x_0)^n \qquad (8\text{-}1)$$

式中，x 为自变量（时间），可默认；x_0 为多项式的偏移量；$a_1 \sim a_n$ 为多项式系数。

【例8-7】　风扇-多项式函数驱动。已知条件：风扇的速度方程为 $y = x^2 + 2x + 1$。

1）打开源文件"风扇-多项式函数驱动.prt"。

2）~5）步同【例8-1】，压缩弹簧的创建与运动仿真步骤。

6）执行【连杆】|【连杆对象】|【选择对象】命令，如图8-88所示创建连杆L001。

7）单击【连杆】对话框下方的【确定】按钮，完成连杆的创建。

8）执行【机构】分组|【接头】命令，弹出【运动副】对话框。

9）执行【运动副】|【定义】|【类型】|【旋转副】命令。

10）执行【操作】|【选择连杆】命令，选择连杆L001。

11）单击【指定原点】，选择连杆L001端面圆心作为原点。

12）单击【指定矢量】，选择连杆L001端面的法向（Z轴），如图8-89所示。

图8-88　连杆L001

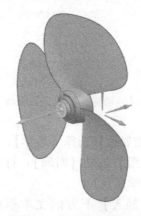

图8-89　指定矢量和原点

13）执行【驱动】|【旋转】命令，打开【旋转】下拉列表，选择【函数】。

14）打开【数据类型】下拉列表，选择【速度】，如图8-90所示。

15）单击【函数】右侧下拉箭头，打开下拉菜单，选择【f(x)函数管理器】，弹出【XY函数管理器】对话框，各项设置如图8-69所示。

16）单击【新建】按钮，弹出如图8-91所示的【XY函数编辑器】对话框。

17）【函数属性】选择【数学】，【用途】选择【运动】，【函数类型】选择【时间】；

打开【插入】的下拉列表，选择【运动函数】。

18）选择"POLY（x, x0, a0, …, a30)"，然后单击文本框上方的【添加】按钮 ⬆，将多项式添加到【公式=】下方的文本框中，并编辑为"POLY（x, 0, 1, 2, 1)"。

图 8-90 【驱动】设置

图 8-91 【XY 函数编辑器】对话框

19）单击【确定】按钮三次，完成运动副及驱动的定义。

20）执行【解算方案】分组│【解算方案】命令，打开【解算方案】对话框，【时间】设为15，【步数】设为500；选中【按"确定"进行求解】选项。

21）执行【重力】│【指定方向】命令，重力沿着 Y 轴。

22）后续步骤同【例8-4】中的24）~28）步。

（2）简谐运动函数驱动　简谐运动函数 SHF（x, x0, a, ω, phi, b），用于控制运动副中的位移。其方程为

$$SHF = a * \sin[\omega * (x - x_0) - phi] + b \qquad (8-2)$$

式中，x 为自变量（时间），可默认；x_0 为自变量的相位偏移；a 为振幅；ω 为频率；phi 为正弦函数的相位偏移；b 为平均位移。

【例8-8】　单摆的创建与运动仿真。已知条件：振幅为 45°，10s 摆动 5 次。

1）打开源文件"单摆装配体.prt"。

2）~5）步同【例8-1】，压缩弹簧的创建与运动仿真步骤。

6）执行【连杆】│【连杆对象】│【选择对象】命令，分别选择单摆底座、单摆，创建固定连杆 L001 和活动连杆 L002，如图8-92所示。

7）单击【连杆】对话框下方的【确定】按钮，完成连杆的创建。

8）执行【机构】分组│【接头】命令，弹出【运动副】对话框。

9）执行【运动副】│【定义】│【类型】│【旋转副】命令。

10）执行【操作】|【选择连杆】命令，选择连杆 L002。

11）单击【指定原点】，选择固定连杆 L001 即底座上部前端面圆心作为原点。

12）单击【指定矢量】，选择 L001 即底座上部前端面的法向，如图 8-93 所示。

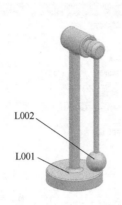

图 8-92　连杆 L001、L002

图 8-93　创建旋转副

13）执行【驱动】|【旋转】命令，打开【旋转】下拉列表，选择【谐波】，如图 8-94 所示。各项参数设置如图 8-95 所示，单击【确定】按钮。

图 8-94　【驱动】选项卡|【谐波】

图 8-95　【谐波】选项驱动参数设置

14）执行【解算方案】分组|【解算方案】命令，打开【解算方案】对话框，【解算类型】设为【常规驱动】，【时间】设为 10s，【步数】设为 500。

15）选中【按"确定"进行求解】选项。

16）执行【重力】|【指定方向】命令，保证重力沿着连杆 L002 的轴线垂直向下。

17）后续步骤同【例 8-4】中的 24）~28）步。

（3）间歇运动函数驱动　间歇运动函数 $STEP$（x，x_0，h_0，x_1，h_1）用于复杂时间控制的运动机构，可以控制某段时间内的位移、速度及加速度的变化。其方程为

$$STEP = \begin{cases} h_0 & x \leqslant x_0 \\ h_0 + \alpha\Delta^2(3-2\Delta) & x_0 < x < x_1 \\ h_1 & x \geqslant x_1 \end{cases} \quad (8\text{-}3)$$

式中，$\alpha=h_1-h_0$，$\Delta=(x-x_0)/(x_1-x_0)$；x 为自变量，可以是时间或时间的函数；x_0 为自变量初值，可以是常数、函数或变量；x_1 为自变量终值，可以是常数、函数或变量；h_0 为 STEP 函数的初值，可以是常数、函数或变量；h_1 为 STEP 函数的终值，可以是常数、函数或变量。

【例 8-9】 小轿车在水平路面行驶仿真。已知条件：2s 内从起点行驶 5000mm，然后停止 10s，2s 内再次行驶 5000mm 停止。

1) 打开源文件"轿车行驶-STEP 函数 . prt"。

2) ~13) 步同【例 8-2】阻尼器的创建与运动仿真。

14) 单击【驱动】选项卡，打开【平移】下拉列表，选择【函数】如图 8-96 所示。

15) 打开【数据类型】下拉列表，选择【位移】。

16) 单击【函数】右侧下拉箭头，打开下拉列表，选择【$f(x)$ 函数管理器】，弹出【XY 函数管理器】对话框，各项设置如图 8-69 所示。

17) 单击【新建】按钮，弹出如图 8-97 所示的【XY 函数编辑器】对话框。

图 8-96 【运动副】驱动设置

图 8-97 【XY 函数编辑器】对话框

18) 【函数属性】选择【数学】，【用途】选择【运动】，【函数类型】选择【时间】；打开【插入】下拉列表，选择【运动函数】。

19) 在【插入】下方文本框中双击"STEP(x,x0,h0,x1,h1)"，将多项式添加到【公式=】下方的文本框中；输入"+"号；再次双击【插入】下方文本框中的"STEP(x,x0,h0,x1,h1)"；并编辑为"STEP(x,0,0,2,5000)+STEP(x,12,0,14,5000)"。

20) 单击【确定】按钮三次，完成运动副及驱动的定义。

21) 执行【解算方案】分组|【解算方案】命令，打开【解算方案】对话框，【解算类型】为【常规驱动】，【时间】为 14s，【步数】为 500，选中【按"确定"进行求解】选项。

22) 执行【重力】|【指定方向】命令，保证重力沿着连杆 L001 即路面垂直向下。

23) 后续步骤同【例 8-4】中的 24) ~28) 步。

3. AFU 格式表驱动

AFU 格式表驱动是一种使用表格驱动机构运动的方式。AFU 格式表能够生成比运动函数更加复杂的函数。其表格可以通过图表栅格、文本编辑器、绘制图形、随机变化、波形扫掠和自定义函数等方式创建。在此仅介绍两种常用的方式。

（1）栅格数字化驱动

【例 8-10】 栅格数字化驱动小轿车在水平路面行驶仿真。已知条件：4s 内从起点行驶 4000mm，然后停止 2s，再用 2s 行驶至 10000mm 处，接着用 2s 返回到起点。

1）打开源文件"轿车行驶-AFU 格式表 . prt"。

2）~5）步同【例 8-1】，压缩弹簧的创建与运动仿真步骤。

6）执行【连杆】|【连杆对象】|【选择对象】命令，在图形窗口中选取车身及四个轮胎作为连杆 L001，单击【确定】按钮，完成连杆 L001 的创建。

7）执行【机构】分组|【接头】命令，弹出如图 8-7 所示的【运动副】对话框。

8）执行【运动副】|【定义】|【类型】|【滑块】命令。

9）执行【操作】|【选择连杆】命令，选择连杆 L001。

10）单击【指定原点】，选择连杆 L001 即车头某点作为原点。

11）单击【指定矢量】，选择 X 轴反向。

12）单击【驱动】选项卡，打开【平移】下拉列表，选择【函数】；【数据类型】选择【位移】；打开【函数】下拉列表，选择【$f(x)$ 函数管理器】，弹出如图 8-98 所示的【XY 函数管理器】对话框，【函数属性】选择【AFU 格式的表】。

13）单击【新建】按钮，弹出如图 8-99 所示的【XY 函数编辑器】对话框。

图 8-98 【XY 函数管理器】对话框

图 8-99 【XY 函数编辑器】对话框（一）

14）单击【创建步骤】|【XY 轴定义】按钮，【间距】设为【非等距】，【数据格式】设为【实数】。

15）单击【XY】按钮 **XY**，打开如图 8-100 所示的【XY 数据创建】选项组。

16）执行【XY 数据创建】|【从栅格数字化】命令，打开如图 8-101 所示的【数据点

设置】对话框。

17)【第一点】的【x】即时间的初值设为 0,【y】即初始位移设为 0,【第二点】的【x】即总时间的初值设为 10s,【y】即最大位移设为 10000。

图 8-100 【XY 函数管理器】|【XY 数据创建】选项组

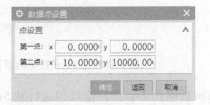

图 8-101 【数据点设置】对话框

18)单击【确定】按钮,弹出【查看窗口】对话框。单击【新建窗口】按钮,弹出如图 8-102 所示的【选取值】对话框和【图形窗口 1】。

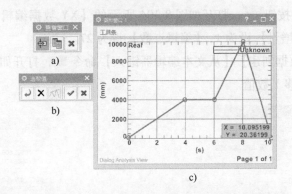

图 8-102 【查看窗口】、【选取值】对话框和【图形窗口 1】(一)

19)在【图形窗口 1】中,根据已知条件中的时间和位移关系,依次单击五个点,然后单击【选取值】对话框中的【完成】按钮,弹出图 8-103 所示的【XY 函数编辑器】对话框和【图形窗口 1】。

20)依次单击【确定】按钮三次,完成运动副和驱动的创建。

21)执行【解算方案】分组|【解算方案】命令,打开【解算方案】对话框,【时间】设为 10,【步数】设为 500;选中【按"确定"进行求解】选项。

22)执行【重力】|【指定方向】命令,保证重力沿着固定连杆 L002 即路面垂直向下。

23)后续步骤同【例 8-4】中的 24)~28)步。

(2)文本驱动 文本驱动是指在文本编辑器中输入 X、Y 的值来定义 AFU 格式表中的数据。

【例 8-11】 文本驱动小轿车在水平路面行驶仿真。已知条件:以 1000mm/s 匀速行驶

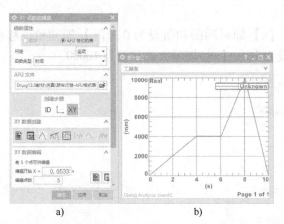

a)   b)

图 8-103 【XY 函数编辑器】对话框（二）和【图形窗口 1】（二）

5000mm 后停止 2s，然后继续匀速行驶 5s 后至 10000mm 处停止 2s，接着按同样规律退回到起点。

1)~14）步同【例 8-10】。

15）单击【创建步骤】|【XY 轴定义】按钮，【间距】设为【等距】，【数据格式】设为【实数】。

16）单击【XY】按钮**XY**，打开如图 8-104 所示的【XY 数据编辑】选项组，【X 向最小值】设为 0，【X 向增量】设为 1，【编辑点数】设为 27。

17）执行【XY 数据创建】|【从文本编辑器键入】命令，打开如图 8-105 所示的【键入】对话框，输入位移 Y 数值。

图 8-104 【XY 函数编辑器】对话框

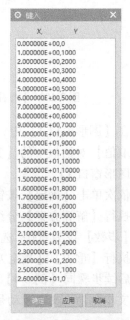

图 8-105 【键入】对话框

18）依次单击【确定】按钮四次，完成运动副及驱动的定义。

19）执行【解算方案】分组｜【解算方案】命令，打开【解算方案】对话框，【时间】设为27，【步数】设为500。

20）选中【按"确定"进行求解】选项。

21）执行【重力】｜【指定方向】命令，保证重力沿着固定连杆L002即路面垂直向下。

22）单击【确定】按钮，后续步骤同【例8-4】中的24）~28）步。

8.7.2 铰链运动驱动

铰接运动驱动又称为关节驱动，通过设置运动副的步长及步数控制驱动机构的运动。

铰接运动驱动不同于其他驱动方式，它是基于位移的一种驱动方式，而其他驱动方式是基于时间的驱动方式。

铰接运动驱动的具体定义方式，已在前面8.4节传动副中讲解过，在此不再赘述。

8.7.3 电子表格驱动

电子表格驱动是使用Excel电子表格预先设置好的运动副驱动过程中时间与位移的数据，导入解算方案以驱动机构运动。

【例8-12】 如图8-106所示的简易移动平台，要求采用电子表格里的时间与位移的关系，实现J002水平往复直线运动及J003的竖直往复直线运动。

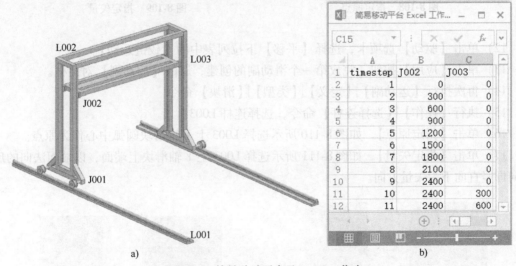

图8-106 简易移动平台及Excel工作表

1）打开源文件"简易移动平台-电子表格驱动.prt"。

2）~5）步同【例8-1】。

6）执行【连杆】｜【连杆对象】｜【选择对象】命令，依次创建如图8-107所示的固定连杆L001、活动连杆L002和L003，单击【确定】按钮，完成连杆的创建。

7）执行【机构】分组｜【接头】命令，弹出如图8-7所示的【运动副】对话框。

8）执行【运动副】｜【定义】｜【类型】｜【滑块】命令。

9）执行【操作】｜【选择连杆】命令，选择连杆L002。

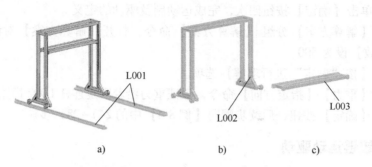

图 8-107　创建连杆 L001、L002 及 L003

10）单击【指定原点】，如图 8-108 所示选择 L002 框架座前端面上的某点作为原点。

11）单击【指定矢量】，如图 8-109 所示选择 L002 框架座前端面。

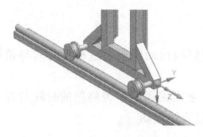

图 8-108　指定原点

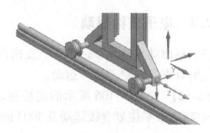

图 8-109　指定矢量

12）单击【驱动】选项卡，选择【平移】下拉列表中的【铰链运动】。

13）单击【应用】按钮，完成第一个滑动副的创建，返回【运动副】对话框。

14）再次执行【运动副】|【定义】|【类型】|【滑块】命令。

15）执行【操作】|【选择连杆】命令，选择连杆 L003。

16）单击【指定原点】，如图 8-110 所示选择 L003 上 Y 轴滑块圆弧中心作为原点。

17）单击【指定矢量】，如图 8-111 所示选择 L003 上 Y 轴滑块上端面，以端面法向的反方向即竖直向下为矢量方向。

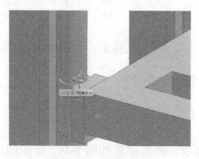

图 8-110　指定原点

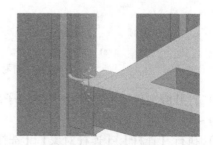

图 8-111　指定矢量

18）选中【底数】选项组中的【啮合连杆】选项，执行【选择连杆】命令，如图 8-112 所示在图形窗口中选择连杆 L002。

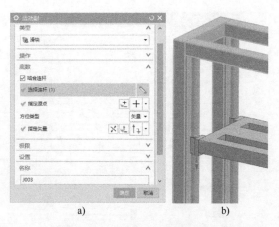

图 8-112 【底数】|【选择连杆】

19）单击【指定原点】，如图 8-110 所示选择 L003 上 Y 轴滑块圆弧中心作为原点。

20）单击【指定矢量】，如图 8-111 所示选择 L003 上 Y 轴滑块上端面，以端面法向的反方向即竖直向下为矢量方向。

21）单击【驱动】选项卡，打开【平移】下拉列表，选择【铰链运动】；单击【确定】按钮，完成第二个运动副的创建。

22）执行【解算方案】分组|【解算方案】命令，打开【解算方案】对话框，选择【解算类型】下拉列表中的【电子表格驱动】，选中【按"确定"进行求解】选项。

23）执行【重力】|【指定方向】命令，保证重力沿着导轨 L001 垂直向下。

24）单击【确定】按钮，弹出如图 8-113 所示【电子表格文件】目录。

图 8-113 【电子表格文件】目录

25）选择事先编制好的【简易移动平台 Excel 工作表 . xlsx】，单击【OK】按钮，弹出如图 8-114 所示【电子表格驱动】对话框。

26）单击【播放】按钮，播放完毕后单击【关闭】按钮，关闭对话框。

提示：如果弹出如图 8-115 所示的【电子表格驱动】求解器错误提示，可以在【运动导航器】中右键单击【简易移动平台-电子表格驱动_motion1】，如图 8-116 所示，在打开的快捷菜单中单击【求解器】，选中【RecurDyn】，然后重新解算。

图 8-114 【电子表格驱动】对话框

图 8-115 【电子表格驱动】求解器错误提示

图 8-116 【运动导航器】|右键变换【求解器】

8.8　分析与测量

使用 UG NX 运动分析中的分析与测量工具，目的是研究机构中零部件的位移、速度、加速度、作用力与反作用力，以及力矩等参数，主要内容包括：①分析结果输出；②标记、智能点与传感器；③干涉、测量与跟踪。

8.8.1　分析结果输出

UG NX 分析结果的输出主要包括动画视频输出、图表输出和表格输出等。动画输出在前面章节做过详细阐述，本节重点讲解图表输出和表格输出两种方式。

1. 图表输出

图表输出是利用 UG NX 软件自带的图表功能，在工作区创建位移图表、速度图表、加速度图表及力的图表等。

【例 8-13】 接续【例 8-9】进行下面操作：输出位移曲线数据图表。

1) -28) 步同【例 8-9】。

29) 执行【菜单】|【分析】|【运动】| XY 结果，或是执行【分析】选项卡 |【运动】分组 | XY 结果命令，在【运动导航器】下方弹出【XY 结果视图】，如图 8-117 所示。

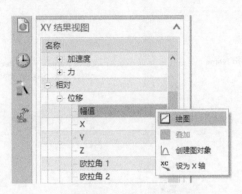

图 8-117 【XY 结果视图】

30) 单击【J001】，在【XY 结果视图】中展开【相对】节点下的【位移】，双击【幅值】或是单击右键，在快捷菜单中选择 绘图，弹出【查看窗口】对话框，单击【新建窗口】按钮 ，弹出图 8-118 所示的【图形窗口 1】，显示位移变化曲线。

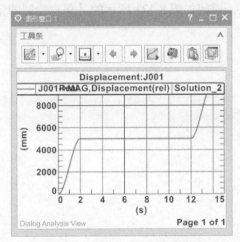

图 8-118 【图形窗口 1】-位移曲线

31) 执行【图形窗口 1】|【工具条】|【保存图】命令 ，弹出图 8-119 所示的【保存绘制的记录】对话框，如图 8-119a 所示，单击【添加】按钮 ，将【图中的曲线】文本框中的曲线添加到【要导出的曲线】文本框中，如图 8-119b 所示。

32) 单击【目标文件名】选项组中的【浏览器】按钮 ，打开【输入文件名】对话框，如图 8-120 所示。存放路径为 D:\ug12.0 教材 \ 仿真，【文件名】为 "轿车行驶位移曲

a) 选择【图中的曲线】

b) 添加到【要导出的曲线】

图 8-119 【保存绘制的记录】对话框

线-step 函数_motion1. afu"。

33）单击【OK】按钮，返回如图 8-121 所示的【保存绘制的记录】对话框。

图 8-120 【输入文件名】对话框

图 8-121 【保存绘制的记录】对话框

34）单击【确定】按钮，完成保存。

35）执行【菜单】|【文件】|【保存】命令，保存模型。

2. 电子表格输出

UG NX 软件在运动仿真时将自动生成一组与图表输出数据相同的数据表。

【**例 8-14**】 接续【例 8-13】进行下面操作：输出轿车行驶时运动副驱动的 Excel 电子表格。

1）-35）步同【例 8-13】。

36）执行【菜单】|【分析】|【运动】|【填充电子表格】命令，弹出图 8-122 所示的【填充电子表格】对话框。

37）单击【确定】按钮，弹出系统自动生成的 Excel 表格，如图 8-123 所示。

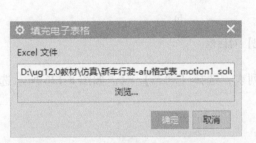

图 8-122 【填充电子表格】对话框

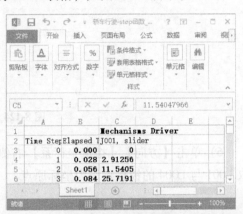

图 8-123 Excel 表格

提示： 表格中 A、B、C 三列分别对应【步数】（共 500 步）、【时间】（共 14s）、【位移】（最大位移 10000mm）。

38）单击图 8-123 所示对话框中的【保存】按钮，或另存到当前目录，关闭电子表格。

39）执行【文件】菜单|【保存】命令，保存模型。

8.8.2 标记、智能点与传感器

UG NX 的标记功能有三个命令：【标记】、【智能点】和【传感器】。通常和追踪、测量一起使用。

1. 标记

标记的作用是通过定义连杆上的某个点来分析位移、速度等。

【**例 8-15**】 以曲柄摇杆机构为例，使用标记点求取连杆 L002 中点沿 X 轴的速度。

1）打开源文件"曲柄摇杆机构_motion1. sim"。

2）执行【机构】分组|【标记】|命令，打开如图 8-124 所示的【标记】对话框。

3）执行【关联链接】|【选择连杆（0）】命令，在图形窗口中选取连杆 L002。

4）单击【方向】|【指定点】右侧的【点】对话框按钮，打开如图 8-125 所示的【点】对话框。

5）在【类型】下拉列表中选择【面上的点】，【U 向参数】、【V 向参数】均设为 0.5，单击【确定】按钮，返回【标记】对话框。

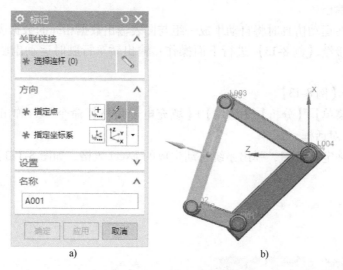

图 8-124 【标记】对话框

6）单击【方向】|【指定坐标系】右侧下拉列表，选择【动态】 ，如图 8-126 所示选取 L001 与 L004 的铰接点作为坐标原点。

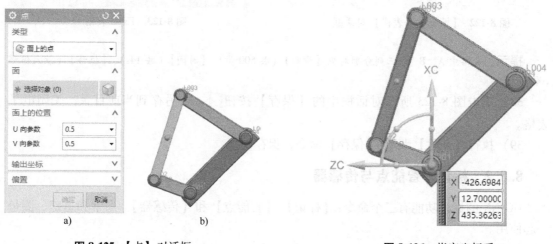

图 8-125 【点】对话框　　　　　　　　　图 8-126 指定坐标系

7）单击【确定】按钮，完成标记点的创建。

8）单击【运动导航器】中的【Solution 1】，打开【解算方案】对话框，选中【按"确定"进行求解】选项，单击【确定】按钮。

9）执行【菜单】|【分析】|【运动】| XY结果 ，单击【运动导航器】中的 A001 ，下方弹出【XY 结果视图】树结构，如图 8-127 所示。

10）在【XY 结果视图】树结构中双击【速度】节点下的【x】，弹出【查看窗口】对话框，单击【新建窗口】按钮 ，弹出图 8-128 所示的【图形窗口 1】，显示标记点在 X 轴方向的速度变化曲线。

图 8-127 【运动导航器】|【XY 结果视图】

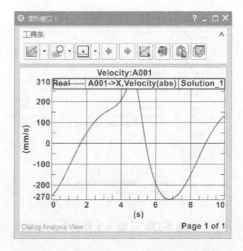

图 8-128 【图形窗口 1】-沿 X 轴的速度曲线

11) 执行【图形窗口 1】|【工具条】|【保存图】命令，弹出图 8-129 所示的【保存绘制的记录】对话框。如图 8-129a 所示，单击【添加】按钮，将【图中的曲线】文本框中的曲线添加到【要导出的曲线】文本框中，如图 8-129b 所示。

a) 选择【图中的曲线】   b) 添加到【要导出的曲线】

图 8-129 【保存绘制的记录】对话框

12) 单击【目标文件名】选项组右侧的【浏览器】按钮，打开【输入文件名】对话框，如图 8-130 所示。存放路径为 D:\ug12.0 教材 \ 仿真，【文件名】为"曲柄摇杆机构标记点_motion1. afu"。

13）单击【OK】按钮，返回【保存绘制的记录】对话框，如图 8-131 所示。

图 8-130 【输入文件名】对话框

图 8-131 【保存绘制的记录】|【目标文件名】

14）单击【确定】按钮，完成保存。

15）执行【菜单】|【文件】|【保存】命令，保存模型。

2. 智能点

智能点不同于标记点，类似普通的点，没有方向，只是作为参考。

【例 8-16】 使用智能点观察曲柄摇杆机构中连杆 L002 与 L003 铰接点的轨迹。

1）打开源文件"曲柄摇杆机构_motion1. sim"。

2）执行【机构】分组|【智能点】命令 +*，打开如图 8-132 所示的【点】对话框。

a)

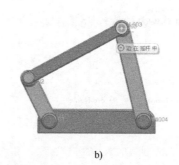

b)

图 8-132 【点】对话框

3）选取 L002 与 L003 的铰接点，单击【确定】按钮，然后关闭【点】对话框。

4）双击【运动导航器】中的 L003，打开【连杆】对话框，选取第 3）步创建的点，然后单击对话框【确定】按钮，将其添加到连杆 L003 中。

5）执行【分析】选项卡|【运动】分组|【追踪】命令 ，打开如图 8-133 所示的【追踪】对话框，选取第 3）步创建的点，并选中【设置】选项组中的【激活】选项。

6）单击【确定】按钮，完成设置。

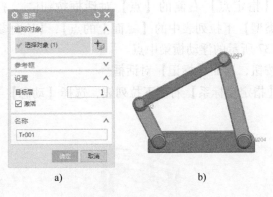

a)   b)

图8-133 【追踪】对话框

7）单击【运动导航器】中的【Solution 1】，打开【解算方案】对话框，选中【按"确定"进行求解】选项，单击【确定】按钮。

8）执行【分析】选项卡|【运动】分组|【动画】命令，弹出图8-134所示的【动画】对话框，选中【封装选项】选项组中的【追踪】选项。

9）单击【播放】按钮 ，图形窗口中可以看到铰接点的运动轨迹，如图8-135所示。

图8-134 【动画】对话框

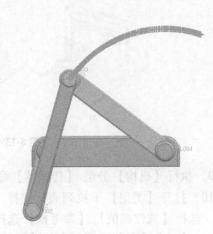

图8-135 动画效果

3. 传感器

传感器是图表输出的一种快速标记，可以精确测量物体的位移、速度、加速度和力。其优点在于可以参照任何物体测量相对数据，输出图表时不需要设置图表参数。

【例8-17】 使用传感器获取简易移动平台上两个标记之间的相对位移变化曲线。

1）打开源文件"简易移动平台-电子表格驱动_motion1. sim"。

2）执行【机构】分组|【标记】|命令，打开如图8-124所示的【标记】对话框。

3）执行【关联链接】|【选择连杆（1）】命令，如图8-136所示在图形窗口中选取浮动横梁即连杆L003。

4）单击【方向】|【指定点】右侧的【点】对话框按钮，打开如图 8-125 所示的【点】对话框；选择【类型】下拉列表中的【面上的点】，【U 向参数】、【V 向参数】均设为 0.5，指定如图 8-137 所示的浮动横梁中点。

5）单击【确定】按钮，返回【标记】对话框。

6）单击【方向】|【指定坐标系】右侧下拉列表，选择【动态】，默认如图 8-138 所示坐标系。

图 8-136 选择连杆（1）

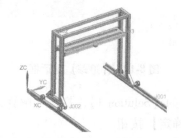

图 8-137 指定点

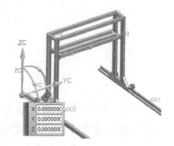

图 8-138 指定坐标系

7）单击【应用】按钮，完成标记点 A001 的创建。

8）同理选择连杆 L002，如图 8-139 所示，完成标记点 A002 的创建。

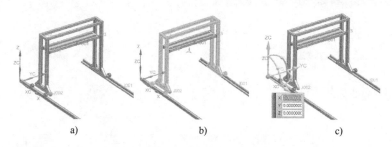

a)   b)   c)

图 8-139 创建标记点 A002

9）执行【机构】分组|【传感器】命令，打开如图 8-140 所示【传感器】对话框。

10）打开【类型】下拉列表，选择【位移】；打开【设置】选项组中的【分量】下拉列表，选择【线性幅值】，【参考框】选择【相对】。

11）【对象选择】选项组中的【测量】选择 A001，【相对】选择 A002。

12）单击【确定】按钮，完成传感器的创建。

13）单击【运动导航器】中的【Solution 1】，打开【解算方案】对话框，选中【按"确定"进行求解】选项，单击【确定】按钮。

14）执行【菜单】|【分析】|【运动】| XY 结果，在【运动导航器】下方弹出【XY 结果视图】。

15）单击【运动导航器】中【传感器】节点下的 Se001，在【XY 结果视图】中双击【相对】节点下的【幅值】，弹出【查看窗口】对话框。单击【新建窗口】按钮，弹出如图 8-141 所示的【图形窗口 1】，显示标记点 A001 相对于标记点 A002 的位移变化曲线。

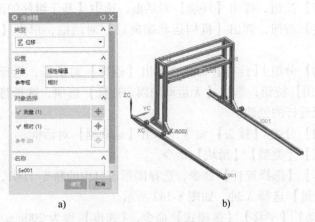

a)   b)

图 8-140 【传感器】对话框

16）后续步骤同【例 8-5】的 11）~ 15）步操作。存放路径为 D：\ug12.0 教材 \ 仿真，【文件名】为"简易平台传感器_motion1.afu"。

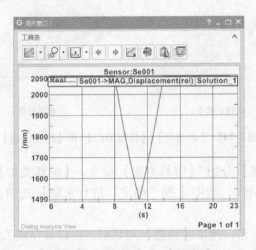

图 8-141 【图形窗口 1】对话框

8.8.3 干涉、测量与追踪

UG NX 运动仿真中的封装选项包括：【干涉】、【测量】和【追踪】。可以在【运动】工具条中定义，在动画分析时执行，如图 8-134 所示【动画】对话框。

1. 干涉检查

干涉检查可以检测机构运动的干涉情况，便于进一步改进主模型的结构。

【例 8-18】 轿车通过巷道的干涉检测。

1）打开源文件"车辆通过巷道干涉检测 . prt"。

2）执行【解算方案】分组 |【新建仿真】命令。

3）系统弹出【新建仿真】对话框。在【新文件名】选项组中默认【名称】为"车辆通过巷道干涉检测_motion1. sim"，指定【文件夹】为 D：\ug12.0 教材 \ 仿真 \ 。

4）单击【确定】按钮，弹出【环境】对话框，选中【基于组件的仿真】。

5）单击【确定】按钮，弹出【机构运动副向导】对话框，单击【取消】按钮，关闭对话框。

6）执行【机构】分组|【连杆】命令，弹出【连杆】对话框，选择车身及四个轮胎作为L001，单击【应用】按钮；选中【无运动副固定连杆】选项，选择路面作为L002，单击【确定】按钮，完成连杆的创建。

7）执行【机构】分组|【接头】命令，弹出【运动副】对话框。

8）执行【定义】|【类型】|【滑块】命令。

9）执行【操作】|【选择连杆】命令，选择图形窗口中的轿车L001，【指定原点】选择轿车前杠，【指定矢量】选择 X 轴，如图8-142所示。

10）执行【驱动】|【平移】|【多项式】命令，【速度】设为200mm/s，【加速度】设为30mm/s^2。

11）单击【确定】按钮，完成运动副的定义及驱动的创建。

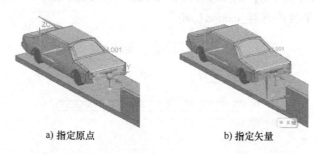

a) 指定原点　　　　　　　　　　　b) 指定矢量

图8-142 【运动副】|【指定原点】和【指定矢量】

12）执行【解算方案】分组|【解算方案】命令，【解算类型】为【常规驱动】，【时间】为20s，【步数】为100，选中【按"确定"进行求解】选项，【重力】|【指定方向】为垂直路面向下。

13）单击【确定】按钮，弹出【信息】对话框，可以另存或关闭对话框。

14）执行【分析】选项卡|【动画】命令，弹出【动画】对话框，单击【播放】按钮 ，观察机构运动情况，单击【完成】按钮 ；

15）执行【分析】选项卡|【干涉】命令 ；弹出如图8-143所示的【干涉】对话框。【类型】选择【高亮显示】；执行【第一组】|【选择对象（0）】，在图形窗口中选择车身；执行【第二组】|【选择对象（0）】，在图形窗口中选择巷道的两侧墙壁，选中【事件发生时停止】和【激活】两个选项，然后单击【确定】按钮，完成【干涉】对话框各选项的设置。

16）执行【分析】选项卡|【动画】命令，弹出如图8-144所示的【动画】对话框。在【封装选项】下选中【干涉】及【事件发生时停止】两个选项。

17）单击【播放】按钮 ，观察轿车运动情况，在第13s时即轿车进入巷道窄口的时刻，系统弹出【动画事件】对话框，提示"部件干涉"，轿车停止运动，同时模型高亮显示。

18）单击【动画事件】对话框的【确定】按钮，关闭对话框。

19）单击【动画】对话框的【关闭】按钮，关闭对话框。

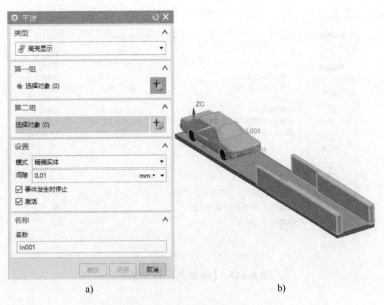

a)   b)

图 8-143 【干涉】对话框

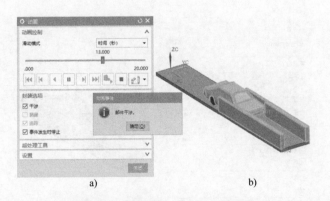

a)   b)

图 8-144 【动画】对话框-干涉检查

20）执行【结果】选项卡｜【导出至电影】命令🗀，弹出如图 8-145【录制电影】对话框，保存动画，然后单击【完成动画】按钮🏁。

提示： *产生干涉的原因在于主模型尺寸不合理，轿车的宽度为 1892mm，而巷道窄口仅有 1690mm，可以通过修改主模型，保证轿车顺利通过巷道。*

2. 测量

测量命令可用于测量两个几何对象之间的距离和角度，并实时显示。机构运动超限时将报警、自动停止。

【例 8-19】 测量距离-滑块移动距离。

1）打开源文件"滑块_motion1. sim"。

2）执行【分析】选项卡｜【测量】命令，弹出如图 8-146 所示的【测量】对话框。

3）打开【类型】下拉列表，选择 ⬚ 最小距离 。

4）【第一组】选项组的【选择对象（0）】选择滑块左端面。

图 8-145 【录制电影】对话框

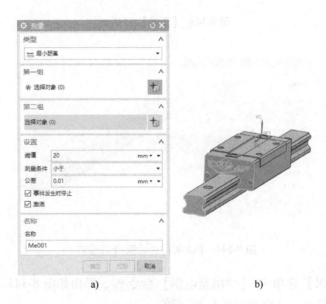

a)   b)

图 8-146 【测量】对话框

5）【第二组】选项组的【选择对象（0）】选择线轨左端面。

6）【设置】选项组的【阈值】输入"20"，【测量条件】选择【小于】，选中【事件发生时停止】和【激活】两个选项，单击【确定】按钮。

7）执行【分析】选项卡|【动画】命令，弹出如图 8-147 所示的【动画】对话框。

8）选中【测量】选项，单击【播放】按钮 ，当运行距离<20mm 时，弹出如图 8-148 所示的【动画事件】对话框，两组对象高亮显示且滑块停止运动。

9）单击【动画事件】对话框的【确定】按钮，单击【动画】对话框的【关闭】按钮，完成测量。

图 8-147 【动画】对话框

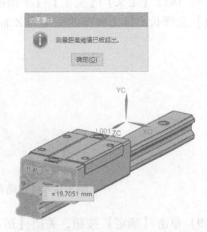

图 8-148 【动画事件】对话框

3. 追踪

追踪命令可以复制物体在某一时刻、每一步的模型。也可以复制整个机构在某一时刻的模型。在介绍智能点时，已经讨论过追踪与智能点结合使用来追踪轨迹，在此不再赘述。

8.9   力及力矩驱动

UG NX 的载荷包含标量力、矢量力、标量扭矩和矢量扭矩。本节重点讲解如何创建这四种载荷，包括重力及摩擦力，并且介绍如何通过函数来控制力的大小和作用时间。

8.9.1   标量力及矢量力

1. 标量力

标量力是有一定大小并通过空间直线方向作用的力。其创建步骤为：①定义受力的连杆；②定义力的原点，力的方向定义为从第二点到第一点；③定义力的大小，可以选择恒定或是函数控制。

【例 8-20】   创建标量力。

1）打开源文件"标量力.prt"。

2）执行【应用模块】选项卡 |【运动】命令。

3）执行【解算方案】分组 |【新建仿真】命令 ，弹出【新建仿真】对话框。默认【名称】为"标量力_motion1.sim"，【文件夹】指定为 D:\ug12.0教材\仿真\。

4）单击【确定】按钮，弹出【环境】对话框，选中【基于组件的仿真】选项。

5）单击【确定】按钮，关闭对话框。

6）执行【机构】分组 |【连杆】命令，弹出【连杆】对话框。选择长方体作为 L001，单击【应用】按钮，选中【无运动副固定连杆】选项，选择路面作为 L002，单击【确定】按钮，完成连杆的创建。

7）执行【机构】分组 |【接头】命令，弹出【运动副】对话框。

8）执行【定义】|【类型】|【平面副】命令，【选择连杆】选择长方体的上表面，【指定矢量】选择长方体上表面的法向即 Z 轴正向，如图 8-149 所示。

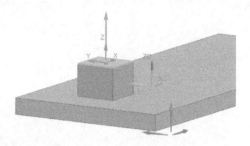

图 8-149 【运动副】|【选择连杆】和【指定矢量】

9）单击【确定】按钮，关闭【运动副】对话框。

10）执行【加载】分组|【标量力】命令 ，弹出如图 8-150 所示【标量力】对话框。

11）执行【操作】|【选择连杆】命令，选择 L001，【指定原点】选择图 8-150b 所示的端点。

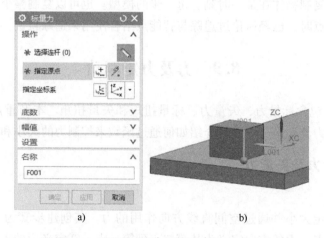

图 8-150 【标量力】|【操作】|【指定原点】

12）执行【底数】|【选择连杆】命令，选择连杆 L002（单击边缘线），【指定原点】选择如图 8-151b 所示的控制点。

13）在【幅值】选项组的【类型】下拉列表中选择【表达式】，【值】设为 5。

14）执行【解算方案】分组|【解算方案】命令，【解算类型】为【常规驱动】，【时间】为 0.3s，【步数】为 100，选中【按"确定"进行求解】选项，【重力】|【指定方向】为垂直路面向下。

15）单击【确定】按钮，弹出【信息】对话框，可以另存或关闭对话框。

16）执行【分析】选项卡|【动画】命令，弹出【动画】对话框，单击【播放】按钮 ，观察机构运动情况，单击【关闭】按钮。

提示：也可以执行【结果】选项卡|【播放】命令，观察运动情况，然后单击【完成】按钮 。

17）执行【保存】命令，弹出【命名部件】对话框，默认【名称】为"标量力_motion

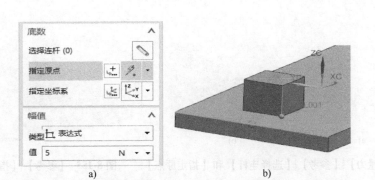

图 8-151 【标量力】|【底数】选项卡

1. sim"，【文件夹】指定为 D:\ug12.0 教材\仿真\，单击【确定】按钮，完成文件保存。

2. 矢量力

矢量力是有一定大小和方向作用的力。矢量力也可以改变物体的运动状态，与标量力的区别在于力的方向始终不变。

【例 8-21】 创建矢量力。

1）~9）步骤同【例 8-20】。

10）执行【加载】分组|【矢量力】命令 ，弹出图 8-152 所示【矢量力】对话框。

11）执行【操作】|【选择连杆】命令，选择 L001，【指定原点】选择图 8-152b 所示的中点。

12）执行【底数】|【选择连杆】命令，选择连杆 L002，如图 8-153 所示。

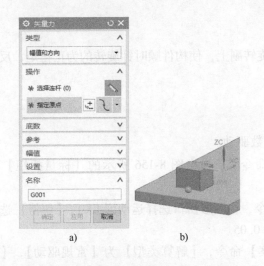

图 8-152 【矢量力】|【操作】|【指定原点】

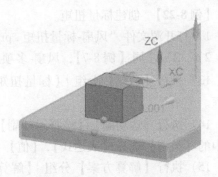

图 8-153 【底数】|【选择连杆】

13）执行【参考】|【选择连杆】命令，选择连杆 L002，【指定原点】选择图 8-154b 所示的边缘线。

14）执行【参考】|【指定矢量】命令，选择如图 8-155 所示的 XC 方向；

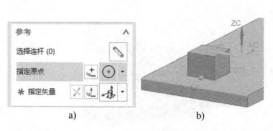
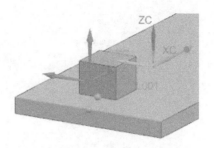

a)　　　　　　　b)

图 8-154　【矢量力】|【参考】|【选择连杆】和【指定原点】　　**图 8-155**　【参考】|【指定矢量】

15）展开如图 8-152 中所示的【幅值】选项组，【类型】选择【表达式】，【值】设为 10。

16）执行【解算方案】分组|【解算方案】命令，【解算类型】为【常规驱动】，【时间】为 0.3s，【步数】为 100，选中【按"确定"进行求解】选项，【重力】|【指定方向】为垂直路面向下。

17）单击【确定】按钮，弹出【信息】对话框，可以另存或关闭对话框。

18）执行【分析】选项卡|【运动】分组|【动画】命令，弹出【动画】对话框，单击【播放】按钮▶，观察机构运动情况，单击【关闭】按钮。

19）执行【保存】命令，弹出【命名部件】对话框，默认【名称】为"矢量力_motion1. sim"，【文件夹】指定为 D:\ug12.0 教材 \ 仿真 \ ，单击【确定】按钮，完成文件保存。

8.9.2　标量扭矩及矢量扭矩

1. 标量扭矩

标量扭矩可以使构件旋转，只能施加在旋转副上，使构件顺时针旋转的为正扭矩，反之为负扭矩。

【例 8-22】　创建标量扭矩。

1）打开源文件"风扇-标量扭矩 . prt"。

2）~12）步同【例 8-7】，风扇-多项式函数驱动。

13）执行【加载】分组|【标量扭矩】命令 ⵛ，弹出图 8-156 所示的【标量扭矩】对话框。

14）执行【运动副】|【选择运动副】命令，在图形窗口选择运动副 J001，【幅值】选项组中的【类型】选择【表达式】，【值】设为 0.05。

15）执行【解算方案】分组|【解算方案】命令，【解算类型】为【常规驱动】，【时间】设为 2s，【步数】设为 500，选中【按"确定"进行求解】选项，【重力】|【指定方向】为垂直路面向下；单击【确定】按钮，弹出【信息】对话框，可以另存或关闭对话框。

16）执行【分析】|【动画】命令，弹出【动画】对话框，单击【播放】按钮▶，观察机构运动情况，单击【关闭】按钮。

17）执行菜单栏【分析】选项卡|【运动】分组|【XY 结果】命令，在【运动导航器】中选择【运动副】节点下【J001】，弹出如图 8-157 所示的【XY 结果视图】。

图 8-156 【标量扭矩】对话框　　　　　　图 8-157 【XY 结果视图】

18）双击【相对】|【速度】节点下的【角度幅值】，弹出【查看窗口】对话框，单击【新建窗口】按钮🖺，弹出如图 8-158 所示的【图形窗口 1】，显示风扇转速的变化曲线。

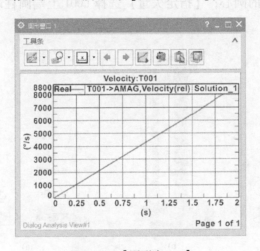

图 8-158 【图形窗口 1】

19）执行【保存】命令，弹出【命名部件】对话框，默认【名称】为"标量扭矩_motion1. sim"，【文件夹】指定为 D：\ug12.0 教材 \ 仿真 \ ，单击【确定】按钮，完成文件保存。

2. 矢量扭矩

同标量扭矩一样，矢量扭矩可以使构件旋转，但是矢量扭矩只能施加在连杆上。

【例 8-23】 创建矢量扭矩。

1）打开源文件"单摆-矢量扭矩 . prt"。

2）~12）步同【例 8-8】。

13）执行【加载】分组|【矢量扭矩】命令🗝，打开如图 8-159 所示【矢量扭矩】对话框，【类型】选择【幅值和方向】，【操作】选项组的【选择连杆（1）】选择连杆 L002，

【指定原点】选择 L002 上端表面的圆心。

图 8-159 【矢量扭矩】|【操作】|【选择连杆（1）】和【指定原点】

14）如图 8-160 所示，【参考】选项组的【选择连杆（1）】选择连杆 L001，【指定原点】选择 L001 上端圆柱端面的圆心；【指定矢量】选择 L001 上端圆柱端面的法向，如图 8-161 所示。

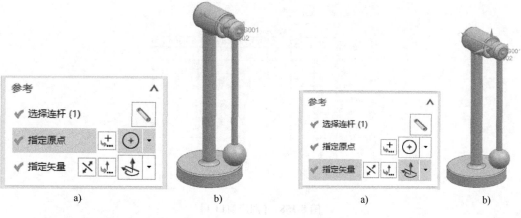

图 8-160 【矢量扭矩】|【参考】|
【选择连杆（1）】和【指定原点】

图 8-161 【矢量扭矩】|【参考】|【指定矢量】

15）如图 8-162 所示，在【幅值】选项组中，打开【类型】下拉列表，选择【f(x) 函数】。

16）打开【函数】右侧下拉箭头 ，选择【f(x) 函数管理器】，弹出【XY 函数管理器】对话框，各项设置如图 8-69 所示。

17）单击【新建】按钮 ，弹出【XY 函数编辑器】对话框。

18）【函数属性】选择【数学】，【用途】选择【运动】，【函数类型】选择【时间】；打开【插入】下拉列表，选择【运动函数】。

19）在【插入】下方的文本框中双击"STEP（x, x0, h0, x1, h1）"，将 STEP 函数添

图 8-162 【矢量扭矩】|【幅值】|【f(x) 函数】

加到【公式=】下方的文本框中，并编辑为"STEP（x，0，0，3，50）"。

20）单击【确定】按钮三次，完成矢量扭矩的定义。

21）执行【解算方案】分组|【解算方案】命令，打开【解算方案】对话框，【时间】设为3，【步数】设为300，选中【按"确定"进行求解】选项。

22）执行【重力】|【指定方向】命令，保证重力沿着连杆 L001 的底面垂直向下。

23）后续步骤同【例 8-4】中的 24）~28）步。

8.10　综 合 范 例

8.10.1　复杂凸轮机构模拟

复杂凸轮机构可通过凸轮的周期性旋转实现滑块的周期性往复直线运动。

【例 8-24】　复杂凸轮机构运动模拟。

1）打开源文件"复杂凸轮机构.prt"，如图 8-163 所示。

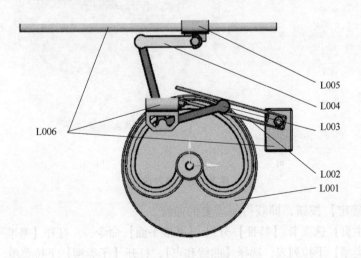

图 8-163　复杂凸轮机构

提示：

① 摆杆 L003 和凸轮 L001 之间为【点在线上副】，仿真前需要对凸轮三段轮廓曲线执行【偏置曲线】命令。

② 导槽 L002 与摆杆 L003 之间为【线在线上副】，仿真前需要对 L002 和 L003 执行【相交曲线】命令，以获得所需要的曲线。

具体操作步骤如下：

① 执行【分析】选项卡│【测量】分组│【测量距离】命令 ▦，凹槽宽度为 3mm，如图 8-164 所示。

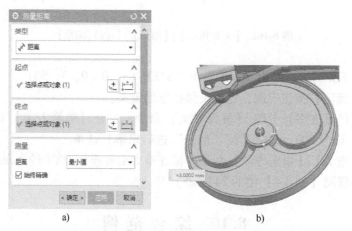

图 8-164　测量距离

② 执行【曲线】选项卡│【派生曲线】分组│【偏置曲线】命令 ⬛，【选择曲线（3）】选择图 8-165 所示的凸轮轮廓三段曲线，【偏置】│【距离】为 1.5mm。

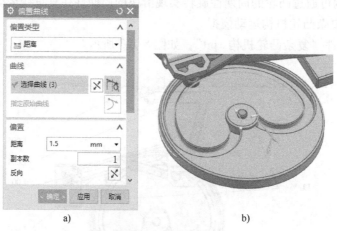

图 8-165　偏置曲线

③ 单击【确定】按钮，即获得所需要的曲线。

④ 执行【主页】选项卡│【特征】分组│【基准平面】命令 ◻，打开【基准平面】对话框。

⑤ 打开【类型】下拉列表，选择【曲线和点】，打开【子类型】下拉菜单，选择【一点】。

⑥【指定点】选择 L002 上表面前端轮廓线的中点，如图 8-166 所示。

⑦ 单击【确定】按钮，关闭对话框，生成所需要的基准平面。

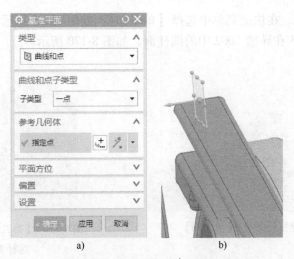

a)   b)

图 8-166 【基准平面】|【指定点】

⑧ 执行【曲线】选项卡|【派生曲线】分组|【相交曲线】命令，打开【相交曲线】对话框。

⑨ 执行【第一组】|【选择面（1）】命令，选择第⑦步创建的基准平面，如图 8-167 所示。

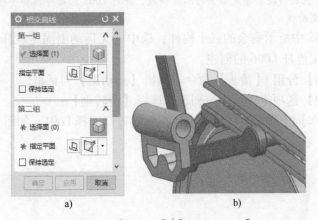

a)   b)

图 8-167 【第一组】|【选择面（1）】

⑩ 执行【第二组】|【选择面（0）】命令，如图 8-168 所示选择导槽 L002 的下表面。

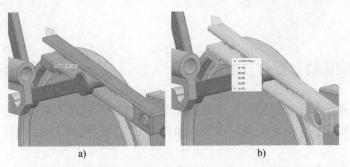

a)   b)

图 8-168 【第二组】|【选择面】|选择导槽下表面

⑪ 单击鼠标右键，在快捷菜单中选择【单个面】，如图 8-169 所示。
⑫ 继续选择 L003 在导槽 L002 中的圆柱面，如图 8-170 所示。

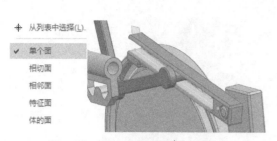

图 8-169　右键快捷菜单│【单个面】

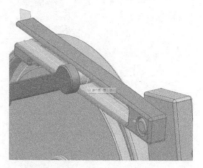

图 8-170　【第二组】│【选择面（0）】│
选择 L003 圆柱面

⑬ 单击【确定】按钮，关闭对话框，完成相交曲线的创建。

2）～5）步同【例 8-1】。

6）执行【连杆】│【连杆对象】│【选择对象】命令，在图形窗口依次选择凸轮、导槽、摆杆、连杆、滑套，分别创建连杆 L001、L002、L003、L004、L005。

提示：连杆 L001 包括凸轮和事先偏置的三段曲线，连杆 L002 包括导槽和导槽下端的相交曲线，连杆 L003 包括摇杆和相交曲线。

7）选择图 8-163 中所示剩余的三个构件，选中【无运动副固定连杆】选项，单击【确定】按钮，完成固定连杆 L006 的创建。

8）执行【机构】分组│【接头】命令，弹出【运动副】对话框。

9）打开【类型】选项组中的下拉列表，选择【旋转副】。

10）执行【操作】│【选择连杆】命令，在图形窗口选择 L001，如图 8-171 所示。

图 8-171　J001【运动副】│【操作】│【选择连杆】

图 8-172　指定原点

11）执行【操作】│【指定原点】命令，如图 8-172 所示选择 L001 凸轮端面圆心。

12）执行【操作】│【指定矢量】命令，如图 8-173 所示选择 L001 凸轮端面，则其法向为矢量方向。

13）单击【驱动】选项卡，打开【旋转】下方的下拉列表，选择【谐波】，其他选项设置如图 8-174 所示。

图 8-173 指定矢量

图 8-174 【驱动】|【谐波】参数设置

14）单击【应用】按钮，完成旋转副 J001 的创建，返回【运动副】对话框。

15）执行【操作】|【选择连杆】命令，如图 8-175a 所示在图形窗口中选择导槽 L002。

16）执行【操作】|【指定原点】命令，如图 8-175b 所示选择 L002 销孔的圆心。

17）执行【操作】|【指定矢量】命令，如图 8-175c 所示选择固定块的销轴端面。

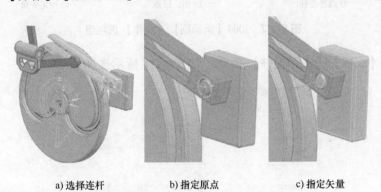

a) 选择连杆　　　　b) 指定原点　　　　c) 指定矢量

图 8-175 J002 【运动副】|【操作】选项组

18）单击【应用】按钮，完成旋转副 J002 的创建。返回【运动副】对话框。

19）执行【操作】|【选择连杆】命令，如图 8-176a 所示在图形窗口中选择连杆 L003。

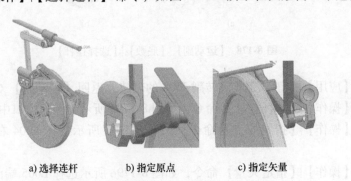

a) 选择连杆　　　　b) 指定原点　　　　c) 指定矢量

图 8-176 J003 【运动副】|【操作】选项组

20）执行【操作】|【指定原点】命令，如图 8-176b 所示选择 L003 销孔圆周曲线的圆心。

21）执行【操作】|【指定矢量】命令，如图 8-176c 所示选择 L003 和固定件铰接处的端面，则其法向为矢量方向。

22）单击【应用】按钮，完成旋转副 J003 的创建，返回【运动副】对话框。

23）执行【操作】|【选择连杆】命令，如图 8-177a 所示在图形窗口中选择连杆 L004。

24）执行【操作】|【指定原点】命令，如图 8-177b 所示选择 L004 端面圆周曲线的圆心。

25）执行【操作】|【指定矢量】命令，如图 8-177c 所示选择 L004 端面，则其法向为矢量方向。

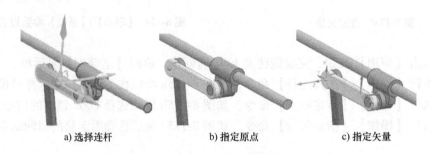

a) 选择连杆　　　　b) 指定原点　　　　c) 指定矢量

图 8-177　J004【运动副】|【操作】选项组

26）执行【底数】|【选择连杆】命令，如图 8-178 所示选择 L003。

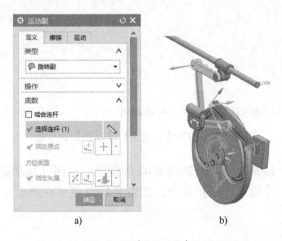

a)　　　　b)

图 8-178　【运动副】|【底数】|【选择连杆】

27）单击【应用】按钮，完成旋转副 J004 的创建，返回【运动副】对话框。

28）执行【操作】|【选择连杆】命令，如图 8-179a 所示在图形窗口中选择连杆 L005。

29）执行【操作】|【指定原点】命令，如图 8-179b 所示选择 L004 右端面圆周曲线的圆心。

30）执行【操作】|【指定矢量】命令，如图 8-179c 所示选择 L005 端面，则其法向为矢量方向。

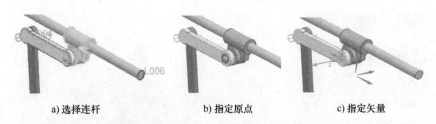

a) 选择连杆 　　b) 指定原点 　　c) 指定矢量

图8-179 J005【运动副】|【操作】选项组

31）执行【底数】|【选择连杆】命令，如图8-180所示选择L004。

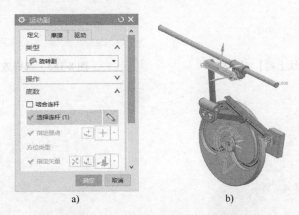

a) 　　　　　　　　b)

图8-180 【运动副】|【底数】|【选择连杆】

32）单击【应用】按钮，完成旋转副J005的创建，返回【运动副】对话框。

33）打开【类型】下方下拉列表，选择运动副类型为【滑块】，如图8-181a所示在图形窗口中选择滑套即连杆L005。

34）执行【操作】|【指定原点】命令，如图8-181b所示选择L005右端面圆心。

35）执行【操作】|【指定矢量】命令，如图8-181c所示选择L005端面，则其法向为矢量方向。

36）单击【确定】按钮，完成滑动副J006的创建，关闭【运动副】对话框。

a) 选择连杆 　　b) 指定原点 　　c) 指定矢量

图8-181 J006【运动副】|【操作】选项组

37）执行【约束】分组|【点在线上副】命令 ⤵点在线上副，打开【点在线上副】对话框，如图182所示。

38）执行【点】|【选择连杆】命令，选择连杆L002，如图8-183所示。

39）执行【点】|【点】命令，选择连杆L002与凸轮槽接触面的圆心，如图8-184所示。

40）执行【曲线】|【选择曲线】命令，选择连杆L001的偏置曲线，如图8-185所示。

图 8-182 【点在线上副】对话框

图 8-183 选择连杆

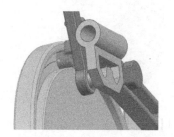

图 8-184 选择点

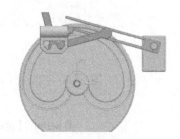

图 8-185 选择曲线

41）单击【确定】按钮，关闭对话框，完成【点在线上副】J007 的创建。

42）执行【约束】分组|【线在线上副】命令，打开【线在线上副】对话框，如图 8-186 所示。

43）执行【第一曲线集】|【选择曲线】命令，选择 L003 的相交曲线，如图 8-187 所示。

图 8-186 【线在线上副】对话框

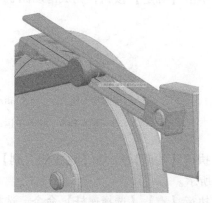

图 8-187 【第一曲线集】|【选择曲线】

44）执行【第二曲线集】|【选择曲线】命令，选择 L002 的相交直线，如图 8-188 所示。

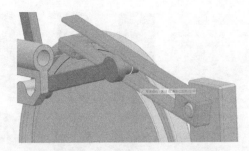

图 8-188 【第二曲线集】|【选择曲线】

45）单击【确定】按钮，关闭对话框，完成【线在线上副】J008 的创建。

46）执行【解算方案】分组|【解算方案】命令，【解算类型】为【常规驱动】，【时间】为 10s，【步数】为 1000，选中【按"确定"进行求解】选项。

47）单击【确定】按钮，弹出【信息】对话框；关闭【信息】对话框或另存。

48）执行【分析】选项卡|【运动】分组|【动画】命令，弹出【动画】对话框，单击【播放】按钮，观察机构运动情况，单击【关闭】按钮。

49）执行【保存】命令，弹出【命名部件】对话框，默认【名称】为"复杂凸轮机构_motion1. sim"，【文件夹】指定为 D：\ug12.0 教材\仿真\，单击【确定】按钮，完成文件保存。

8.10.2 曲柄滑块机构

曲柄滑块机构是用曲柄和滑块来实现转动和移动相互转换的平面连杆机构。曲柄滑块机构广泛应用于往复活塞式发动机、压缩机、冲床等。

【例 8-25】 单缸发动机运动模拟。

1）打开源文件"单缸发动机 . prt"，如图 8-189 所示。

2）~5）步同【例 8-1】。

6）执行【连杆】|【连杆对象】|【选择对象】命令，在图形窗口选择气缸体作为连杆 L001，选中【无运动副固定连杆】选项，单击【应用】按钮，完成固定连杆 L001 的创建。

7）取消选中【无运动副固定连杆】选项，依次选取活塞和销轴、连杆、曲轴和销轴，完成连杆 L002、L003 及 L004 的创建。

8）执行【机构】分组|【接头】命令，弹出【运动副】对话框。

9）打开【类型】选项组中下拉列表，选择【旋转副】。

10）执行【操作】|【选择连杆】命令，如图 8-190b 所示在图形窗口选择 L004。

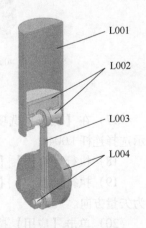

图 8-189 单缸发动机

11）执行【操作】|【指定原点】命令，如图 8-190c 所示选择 L004 端面圆心。

12）执行【操作】|【指定矢量】命令，如图 8-190d 所示选择 L004 曲轴端面，则其法向为矢量方向。

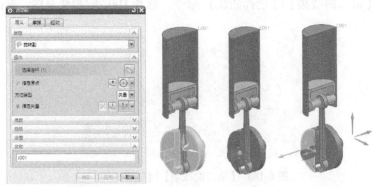

a)【运动副】对话框　　b)选择连杆　　c)指定原点　　d)指定矢量

图 8-190　J001【运动副】|【操作】选项组

13）单击【应用】按钮，完成旋转副 J001 的创建，返回【运动副】对话框。

14）执行【操作】|【选择连杆】命令，如图 8-191a 所示在图形窗口中选择连杆 L003。

15）执行【操作】|【指定原点】命令，如图 8-191b 所示选择 L003 大端面圆心。

16）执行【操作】|【指定矢量】命令，如图 8-191c 所示选择 L003 大端端面。

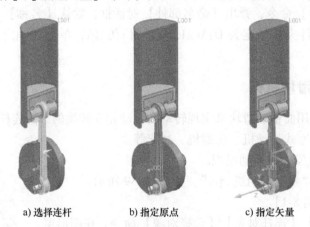

a)选择连杆　　　　　　b)指定原点　　　　　　c)指定矢量

图 8-191　J002【运动副】|【操作】选项组

17）在【底数】选项组中选中【啮合连杆】，执行【选择连杆】命令，如图 8-192b 所示选择连杆 L004。

18）执行【操作】|【指定原点】命令，如图 8-192c 所示选择 L003 大端面圆心。

19）执行【操作】|【指定矢量】命令，如图 8-192d 所示选择 L003 大端端面，则其法向为矢量方向。

20）单击【应用】按钮，完成旋转副 J002 的创建，返回【运动副】对话框。

21）执行【操作】|【选择连杆】命令，如图 8-193a 所示在图形窗口中选择活塞 L002。

22）执行【操作】|【指定原点】命令，如图 8-193b 所示 L003 连杆小端面圆心。

23）执行【操作】|【指定矢量】命令，如图 8-193c 所示 L003 连杆小端端面。

24）在【底数】选项组中选中【啮合连杆】，执行【选择连杆】命令，如图 8-194b 所示选择 L003。

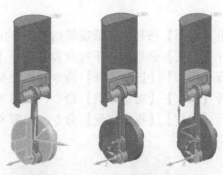

a)【底数】选项组　　b)选择连杆　　c)指定原点　　d)指定矢量

图 8-192　J002【运动副】|【底数】选项组

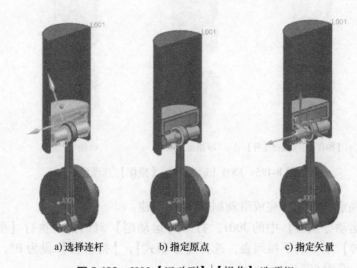

a)选择连杆　　b)指定原点　　c)指定矢量

图 8-193　J003【运动副】|【操作】选项组

25）执行【操作】|【指定原点】命令，如图 8-194c 所示选择 L003 小端圆心。

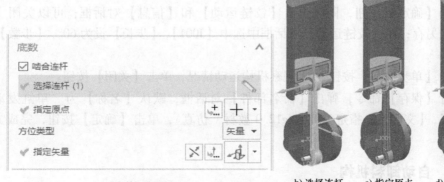

a)【底数】选项组　　b)选择连杆　　c)指定原点　　d)指定矢量

图 8-194　J003【运动副】|【底数】选项组

26）执行【操作】|【指定矢量】命令，如图 8-194d 所示选择 L003 小端端面，则其法向为矢量方向。

27）单击【应用】按钮，完成旋转副 J003 的创建，返回【运动副】对话框。

28）打开【类型】选项组中下拉列表，选择【滑块】。

29）执行【操作】|【选择连杆】命令，如图 8-195a 所示在图形窗口中选择活塞 L002。

30）执行【操作】|【指定原点】命令，如图 8-195b 所示选择 L002 顶面圆心。

31）执行【操作】|【指定矢量】命令，如图 8-195c 所示选择 L002 连杆顶面。

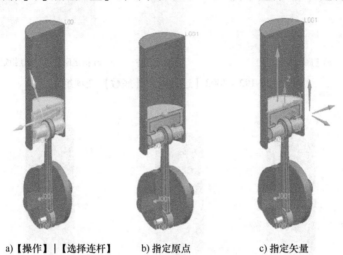

a)【操作】|【选择连杆】　　b) 指定原点　　c) 指定矢量

图 8-195 J004【运动副】|【操作】选项组

32）单击【确定】按钮，完成滑动副 J004 的创建。

33）双击【运动导航器】中的 J001，打开【运动副】对话框，执行【驱动】|【旋转】命令，打开【旋转】下方的下拉列表，选择【多项式】，【初位移】设为 0°，【速度】设为 60°/s，【加速度】设为 60°/s²。

34）单击【确定】按钮，关闭对话框。

35）执行【解算方案】分组|【解算方案】命令，【解算类型】为【铰链运动驱动】，选中【按"确定"进行求解】选项，【重力】|【指定方向】为垂直向下。

36）单击【确定】按钮，同时弹出【铰链运动】和【信息】对话框；可以关闭【信息】对话框或另存；在【铰链运动】对话框中选中【J001】，【步长】设为 60°，【步数】设为 60。

37）单击【单步向前】按钮，观察机构运动情况，单击【关闭】按钮。

38）执行【保存】命令，弹出【命名部件】对话框，默认【名称】为"单缸发动机_motion1. sim"，【文件夹】指定为 D:\ug12.0 教材 \ 仿真\，单击【确定】按钮，完成文件保存。

8.10.3 自动卸料机构

如图 8-196 所示的自动卸料机构主要由料斗 L001、外壳 L002 及固定的基座组成，其工作中动作要求见表 8-1。

表8-1　自动卸料机构动作要求

时间/s	料斗动作	外壳动作
0~2	上升45mm	静止
3~4	旋转180°卸料	旋转90°避让料斗
5~7	逆旋转180°复原	逆旋转90°复原
8~10	下降45mm	静止

【例8-26】　自动卸料机构运动仿真。

1）打开源文件"自动卸料机构.prt"。

提示：通过L002导槽的上、下两个圆弧的中心创建一条直线作为辅助连杆，其长度为41，如图8-196所示的L003。

2）~5）同【例8-1】。

6）执行【连杆】|【连杆对象】|【选择对象】命令，在图形窗口中依次选取料斗、外壳，完成连杆L001、L002的创建。

7）执行【连杆】|【连杆对象】|【选择对象】命令，在图形窗口中选取创建的辅助直线L003，【质量属性选项】为【用户定义】，如图8-197所示。

8）执行【质量与力矩】|【质心】命令，如图8-198所示，选取L003的中点。

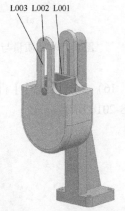

图8-196　自动卸料机构

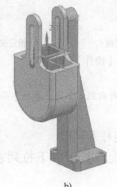

a)　　　　　　b)

图8-197　【连杆对象】|【选择对象】

a)　　　　　　b)

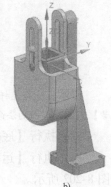

图8-198　【质量与力矩】|【质心】

9）执行【质量与力矩】|【力矩的坐标系】命令，如图8-199所示，默认L001两端销轴连线的中点为原点。

10）其他参数设置如图8-200所示。

11）单击【确定】按钮，关闭对话框，完成L003的创建。

12）执行【机构】分组|【接头】命令，弹出【运动副】对话框。

13）打开【类型】选项组中下拉列表，选择【旋转副】。

14）执行【操作】|【选择连杆】命令，在图形窗口中选择L001，如图8-201a所示。

15）执行【操作】|【指定原点】命令，选择L001端面圆心，如图8-201b所示。

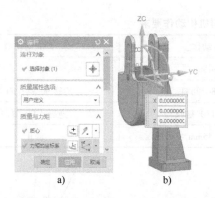

图 8-199 【质量与力矩】|【力矩的坐标系】　　图 8-200 【质量与力矩】其他参数设置

16）执行【操作】|【指定矢量】命令，选择 L001 销轴端面，则其法向为矢量方向，如图 8-201c 所示。

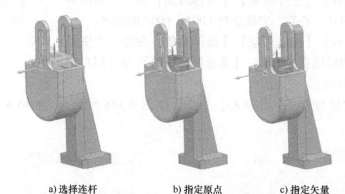

a) 选择连杆　　　　　　　b) 指定原点　　　　　　c) 指定矢量

图 8-201 J001【运动副】|【操作】选项组

提示：选择连杆 L001 时，可以选择其销轴端面的圆周曲线，【指定原点】默认为端面圆心，【指定矢量】默认为端面的法向方向。

17）执行【底数】|【选择连杆】命令，选择连杆 L003。

18）执行【运动副】|【驱动】命令，打开【旋转】下方下拉列表，选择【函数】，如图 8-202 所示。

19）单击对话框下端【函数】右侧的下拉箭头，打开下拉列表，如图 8-203 所示。

图 8-202 【运动副】|【驱动】|【旋转】|【函数】　　图 8-203 打开【函数】下拉列表

图 8-204 【XY 函数管理器】对话框

图 8-205 【XY 函数编辑器】对话框

20) 选择【f(x) 函数管理器】，打开【XY 函数管理器】对话框，执行【函数属性】|【AFU 格式的表】命令，如图 8-204 所示。

21) 单击【新建】按钮 ，打开【XY 函数编辑器】对话框，如图 8-205 所示。

22) 执行【创建步骤】|【XY 轴定义】命令 ，各项参数设置如图 8-206 所示。

23) 执行【创建步骤】|【XY 数据】命令 XY ，各项参数设置如图 8-207 所示。

图 8-206 【创建步骤】|【XY 轴定义】

图 8-207 【创建步骤】|【XY 数据】

24) 执行【XY 数据创建】|【从文本编辑器键入】命令 ，打开【键入】对话框，根据表 8-1 中工作要求编辑数据，如图 8-208 所示。

25) 依次单击【确定】按钮，直至关闭【运动副】对话框。

26) 执行【机构】分组|【接头】命令，弹出【运动副】对话框。

27) 打开【类型】选项组中的下拉列表，选择【旋转副】。

28) 执行【操作】|【选择连杆】命令，在图形窗口中选择 L002，如图 8-209a 所示。

图 8-208 【键入】对话框

29) 执行【操作】|【指定原点】命令，选择销轴端面圆心，如图 8-209b 所示。

30) 执行【操作】|【指定矢量】命令，选择 L001 销轴端面，则其法向为矢量方向，如图 8-209c 所示。

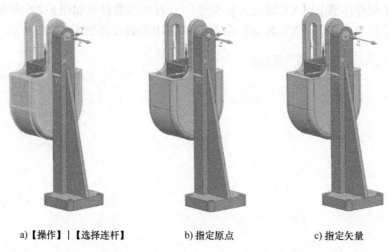

a)【操作】|【选择连杆】   b) 指定原点   c) 指定矢量

图 8-209 J002【运动副】|【操作】选项组

提示： 选择连杆 L002 时，可以选择其销轴端面的圆周曲线，【指定原点】默认为端面圆心，【指定矢量】默认为端面的法向方向。

31)~36) 步同 18)~23) 步。

37) 执行【XY 数据创建】|【从文本编辑器键入】命令▤，打开如图 8-208 所示的【键入】对话框，根据表 8-1 中工作要求编辑数据，将【X】列中 4、5、6 对应的【Y】值改为 80、90、50，其余为 0。

38) 依次单击【确定】按钮，直至关闭【运动副】对话框。

39) 执行【机构】分组|【接头】命令，弹出【运动副】对话框。

40）打开【类型】选项组中下拉列表，选择【滑块】。

41）执行【操作】|【选择连杆】命令，在图形窗口中选择 L003，如图 8-210a 所示。

42）执行【操作】|【指定原点】命令，选择 L003 下端点，如图 8-210b 所示。

43）执行【操作】|【指定矢量】命令，默认竖直向上方向，如图 8-210c 所示。

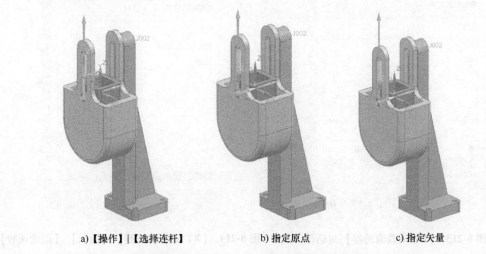

a)【操作】|【选择连杆】   b) 指定原点   c) 指定矢量

图 8-210 J003【运动副】|【操作】选项组

44）执行【运动副】|【驱动】命令，打开【平移】下方的下拉列表，选择【函数】，如图 8-211 所示。

45）单击对话框下端【函数】右侧的下拉箭头，打开下拉菜单，如图 8-212 所示。

图 8-211 【运动副】|【驱动】|【平移】|【函数】

图 8-212 打开【函数】下拉菜单

46）单击【f(x) 函数管理器】，打开【XY 函数管理器】对话框，执行【函数属性】|【数学】命令。

47）单击【新建】按钮，打开【XY 函数编辑器】对话框，如图 8-213 所示。

48）打开【插入】下拉列表，选择【运动函数】，在下方的文本框中选择 STEP 函数，如图 8-214 所示。

图 8-213 【XY 函数编辑器】对话框

图 8-214 【XY 函数编辑器】|【插入】|【运动函数】

49）单击【添加】按钮 ⬆，将 STEP 函数添加到【公式 =】文本框中，如图 8-215 所示。

50）根据表 8-1 中的工作要求编辑 STEP 函数，如图 8-216 所示。

图 8-215 添加 STEP 函数

图 8-216 编辑 STEP 函数

51）依次单击【确定】按钮，直至关闭【运动副】对话框。

52）执行【解算方案】分组 |【解算方案】命令，打开【解算方案】对话框，【时间】设置为10s，【步数】为1000，选中【按"确定"进行求解】选项。

53）单击【确定】按钮，关闭或保存【信息】对话框。

54）执行【分析】选项卡 |【运动】分组 |【动画】命令，打开【动画】对话框。

55）单击【播放】按钮 ▶，观察机构运动情况，单击【关闭】按钮。

56）执行【保存】命令，弹出【命名部件】对话框，默认【名称】为"自动卸料机构_motion1.sim"，【文件夹】指定为 D:\ug12.0教材 \ 仿真 \，单击【确定】按钮，完成文件保存。

8.10.4 雪橇车撞击模拟

【例8-27】 雪橇车撞击运动仿真。

1）打开源文件"雪橇车撞击.prt"，如图8-217所示。

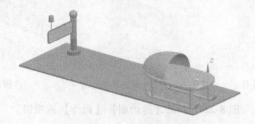

图8-217 雪橇车撞击模型

2）~5）步仿照【例8-1】。

6）执行【操作】|【选择连杆】命令，依次在图形窗口中选择雪橇车创建连杆L001、门及门柱作为连杆L002、警告灯及灯杆作为连杆L003，如图8-218所示。

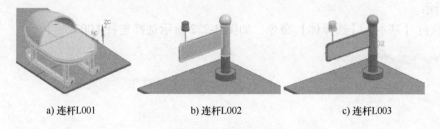

a) 连杆L001　　　　　　b) 连杆L002　　　　　　c) 连杆L003

图8-218 创建连杆

7）执行【机构】分组 |【接头】命令，弹出【运动副】对话框。

8）打开【类型】选项组中的下拉列表，选择【平面副】。

9）执行【操作】|【选择连杆】命令，在图形窗口中选择L001，如图8-219a所示。

10）执行【操作】|【指定原点】命令，默认图8-219b所示的原点。

11）执行【操作】|【指定矢量】命令，默认图8-219c所示地面法向为矢量方向。

12）单击【应用】按钮，返回【运动副】对话框。打开【类型】选项组中的下拉列表，选择【旋转副】。

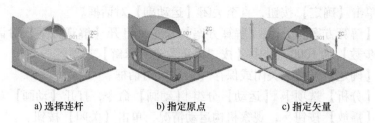

a) 选择连杆   b) 指定原点   c) 指定矢量

图 8-219   J001【运动副】|【操作】选项组

13）执行【操作】|【选择连杆】命令，在图形窗口中选择 L002 门柱下端的圆周曲线，如图 8-220a 所示。

14）执行【操作】|【指定原点】命令，默认图 8-220b 所示的圆心为原点。

15）执行【操作】|【指定矢量】命令，默认图 8-220c 所示轴线方向为矢量方向。

a) 选择连杆   b) 指定原点   c) 指定矢量

图 8-220   J002【运动副】|【操作】选项组

16）单击【确定】按钮，完成 J002 的创建。

17）执行【接触】分组|【3D 接触】命令 🔧，弹出【3D 接触】对话框。打开【类型】选项组中的下拉列表，选择【CAD 接触】。

18）执行【操作】|【选择体】命令，在工作区选择连杆 L001 后端圆柱的圆周曲线，如图 8-221 所示。

19）执行【基本】|【选择体】命令，如图 8-222 所示选择连杆 L002。

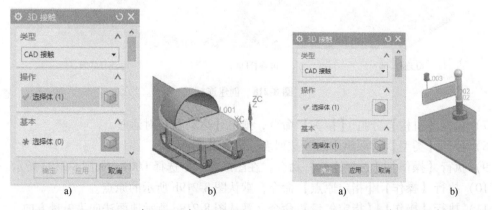

a)   b)   a)   b)

图 8-221【3D 接触】|【操作】|【选择体】   **图 8-222**【3D 接触】|【基本】|【选择体】

20）单击【确定】按钮，关闭对话框，完成【3D 接触】G001 的创建。

21）执行【连接器】分组｜【阻尼器】命令 ✏阻尼器，弹出【阻尼器】对话框。打开【附着】选项组中下拉列表，选择【旋转副】。

22）执行【运动副】｜【选择运动副】命令，在【运动导航器】的【运动副】节点下选择 J002。

23）打开【参数】｜【阻尼】｜【类型】下拉列表，选择【表达式】，其值取为 0.02。

24）单击【确定】按钮，关闭对话框，完成【阻尼器】D001 的创建。

25）执行【连接器】分组｜【衬套】命令 ●衬套，打开【衬套】对话框。

26）打开【类型】选项组中下拉列表，选择【柱面副】。

27）执行【操作】｜【选择连杆】命令，在图形窗口中选择 L003 灯杆下端的圆周曲线，如图 8-223a 所示。

28）执行【操作】｜【指定原点】命令，默认图 8-223b 所示的圆心为原点。

29）执行【操作】｜【指定矢量】命令，默认图 8-223c 所示轴线方向为矢量方向。

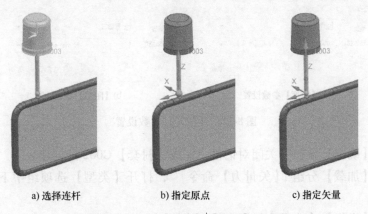

a) 选择连杆   b) 指定原点   c) 指定矢量

图 8-223   G002【衬套】｜【操作】选项组

30）执行【基本】｜【选择连杆】命令，选择连杆 L002 与 L003 铰接处圆柱的圆周曲线，如图 8-224a 所示。

31）执行【基本】｜【指定原点】命令，默认图 8-224b 所示的圆心为原点。

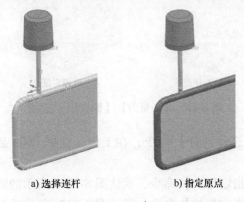

a) 选择连杆   b) 指定原点

图 8-224   G002【衬套】｜【基本】选项组

32）执行【衬套】|【刚度】命令，各项参数设置如图 8-225a 所示。

33）执行【衬套】|【阻尼】命令，各项参数设置如图 8-225b 所示。

a)【刚度】参数设置   b)【阻尼】参数设置

图 8-225 【衬套】参数设置

34）单击【确定】按钮，关闭对话框，完成【衬套】G002 的创建。

35）执行【加载】分组|【矢量力】命令 ，打开【类型】选项组中下拉列表，选择【幅值和方向】。

36）执行【操作】|【选择连杆】命令，在图形窗口中选择 L001 后端圆柱的圆周曲线，如图 8-226a 所示。

37）执行【操作】|【指定原点】命令，默认图 8-226b 所示的圆心为原点。

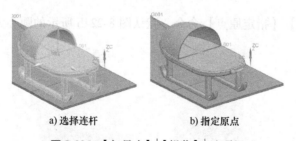

a) 选择连杆   b) 指定原点

图 8-226 【矢量力】|【操作】|选项组

38）执行【参考】|【选择连杆】命令，在工作区选择 L001 后端圆柱的圆周曲线，如图 8-227a 所示。

39）执行【参考】|【指定原点】命令，默认图 8-227b 所示的圆心为原点。

40）执行【参考】|【指定矢量】命令，默认图 8-227c 所示的 L001 后端圆柱面的法向为矢量方向。

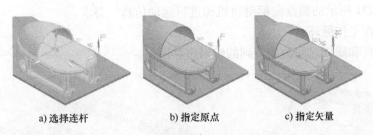

a) 选择连杆　　　　b) 指定原点　　　　c) 指定矢量

图 8-227 【矢量力】|【参考】选项组

41）打开【幅值】|【类型】下拉列表，选择【表达式】，【值】设为 10N。

42）单击【确定】按钮，关闭对话框，完成矢量力 G003 的创建。

43）执行【解算方案】分组|【解算方案】命令，【解算方案】为【常规驱动】，【时间】为 2s【步数】为 500，选中【按"确定"进行求解】选项。

44）单击【确定】按钮，关闭【解算方案】对话框，关闭或保存【信息】对话框。

45）执行【分析】选项卡|【运动】分组|【工具栏】|【动画】命令📷，打开【动画】对话框，单击【播放】按钮▶，观察运动情况。

46）执行【保存】命令，弹出【命名部件】对话框，默认【名称】为雪橇车撞击_motion1.sim，【文件夹】指定为 D:\ug12.0 教材 \ 仿真\，单击【确定】按钮，完成文件保存。

习　题

1. 对图 8-228 所示的蜗杆减速器进行运动仿真。
2. 对图 8-229 所示的仿形切割机施加矢量力驱动进行运动仿真。

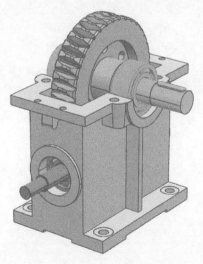

图 8-228 习题 1 蜗杆减速器

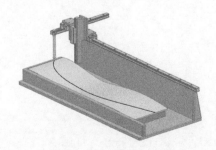

图 8-229 习题 2 仿形切割机

3. 对图 8-230 所示的汽车行驶模型进行运动仿真。要求：使用 AFU 格式表的文本进行编辑，实现汽车行驶到轨道终点后，停止 2s，然后原路退回起点。

4. 对图 8-231 所示的圆盘曲柄滑块机构进行运动仿真。要求：
① 实现三次工作循环；
② 输出连杆和摇杆之间的旋转副的绝对位移图表。

图 8-230 习题 3 汽车行驶模型

图 8-231 习题 4 圆盘曲柄滑块机构

5. 对图 8-232 所示的手动台虎钳模型进行运动仿真。要求：滑动副步长为 10mm，旋转副步长为 30°，步数为 36 步，使用运动仿真里的【测量】命令，设定【最小距离】为 80mm。

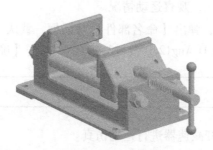

图 8-232 习题 5 手动台虎钳模型

参 考 文 献

[1] 王亮申. 三维数字设计与制造：UG NX 操作与实践［M］. 北京：机械工业出版社，2012.

[2] 展迪优. UG NX 10.0 机械设计教程［M］. 北京：机械工业出版社，2015.

[3] 北京兆迪科技有限公司. UG NX 12.0 运动仿真与分析教程［M］. 北京：机械工业出版社，2019.

[4] 金大玮，张春华，华欣. 中文版 UG NX 12.0 完全实战技术手册［M］. 北京：清华大学出版社，2018.

[5] 金大鹰. 趣味制图［M］. 3 版. 北京：机械工业出版社，2013.

[6] 何铭新，钱可强，徐祖茂. 机械制图［M］. 7 版. 北京：高等教育出版社，2016.

[7] 钱可强，何铭新，徐祖茂. 机械制图习题集［M］. 7 版. 北京：高等教育出版社，2015.

[8] 詹建新. UG NX 12.0 运动仿真项目教程［M］. 北京：机械工业出版社，2019.

[9] 李育锡，董海军. 机械设计课程设计［M］. 3 版. 北京：高等教育出版社，2020.

[10] 吕洋波，胡仁喜，吕小波. UG NX 7.0 动力学与有限元分析从入门到精通［M］. 北京：机械工业出版社，2010.

[11] 展迪优. UG NX 12.0 机械设计教程［M］. 北京：机械工业出版社，2019.